我們都是時間旅人

TIME TRAVEL

a
history

JAMES GLEICK

詹姆斯．葛雷易克

卜宏毅 導讀／審訂　　難攻博士 審訂　　林琳 譯

獻給貝絲、多南和哈利

你的現在不是我的現在。然而，你的從前也不是我的從前，但我的現在可能是你的從前，反之亦然。誰有辦法思考這些玩意兒？

——英國散文家查爾斯・蘭姆（Charles Lamb, 1775-1834）

我們在時間中占據了極為巨大的位置，每個人都能清楚感覺到這件事。

——法國小說家馬賽爾・普魯斯特（Marcel Proust，1871-1922）

明日，

將至。

世界如此，世道如此。

——英裔美籍詩人W・H・奧登（W. H. Auden，1907-1973）

Content 目次

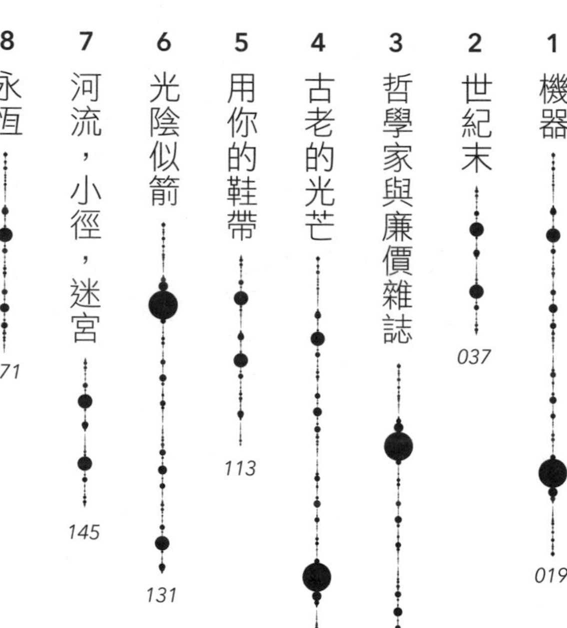

導讀

一些可能有用的旅行資訊

——卜宏毅（加拿大圓周理論物理研究所博士後研究員）

我們都是時間旅人？我們已經可以時間旅行了嗎?!我們都對哆啦A夢的時光機不陌生，但時間旅行與時間機器的這個想法，原來是在上個世紀英國作家威爾斯（H. G. Wells）的科幻作品中才首次露面。「時間旅行」確實是個引人入勝的概念，光是提到這個名字，每個人心中或許都浮現出自己的故事與畫面，卻又難以道盡：也許是因為我們總不免懷念過去，也許是後悔某些決定，又也許是對充滿未知變數的未來好奇。或多或少，我們也都想像過如果能時間旅行會是什麼樣的場景。當然無數的小說與電影，例如：《風雲人物》（*It's a wonderful life*, 1946）、《回到未來》。（*Back to the future*, 1985/1989/1990）、《接觸未來》（*Contact*, 1997）、《救世主》（*The one*, 2001）、《蝴蝶效應》（*The Butterfly Effect*, 2004）、《超時空攔截》（*Predestination*, 2014）、《星際效應》

（*Interstellar*, 2014），都曾在時間旅行的主題上譜出動人的故事，有些故事甚至能我們更反思當下生活的點滴。這就是時間與時間旅行的魅力，但同時，我們卻常忘記自己其實是會隨著時間流逝而變化、衰老，不由自主地在時間中旅行——屬於我們自己的時間旅行。

作者葛雷易克用他個人的品味與廣泛探究，綜合歷史、哲學、文學、科學、文化等不同面向來探討時間旅行這個主題。從第一章開始，作者以時間旅行的始祖開頭，接著娓娓道來和時間相關的想法和概念，包括第四維度，未來學，未來主義（第二章）悖論，黑洞，蛀孔，相對論，同時的相對性，光（第三章），記憶（第四章），自由意志，宿命論，決定論（第五章），熱力學，時間箭頭，熵（第六章），時間之河，量子力學，量子電動力學，薛丁格的貓，多重世界（第七章），佛教，永恆，幻象（第八章），時間膠囊（第九章），蝴蝶效應，多重宇宙（第十章），因果論，封閉類時曲線，時序保護猜想（第十一章），量子引力（第十二章），非自主記憶，精神時間旅行（第十三章），到最後一章（第十四章）作者提到時間是個殺手，時間旅行是躲避死亡的一種手段，並給出活在當下的忠告。書中隨意的輕重分配比較像是作者在飽覽時間與時間旅行的相關作品和研究後，思緒與心得恣意奔馳的作品——有時是概念的匆匆一瞥以及在不同章節的跳躍出現，有時是突然大量描述引用小說的劇情；作者這樣的安排或許增加了讀者對書中提到的各個領域理解的困難度，但也確實激發讀者對某些從未耳聞的主題或作品有一探究竟的動機。本書像是一次出航，讓不同背景的讀者在不同的章節中找到共鳴而流連（讀者可以看看是否你對時間旅行的聯想也被納入書中，而作者又是用什麼樣的角度去描述）。本書又或是更像一張地圖或是一袋種子，讓讀者的思緒或好奇心在某個午後發芽。

在開始閱讀本書之前，或許以下額外的物理資訊會對你有所幫助：

時間和空間，像是兩個擁有截然不同特性的東西。在日常生活中，我們可以在空間中相對自在地移動，但在時間中我們只能往前。在十七世紀牛頓的時代，人們認為存在著絕對的時間與空間：它們提供了萬事萬物存在互動的舞台。想像一下，在這樣的絕對時間與空間中，有位在地面上的觀察者A，和相對於A在等速運動的火車裡的另一位觀察者B。如果觀察者B丟出一個球，那麼觀察者A將會看到這顆球的速度是火車相對於A運動的速度加上B（相對於火車不動）丟球的速度。然而，到了十九世紀，人們漸漸注意到時間和空間並非獨立運作，他們以一種巧妙的方式一起合作，讓即使是相對運動速度接近光速的兩位觀察者（例如在地面上的觀察者A，和相對於A在一個接近光速且等速運動的火箭裡的另一位觀察者B），居然量測到的光速都是一樣的！如果你還記得描述速度概念時我們同時運用到了**時間**與**空間**的概念（例如：火車的速度是每**小時**一百**公里**），意味著時間和空間的建構在不同的座標系統（即是兩位觀察者各自存在的座標系統）並不一樣，使得觀察者A與B能測量到同樣的光速！甚至對觀察者A來說，兩個「同時」發生的事件對觀察者B來說並非同時（**相對論**就是指這樣「相對」的概念）。一九〇五年愛因斯坦提出的**狹義相對論**即是描述與規範了時間和空間（還有質量）的相對性。因為時間和空間的共同合作，時間和空間也一併稱為**時空**（spacetime）：三維空間加一維時間（而不是指把時間當成空間的四維空間描述）。這就是書中隨處可見的第四維度，第一章提到的時空就像是個「**塊體**」（block）的結構，以及在第四章中特別提到的光和時空的背景故事。

理解時空的故事還在繼續。狹義相對論雖然有了時空的概念，但在狹義相對論中所討論的時空，是個處處均勻的「平坦」時空。人們接著發現時空可以彎曲，而且物體在彎曲時空中的表現，就等同於重力對物體的影響。同時，物體本身的存在也造成了時空的彎曲。一九一五年愛因斯坦提出的**廣義相對論**即是描述上述的時空彎曲與能量（與質量）的關係。而**黑洞**（在廣義相對論中被理解成一種時空結構）附近的奇怪性質是最經典的一個例子：黑洞的內部被定義成是光都無法往外逃出的區域，而在黑洞外部，空間在黑洞附近會沿著半徑方向被拉長，而越靠近黑洞時間流逝得越快，而且光線還會被彎曲（黑洞內部的時空結構則又更奇怪了）。因此，的確可能利用時間流逝速率的差別來做時間旅行。如果太空船有機會靠近黑洞，待一陣子再離開的話，太空船裡的人經歷的時間會比沒有靠近黑洞的人要慢許多，就等於是到達了那些沒有靠近黑洞的人的未來（電影《星際效應》裡也有這樣的劇情）。書中的第三章與第十一章簡短提到了這樣的想法。在提出廣義相對論之後約一百年的今天，我們開車導航所仰賴的全球定位系統（Global Positioning System，其原理是接收在高空至少四個人造衛星送出的訊號，再根據時間差來計算在地表上的位置），就必須要考慮在地表的時間流逝比在人造衛星所在高空的時間流逝要慢的相對論效應（就像是在黑洞附近一樣，只是效應要小許多：GPS需要考慮到10^{-9}秒的時間修正），才能做到精準的定位，這些在書中的第二章也曾提到過。

探索廣義相對論所允許與預測的時空結構讓人意外連連。時空不但可以彎曲，還可以旋轉，誕生，甚至有些時空能允許觀察者在不超過光速的情況下，在時空中不停「旅行」，最後卻能回到當初出發的時空點（這樣的奇怪宇宙由第十一章提到的哥德爾〔Kurt Godel〕所發現）。這樣的時空旅行在時空中呈現一個閉合的曲線，也就是在十一章提到的**封閉類時曲線**（closed timelike curve；這裡的「類時」〔timelike〕指的是旅行過程中從時空的每一點到下一點都在光速的限制內）。在這理論下允許的時空雖然吸引人，但我們的宇宙似乎沒有這樣的特性。另外，根據廣義相對論，時空也可能允許形成一種**蛀孔**（wormhole）的結構（在第三章與第十一章提到），在時空中的兩個地方建立捷徑。讀者不妨把時空想成蘋果表面，而蛀孔就像是在蘋果上蛀的一個洞。蛀孔的時空結構並不穩定，無法穩定存在到真的有生物可以穿越過去。因此我們特別稱呼可以穿越過去的蛀孔稱為可穿越蛀孔。想像某個先進文明可以自由控制著蛀孔兩端的入口，將一端放在黑洞附近，另外一端放在遠處，根據洞口兩端的時間流逝的不同（之前提過的相對論效應），經過一段時間後，就可以建立起一個洞口兩端連接起穿越過去與未來的時間機器。

然而，假如時間機器與時間旅行真的能實現，那又會如何？雖然到達未來的時間旅行在因果關係上比較沒有問題，但如果是回到過去，就會出現一些讓人頭疼的問題。當歷史已經確定，我們有可能回到過去改變歷史嗎？第三章與第十一章提到的**祖父悖論**，就是時間旅行中經典的問題：如果回到過去殺害自己的祖父（甚至是殺害自己），你還會存在嗎？的確有些物理學家認真探討過這種問題，大致上有兩種觀點：第一種是無論你怎麼嘗試，絕對無法成功，甚至你回到過去的所作所為就是造成你出發前的歷史。在這種情況下，歷史只有一個，而且因果律被保存下來。這就是**時序保護猜想**（第十一章）。雖然這樣解決了時間旅行中因果矛盾的問題，但又衍生出另一個問題：如果回到過去的我們沒有辦法做出或完成某些決定，那麼**自由意志**在哪裡（第五章）？另一種觀點，是你真的有可能成功殺害過去的自己。這種情況下，自由意志被保存下來，卻又產生了因果矛盾。其中一個解套的方法，就是允許有另一個歷史，但是不同的歷史卻各自存在於不同的世界中。這樣的想法源自於下面要提到的**量子力學**所提供的另一種觀點。

時間再拉回十九世紀，當相對論為時間與空間帶來新的生命時，人們對分子尺度以下的微觀世界的認識也從發現光量子（光的能量不是連續的，而是一個個可以分開數的「光子」；這樣非連續的本質稱為「量子」）誕生的量子力學而徹底改變。量子力學描述的微觀世界是個充滿魔法的世界：系統的狀態只能允許呈現不連續的物理特性，粒子可以穿牆，也能呈現波的性質，而且對粒子的位置測量的越精確，就越不能確定其運動狀態。在量子的世界中，粒子性質在被測量前呈現隨時間演化的機率分布，直到測量時粒子性質才被確定下來。人們雖然找到描述量子世界中機率隨時間演化的數學描述，卻對這些描述產生不同的理解與詮釋（儘管這些理解不影響數學公式的運作以及對實驗的預測）。其中一種觀點是沒有被觀測到的結果，其實在另一個世界中被觀測到，而那個世界和我們這個世界彼此各自獨立。這就是在第七章和第十二章提到**多世界詮釋**（many-worlds interpretation）。

在相對論與量子力學在各自的領域獲得空前成功的同時，狹義相對論與量子力學結合成了一個新的分支，稱為**量子場論**。量子場論中最先被推導出來的部分是（第六章提到的）描述電磁作用的**量子電動力學**。量子場論適當地描述了基本粒子與它們之間交互作用，唯獨重力還未能包含在這個大架構之下。時至今日，物理學家還在努力朝這個方向前進，希望由一個更廣泛的理論來概括廣義相對論和量子力學。這個企圖將重力量子化的理論稱做**量子引力**。合併量子力學和廣義相對論是一個艱難的工作，甚至物理學家們對考慮量子力學後的黑洞表面（廣義相對論中最經典的時空結構之一）的本質，至今過了四十多年還是各有看法，懸而未解。無論如何，量子引力將能回答諸如「時空在極小的尺度下是否是不連續？怎麼不連續？」的艱難問題，並帶給我們對時空更加深刻的理解。在發展量子引力理論的過程中，對於時間空間的維度有了新的猜測，時空也許不只是相對論中所考慮的四維，而有更多的維度（十維甚至更多！）。這些可能存在的高維度世界也許共存著我們宇宙之外的**平行宇宙**（parallel universe），在某些狀況下這些平行宇宙也可能互相影響。這些概念與十二章提到平行宇宙的分類其中幾種相關聯（前面提到的多世界詮釋也是平行宇宙的分類之一）。這些「隱藏」的維度是否真的存在或者只是數學上的概念，是物理學界的大哉問。無論如何，在葛雷易克的穿針引線下，讀者將會在一路上隱隱約約看見這些風景。

最後，我們再來認識一個和時間有關的物理領域：熱力學。熱力學是探討溫度（能量的一種形式）、系統與環境的能量轉移的一門科學，從八〇年代開始，為了增加蒸汽機效能的了解而發展。在熱力學中有些過程一旦發生是無法回到之前狀態的（例如將一杯水倒入大海中），稱為**不可逆過程**。了解不可逆過程的一種看法是觀察系統的微觀狀態的統計性質——在各種可能的微觀系統組合中，系統的狀態會趨於最可能出現的狀態。不同的系統狀態根據不同微觀系統組合的可能程度，擁有不同的「**熵**」值。熱力學中的其中一個定律就是，系統的熵值只會保持不變或是變得越大。後者的陳述描述了不可逆過程，也讓時間有了一個能分辨的方向。就像第六章裡提到的，這讓時光旅行的討論變得更加複雜。

「時間」，我們對它為何那麼熟悉又陌生的可能原因之一是，它有太多的名字：很久很久以前、小時候、當初年輕時、長大後、下一世代、未來……。另一個原因是它也有太多的身分：時間是金錢、是沉澱、是養分、是變化、是河、是箭頭，也是通往永恆的起點（也或許是終點）。書中的最後一章，是我最有共鳴的章節。面對永遠，也許在我們的時間旅行中，都有過這樣的時刻：

Millions long for immortality who don't know what to do with themselves on a rainy Sunday afternoon.（人們渴望永生，卻又不知道在下雨的周日午後要做什麼。）

——英國小說家蘇珊・艾耳茲（Susan Ertz）

你最喜歡書中的哪個章節？如果你可以時間旅行，你想要做什麼呢？

1
機器

由於年輕的緣故，我便以批判的眼光來看未來。我只將它當成一種可能性。也許會來、也許不會，甚至可能永遠不會降臨。

——愛爾蘭小說家約翰·班維爾（John Banville，1945-）

有個人站在一條通風良好的走廊盡頭——此處也可稱做十九世紀。他在閃爍搖曳的油燈光線中檢視著一臺用鎳、象牙、黃銅扶手和石英長桿組成的機器。這座機械的長相很奇妙，既矮胖又醜陋。儘管我們一一描述了機器的零件與材質，它的樣貌依舊模糊不清，可憐的讀者想必很難想像。我們這位主角撥弄著幾顆螺絲，加了一小滴油，然後一屁股坐在座椅上。他用雙手抓住一根控制桿，即將踏上旅程，而我們也要跟著他一起出發。當他壓下控制桿，時間便從此處向前飛越。

這個人有點難形容，幾乎可說缺乏任何特徵——「灰色雙眼」與「蒼白臉龐」，除此之外，實在沒有了。他甚至連名字都沒有。他只是**時間旅人**（Time Traveller）——「這樣一來，要提起他時比較方便。」**時間**（Time）和**旅行**（Travel）。此刻之前，沒有任何一個人想過要把這兩個詞湊在一起。那臺機器上頭的座椅和控制桿使它看起來活像是輛古怪的腳踏車。這一整臺機械是一個名叫威爾斯（Wells）的人發明的，彼時他年輕又充滿熱情。旁人一向以名字縮寫HG來稱呼他，因為他覺得這聽起來比赫伯特（Herbert）更正經、更嚴肅。他的家人則叫他伯特（Bertie）。他正在成為作家的路上努力著。威爾斯這人相當時髦，篤信社會主義、自由戀愛[1]與腳踏車，並以身為腳踏車旅遊俱樂部的一員為傲。他會騎著配備管式框架和充氣輪胎的四十磅重腳踏車在泰晤士河畔來來往往，感受騎乘這輛車的興奮感。「你腿上的肌肉會記住移動時的感覺，而且好像能一圈又一圈地騎下去。」在某個時間點，他看到一張廣告傳單，上面是「哈克牌室內腳踏車」的廣告。這個東西有固定的底座，外加橡膠輪子，可以讓人踩著踏板做運動，但不需要前進到任何地方。也就是說，在空間上完全不會有變化。那些輪子會一直轉啊轉，時間也會隨之流逝。

二十世紀就要到來——這特定的日子彷彿與末日相呼應。此時亞伯特・愛因斯坦（Albert Einstein）還是個念慕尼黑某所高中的男孩，而要到一九〇八年，波蘭裔德國籍的數學家賀曼・閔考斯基（Hermann Minkowski）才會公布他的激進（radical）主張：「從今往後，空間，乃至時間自身，都勢必消逝在徒然影中，唯有兩者相互結合，獨立存在的實際個體才能夠留存下來。」H・G・威爾斯其實是第一個想到此事的人。但威爾斯不像閔考斯基，他沒有打算去解釋大宇宙，他只是想要講述一個奇想天外的故事，因此必須創造一個合理、可用來帶動劇情的裝置。

現今，在我們的夢中和創作裡，在時間中來回穿梭是如此簡單、愜意。時間旅行感覺像個古老的傳統，根植在古老神話裡，就像神祇和龍一樣久遠——但其實不是這樣的。雖然古人會去想像長生不死、輪迴重生或亡者國度，但時間機器超出他們的理解範圍之外。時間旅行是現代的奇幻思維。當威爾斯在他那個以油燈點亮的房間中想像出時間機器，同時也發明了一種全新的思考方式。

但為什麼以前沒有？為什麼現在才有？

*

時間旅人的故事始於一堂自然科學課（又或者，這只是胡說八道？），他將待在會客室爐火旁的朋友聚集起來，開始講述他們對時間的一切認知都是錯的。這些人像是跑龍套的角色：醫生、心理學家、編輯、記者、不愛說話的人、年輕小毛頭還有小鎮市長，外加大家都最喜歡的吐槽角色「愛吵架的紅髮男子」，此人名叫費爾比（Filby）。[2]

「你們一定要仔細聽我說，」時間旅人引導著這些人。「我將要駁斥一些全世界都信以為真的想法。拿幾何學來舉例好了，他們在學校教你的一切，都是奠基在錯誤的觀念上。」學校

1 他將自由戀愛定義為「讓個人性行為得以從社會公眾的指責、法律的控制及刑罰中解放」，而且他可以「不眠不休地執行下去」。英國文學批評家大衛・洛吉（David Lodge）如此描述。

2 編注：即 H・G・威爾斯小說《時間機器》（*THe Time Machina*）中的角色。

教的幾何（也就是歐幾里德的幾何學）有三個維度：長度、寬度、高度都是肉眼可見的。

他們自是半信半疑，時間旅人則繼續進行蘇格拉底式的問答。他不斷以邏輯對他們展開強力攻勢，這些人無力抵抗。

「你當然知道，在數學線段中，厚度為零的線段，在真實世界並不存在。他們有教你這件事嗎？同理，現實中也不存在『數學平面』。這些都只是抽象概念。」

「沒有錯，」心理學家說。

「還有，如果只有長度、寬度和高度，一個立方體也不可能真正存在。」

「我要提出異議，」費爾比說：「那種實體當然可能存在。所有真實的東西——」

「大多人都是這麼想的。但先暫停一下。瞬時立方體（instantaneous）有可能存在嗎？」

「我不太懂，」費爾比說。（真是個可憐的笨蛋。）

一個無法持續任何一瞬的方塊，能算存在嗎？

費爾比陷入深思。「很顯然，」時間旅人繼續說：「任何真實的物體一定要有能往四個維度延伸出去的能力，它一定要有長度、寬度、高度，還有——持續時間。」

啊哈！第四維度（The Fourth Dimension）。少數聰明的歐洲數學家早就議論紛紛，覺得歐幾里德的三維空間並非世上最了不起的東西。德國數學家奧古斯丁・莫比烏斯（August Möbius）那條舉世聞名的「帶子」[3]原是二維平面，卻以三維空間的方式扭轉。還有同是德國數學家的菲力克斯・克萊因（Felix Klein），他那個無限迴圈的「克萊因瓶」（Kleinsche Flasche）[4]暗示著第四維度的存在。就某種程度而言，數學家高斯（Carl Gauss）、黎曼（Bernhard Riemann）和羅巴切夫斯基（Nikolai Lobachevsky）更是跳出了「框框」。對幾何學家來說，第四維度是一個與所有已知方向成直角的未知方向。有誰能想像那到底是個怎樣的方向嗎？即使早在十七世紀，英國數學家約翰・沃利斯（John Wallis）便確認了高等維度（higher dimension）在代數上的可能性，他說它們是「屬於大自然的怪物，比起希臘怪獸奇美拉（Chimaera）和人馬，更不可能存在於世上」。越來越多數學原理運用了這些與實體無關的概念。這些概念在抽象的世界裡扮演著不錯的角色，而且不必用來描述現實世界的任何物件。

英國教師愛德溫・艾勃特（Edwin Abbott）受到幾何學家的影響，在一八八四年出版了一本異想天開的古怪小說《平面國》（*Flatland*）。在這本小說裡，一些二次元的生物試圖理解三次元的各種可能性。而在一八八八年的英國，查爾斯・欣頓（Charles Hinton），邏

3 編注：指的是莫比烏斯環（Möbiusband），一種只有一個面（表面）和一條邊界的曲面。

4 編注：克萊因瓶是一個無定向的拓樸空間，數學家描述其結構為一個瓶子底部有一個洞，現在延長瓶子的頸部，並且扭曲地進入瓶子內部，然後和底部的洞相連接。

輯學家喬治・布爾（George Boole）的女婿，他發明了超立方（tessaract）這個字，用以描述四維（four-dimensional）的模擬立方體，而被這個物體所圈起的四維空間，稱為超體積（hypervolume）。然後，他又發展出超圓椎（hypercones）、超金字塔（hyperpyramids）還有超球面（hyperspheres）。欣頓非常不客氣，將自己的書取名為《思想新世紀》（*A New Era of Thought*）。他提出，這個肉眼不能見的神祕第四維度也許能解答意識的奧妙之處。「我們一定是四維的生物，不然怎麼可能去思考第四維度的概念？」他如此推論。為了創建這世界和我們自己的心智模型，我們必須要有特殊的腦部分子。「這些腦部分子照理說是做四維運動，因此它們可以經歷、感受四維活動，並且形成四維的結構。」

在維多利亞時期的英格蘭，有段時間，第四維度這個說法彷彿某種百寶箱或祕密基地，收納了每種神祕奧妙、肉眼看不見、只屬於精神層面的事物——就是那些在眼角餘光中浮沉的光影。天堂可能存在於第四維度——畢竟那些成天凝視望遠鏡的天文學家也從沒在頭頂上找著。第四維度對幻想家與神祕主義者來說，則是祕密基地。「沒有錯！我們就快要進入第四維度的紀元了！」威廉・T・史泰德（William T.Stead），一位專門揭發名人醜聞的英國記者這麼晚，他在一八九三年曾經是《帕馬公報》（*Pall Mall Gazette*）的編輯。他表示，這個東西可以用數學公式或想像力來呈現，（「如果你想像力很好的話。」）但無法真正看到——總之是無法被「凡人」看到的。「那是偶爾可能會瞥到的奇蹟異象，但無法用三維空間的任何法則來說明。」例如千里眼，還有心電感應。他的這篇報告後來交給英國倫敦的心靈研究會審查。十九年後，他上了鐵達尼號，最後死在海難之中。

相較之下，威爾斯是如此清醒、如此單純。他沒有什麼神祕主義——第四維度不是什麼鬼魂的世界。它不是天堂，也不是地獄。是時間。

時間是什麼？時間不過是正交（orthogonal）於其他空間方向另一個方向，就那麼簡單；只是在時間旅人出現之前，無人有能力看見它罷了。「因為凡人之軀本就有的缺陷……我們往往傾向忽略這個事實。」他淡淡地解釋。「**時間與另外三種空間維度沒有什麼不同，唯獨我們的意識會隨著時間流動。**」

在這句短得驚人的陳述中所提到的概念，往後將成為理論物理的一部分。[5]

*

這個概念究竟從何而來？眾說紛紜。在更之後，威爾斯試圖回想：

> 我的腦子還停留在一八七九年的那個宇宙，沒有什麼「時間和空間之類的東西是一樣的」這種胡說八道的觀念。世上有三種維度：上和下、前和後還有左和右。我在一八八四年前後沒聽過第四維度。我覺得那只是個俏皮話。

5 審訂注：這裡指之後在一九〇五年由愛因斯坦提出的狹義相對論。（卜宏毅）

確實如此。有時，十九世紀的人就跟一般人一樣，他們會問：「時間是什麼？」不同文本都有提到這個問題。假設你要跟孩子解釋《聖經》中的內容，《教育雜誌》（*The Educational Magazine*, 1835）是這樣說的：

> 第一章第一節。起初，上帝創造了天地。
>
> 你所謂的起初是什麼意思？**時間的一開始——**
> 時間是什麼呢？**永恆之中可測量的那部分。**

但大家都知道時間是什麼。過去如此，現在亦然。然而，卻也沒有人知道時間是什麼。聖人奧古斯丁（Augustine）在四世紀時提出這個偽悖論（pseudoparadox），人們直到現在都還引用他說的話，可言睿智，也可言不智：

> 何謂時間？如果無人問我，那麼我知道；若我要向發問者解釋，我便不知。[6]

英國物理學家艾塞克・牛頓（Isaac Newton）在《原理》（*Principia*）[7]的一開始就說，每個人都知道時間是什麼。但他卻不斷改變大家已知的事實。美國現代物理學家尚恩・卡羅

（Sean Carroll）以玩笑的口氣說道：「每個人都知道時間是什麼。那就是你看時鐘時會看到的東西。」

他同時也說：「時間是標籤，我們把它拿來標記人生在世的各種不同時刻。」物理學家就是很愛這種彷彿保險桿貼紙的文字遊戲。據聞，美國理論物理學家約翰・惠勒（John Wheeler）說：「時間是大自然不讓所有事情在同時間發生所創造的一種機制。」但美國名導演伍迪・艾倫（Woody Allen）也這麼說。後來惠勒承認，自己是在德州某間男廁中發現這句潦草寫就的句子。[8]

美國理論物理學家理查・費曼（Richard Feynman）說：「時間就是看似無事發生時正在發生的事。」而他自己也知道這像句俏皮話。「我們不如就面對現實，承認時間是（就字典而言）我們無法定義的事物之一，並理解它跟我們目前的認知一致，代表我們等待了多久。」

6 譯注：拉丁文原文：Quid est ergo tempus? Si nemo ex me quaerat, scio; si quaerenti explicare velim, nescio.

7 審訂注：完整書名為《自然哲學的數學原理》（*Philosophiæ Naturalis Principia Mathematica*）（難攻博士）

8 在比他們早好幾十年之前，美國科幻小說家雷伊・康明斯（Ray Cummings）在他一九二二年的小說《黃金原子裡的女孩》（*The Girl in the Golden Atom*）中，讓一個叫「了不起的大商人」（Big Business Man）的角色說出這句話。不久，美國名作家蘇珊・桑格塔（Susan Sontag）引用此句：「時間是大自然為了不讓所有事情在同時間發生所創造的機制，而之所以有空間，是因為這樣一來，事情才不會全發生在你身上。」她當時表示：「我總會想像，這種老生常談其實是某個哲學系畢業的學生發明出來的。」

當奧古斯丁細細思量何謂時間，他獲知的其中一項事實就是：「時間並非空間」。「然而，閣下，我們能意識到時間的間隔，還能將它拿來比較，感覺出有些較短、有些較長。」他說。我們可以測量時間，沒有時鐘也行。「在時間流逝時，我們可以透過感知的方式來測量，但『過去』在當下已不存在，而『未來』還未到來，誰能測量？」你無法測量還不存在的東西。奧古斯丁認為，已經過去的東西同樣無法估算。

在許多文化裡（但不是全部），人們會將過去說得像是已被拋在身後，而未來則是在眼前，他們在心中也是這樣想像的。「忘記背後，努力面前的，向著標竿直跑。」[9]使徒保羅（Paul）如是說。將未來或過去想像成一個「地方」的概念，已經是個類比。但在時間之中，真的像空間一樣有「場所」的存在嗎？如果這麼說了，就等於斷定時間跟空間**是一樣的**。**過去乃是異邦，行事風格皆不一樣**。未來亦同。如果時間是第四維度，那麼它就會跟之前的三個一樣，可用線段呈現，並且能夠測量長短。然而，時間在其他方面依舊和空間不同。這個第四維度不同於另外三個維度，它的「行事風格」是不一樣的。

把時間當成跟空間很像的東西是很正常的，尤其語言中的巧合更助長此風，我們就只有這麼多字詞可形容。前和後不但要用來描述空間，還有時間，兩頭客串。英國政治哲學家托馬斯・霍布斯（Thomas Hobbes）在一六五五年表示：「時間是動態的殘影。」為了計算、估量時間，「我們藉助天體運行和其他事物，如太陽、時鐘、沙漏裡的沙。」牛頓認為，時間與空間截然不同——畢竟，空間是永遠無法移動的，然而時間卻穩定地流動，不須藉助任何外力，而且它還有另一個名字——持續時間。他的數學理論在時間與空間兩者之間創造了一種無可避免的類比關係。你可以在圖表上將兩者繪製成軸。到了十九世紀，特別是德國哲學家，他們不斷在摸索時間與空間為一體的理論。德國哲學家叔本華（Arthur Schopenhauer）在一八一三年寫道：「在時間中，事物會接續著前面的事物而來；而在空間中，所有事物皆比肩並存，但這個狀況只有在時間與空間結合、兩者共存時才會成立。」將時間也當成一個維度的概念正從迷霧之中緩緩成形。數學家可以看到它，科技也以另一種方式幫了點忙。對於那些看著火車按時刻表上的表定座標衝刺的人來說，時間清晰可見、實際可摸，而且還有一種空間感（以電報的報時信號為座標，時間清清楚楚地標示在一塊板子上）。「『融合』時間和空間的感覺可能有些詭異，」《都柏林評論報》（*Dublin Review*）解釋道，但下頁圖1就是個「隨處可見」的空間／時間圖表：

所以說，威爾斯的時間旅人可以振振有詞：「崇尚科學的人非常清楚，時間不過是空間的一種。這裡有個非常知名的科學圖表——一張天氣的紀錄。我用手指指出的這條線表示氣壓計的變化……當然，無論在哪一個空間，水銀都沒有沿著這條線移動……但它確實按著這條軌跡走。因此我們可以斷定，那條線是隨著時間維度變化的。」

在新的世紀中，每樣事物都感覺很新奇：物理學家和哲學家以全新視角凝望「時間」（以

9 審訂注：此句出於《腓立比書》3:13-14：新標點和合本譯法。（難攻博士）

引號強調）。在《時間機器》出版後二十五年，「新寫實派」英國哲學家山謬・亞歷山大（Samuel Alexander）如此論述：

> 如果要我說出近二十五年來最獨特出眾的思想，我想我會說是時間的發現。我不是說我們直到今日才開始熟悉何謂時間，我的意思是，我們對時間的各種推想，終於讓我們認真地去看待它，並且在某種程度上了解時間是事物組成中不可或缺的一項元素。

時間是什麼？也許時間機器可以幫我們了解。

*

威爾斯沒讀叔本華，哲學思考也並非他的風格。他對時間的概念是受到英國地質學家查爾斯・萊爾（Charles Lyell）和英國演化生物學家查爾斯・達爾文（Charles Darwin）所啟發，他們研究的是埋在地底下的地層，並為

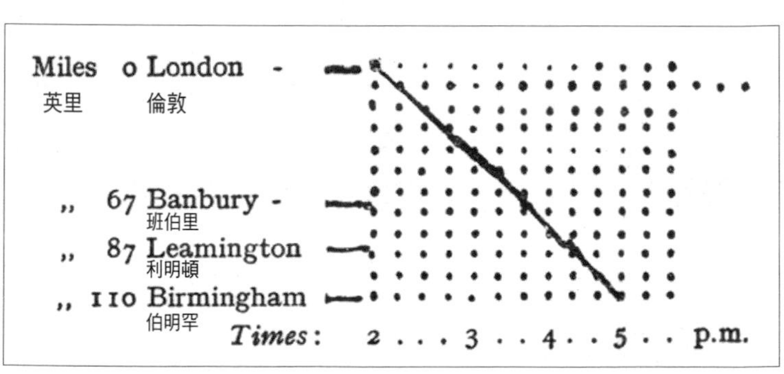

圖1 火車時刻表，橫軸為時間（單位p.m.），縱軸為空間（單位哩）。

這些地層大致定年及生命起源的時期。他在師範理工學院（Normal School of Science）和皇家礦業學院（Royal School of Mines）拿獎學金念書，研讀動物學和地質學，而這些科目促使他站在非常高的制高點觀看全世界的歷史——失落的紀元、彷彿不斷開展在眼前的全景，「小型馬趾和手工業在十七、十八世紀因機器發明而改變了前進步調和規模，因而告終。」大幅度延伸的地質時間，硬生生打斷了以前的歷史時間感。肇因於此，這個世界的年齡似乎可合理推斷為六千年左右。這規模實在是天差地遠，人類的歷史相形渺小。

「大地啊，你見證了多少變遷！」英國桂冠詩人阿爾弗雷佛・丁尼生（Alfred Tennyson）如此寫道：「山峰如影，流動不停／形貌不斷變換，無物能恆久不變。」此外，近年有一門科學叫「考古學」（Archeology），基本上他們就是挾知識之名的盜墓者與賞金獵人。考古學家的挖掘暴露出那些埋藏的歷史。在尼尼微（Nineveh）、龐貝（Pompeii）和特洛伊（Troy）等地，地下墓穴被打開，過往的文明顯露出來，保存於冷卻的石頭之中，卻又那麼栩栩如生。考古揭露的是一幀現成的圖表。於此，時間恍若肉眼可見的空間。

有些例子就不那麼明顯，但仍是人們隨處可見的時間。旅人乘坐由蒸汽驅動的火車，從窗戶望出去，看向外頭的風景。有牛在犁田，一如中世紀，馬匹也仍拉車耙地，但卻有電線切開天空。這形成了一種全新的混亂、分裂感。你可以稱之為時間的不協調感。

總而言之，現代是一種無法逆轉、無法改變而且無法重來的事物。時代將持續大步往前——如果你是個科技樂觀主義者，對你來說就會是件好事。周期循環的時間、時間的側風、永恆輪迴、生命之輪，如今都成了一種浪漫的想法，專屬詩人或多愁善感的哲學家。

師範理工學院後來更名為倫敦帝國學院。此處對於小店老闆和女僕膝下最年幼兒子的HG來說，真是個好地方。青少年時期，他在一個布商底下度過了三年不愉快的學徒時光。現在，他來到這所大學，在備有電梯的全新五樓大廈，與知名的達爾文主義者湯瑪斯．赫胥黎（Thomas H. Huxley）一起學習基礎生物學（同時也受其庇蔭）。威爾斯認為他是一個充滿智慧而且偉大的解放者。赫胥黎勇敢挑戰牧師和無知之人，不僅費煞苦心收集化石證據、胚胎學材料，還一步步補齊用以證實生命樹存在的證據「大拼圖」，最後證明了演化論。這是他生命中最富教育意義的一年：「解析形式之理，琢磨真相之道。」但他比較少實踐在物理學上。關於物理，他大多都忘了。大抵只記得自己試圖用黃銅、木頭和玻璃試管等材料設計氣壓計時有多笨手笨腳。

圖2 H．G．威爾斯相片

念完師範理工學院後，威爾斯在「一頭栽入」文學新聞寫作之前（他是這麼形容的）先教了一陣子書。此時，他找到了一個發洩途徑，可以盡情探索他在辯論學會中非常喜愛、無邊無際的科學。其中一篇為《雙周評論》（*Fortnightly Review*）寫的文章〈單一性的再發現〉（The

Rediscovery of the Unique）得到很高的評價：「一系列漸漸消失的視野，我們稱之為人類思想的行進。」他的下一篇題名〈剛性宇宙〉（The Universe Rigid），卻被該社一位難相處的編輯法蘭克・哈里斯（Frank Harris）公開評為難以理解。哈里斯把這位二十四歲的作者叫進辦公室，將手稿扔進垃圾桶。〈剛性宇宙〉談的是第四維度的結構——就像一個塊體。它不會因時間而改變，因為時間早就內建其中。

四維框架彷彿被剛性宇宙的鐵則帶著往前。如果你篤信現今的物理法則——師範理工學院中大多數牛頓的學生一定都這樣相信著——那麼很明顯，未來絕對是過去造成的結果，無庸置疑。威爾斯打算設計一個「通用圖表」，可照邏輯推斷各種現象。

> 我們可以從均等分布於無限空間中的以太（ether）開始著手，然後替代掉一顆粒子。如果真的有剛性宇宙，而且至今始終不變，那麼這個因果相扣的世界特質，將會完全取決於它。過程中，我會以唯物主義的角度嚴格檢視該初始位移的速率。

接下來會怎麼樣呢？便是混亂（chaos）！

> 這次擾動的結果將向外擴散，混亂程度則會逐漸增加。

美國作家愛倫坡（Edgar Allan Poe）也深受科學推論的啟發，在一八四五年的短篇故事〈言語的力量〉（The Power of Words）中寫道：「一如思想不會消滅，一切行為引發的結果也可能永無止境。」這個短篇刊在《百老匯報導》（*Broadway Journal*），他創造出某個天使來做出以下解釋：

> 打個比方，作為地球的住民，我們自然會移動雙手，而因為做了這個舉動，我們使環繞地球的大氣發生震動。這個震動沒有極限、持續擴散，給予地球大氣中每顆粒子一股衝力。從那一刻起，**永無止息**——只因為手的輕輕一揮。我們的地球上每個數學家都非常清楚這個**事實**。

其實，愛倫坡心中的數學家是一位非常重要的牛頓派學者，法國天文暨數學家皮耶．西蒙．拉普拉斯（Pierre-Simon, marquis de Laplace）。對此人而言，過去和未來都不過是物理狀態，以嚴格、不可動搖的物理力學法則連接。（這是他在一八一四年寫的）宇宙目前的狀態是：「過往一切所致，並將引導未來。」以下就是宇宙之剛性：

> 只要有那麼一瞬間，有一個智慧生物能理解大自然獲得生命的力量，以及組成該力量的存在有它們各自的位置。更甚，這個智慧體的能力更上一層，更為強大，能夠接收這

些資訊、加以分析，並歸納出公式——此公式適用宇宙最巨大物體的動態，以及最渺小原子的移動。這樣一來，對該智慧生物而言，再沒有任何事物是不確定的。在它眼中，未來與過去都與現在並無二致。

有些人早已篤信這種智慧體的存在，他們稱之為「神」。對「祂」而言，沒有什麼是不確定或看不見的。只有我們這些凡人會疑惑。未來一如過去，在祂眼中都可以變成當下（不過，真是這樣嗎？也許神會滿足於放任宇宙萬物自由發展。也許，神的品德中就包含了耐心。）

拉普拉斯的這句話比他所有的作品流傳得更久。在接下來的兩個世紀，它一次又一次在哲學闡述中出現在檯面上。只要有人開始談論命運、自由意志（free will）或決定論，拉普拉斯就會再次出現。阿根廷作家豪爾赫·路易斯·波赫士（Jorge Luis Borges）曾提起他的「幻想」：「宇宙現在的狀態（理論上）可還原為一道公式。從這個公式，我們可以推演出完整的未來和過去的樣貌。」

時間旅人發明了「全知的觀察者」：

> 對全知的觀察者來說，沒有所謂被遺忘的過去——沒有消失不見的段落——也沒有尚不可知的空白未來。在感受當下一切的同時，全知觀察者也能感知過去種種，以及無法避開的所有未來。現在、過去和未來對這麼一個觀察者而言，將變得沒有意義：他所接收

到的一直都會是一樣的東西。但在某種程度上，他會看見將空間與時間填得毫無空隙的剛性宇宙——亦即一個每樣事物都毫無差別的世界。[10]

「如果『過去』真有任何意義，」他如此結論：「那便會是你看向一個特定的方向，而『未來』代表的是與它相反的方向。」

剛性宇宙是座牢籠，只有時間旅人稱得上是自由的。

10 這個段落出現於早先連載的《新評論報》（*New Review*，第十二期，p.100）。但沒有收錄最終版本。

2
世紀末

你的每個舉動始終存在於此時此刻，這瞬間是隔開過去與未來的分界線。然而，你的心智更為自由。它能思考，而且屬於現在。它能記得，並能在剎那間回到過去。它能想像，並在毫秒間躍進未來——而且可以隨心所欲選擇要躍進哪一種可能性。你的心智可以穿越時間！

——英國哲學家艾瑞克．法蘭克．羅素（Eric Frank Russell，1905-1978）

身為二十一世紀的公民，你有辦法回想第一次聽到時間旅行是什麼時候嗎？關於這點，我很懷疑。時間旅行出現在流行歌、電視廣告和壁紙上。從早到晚，從兒童看的卡通到成人奇幻作品中的時間機器、捷徑、閘口或某扇窗的發明與再發明，更別提時光飛梭、魔法衣櫥、《回到未來》（*Back to the Future*）裡的那輛車，還有《超時空博士》（*Doctor Who*）那座電話亭。一九二五年的卡通就開始玩時間旅行了。在〈菲力貓搞亂時間〉（Flex the Cat Trifles with Time）中，時間之父同意把鬱鬱寡歡的菲力送回到遙遠的遠古時代，當時住在那裡的還只有山頂洞人和恐龍。一九四四年的《樂一通》（*Looney Tunes*）動畫中，蠢獵人艾默在夢中穿越到未來——「當你聽到鑼響，時間就剛好會是西元兩千年」——那兒的新聞頭條顯示出「嗅電視」（Smellevision）[11]的字樣。到了一九六〇年，《鹿兄鼠弟》（*Rocky and His Friends*）用簡易時光機「WABAC」把小狗皮巴弟和他領養的男孩薛曼送去幫威廉・泰爾和卡拉米蒂・珍（Calamity Jane）[12]解決麻煩。而下一年，唐老鴨第一次時間旅行：他跑到史前時代去發明輪子。「時光倒流機」（Wayback Machine）變成某種流行現象。情境喜劇的角色是這麼說的：「戴夫，不要去惹擁有時光倒流機的人——因為我絕對可以『把你塞回媽媽肚子裡』。」

同時，孩子也認識了「時間之漩」（time whirlwind）和「時間旅行石」（time-travel stone）。荷馬・辛普森（Homer Simpson）不小心把一臺烤吐司機變成時間機器——這裡已經沒必要多做解釋，我們已經長大成人，不再需要聽教授對我們娓娓道來第四維度的知識。這有很難懂嗎？

中國的國家廣電總局在二〇一一年頒布公告，針對時間旅行（穿越劇）提出了警告和譴責。因為這類故事會干擾歷史——「一堆隨便捏造的神話傳說，荒謬又詭異的故事情節，不合理的手段及

圖3 卡通角色小狗皮巴弟和薛曼。

策略——甚至推廣封建制度、迷信、宿命論（fatalism）及投胎轉世的概念。」的確，全球文化都接收了時間旅行這個符碼。《洋蔥報》（*The Onion*）[13]刊登了一張照片，上面有個人正叼著一根非常有未來感的電子菸。此照片引人特別寫了一篇關於時間旅行的文章，說此人是「傭兵，他曾到過距離地球相當遙遠的世界受軍事訓練」。大家只要看他外表，就可以把這個人的背景猜個一清二楚。「從他那冷酷又鎮定的姿態，還有吞吐電子煙霧的模樣——那個黑得發亮的玩意兒，推測應是電子菸——我想我們可以假設這人是從好幾百年前的未來旅行到這裡，要逮捕某個危險的數位罪犯之類的。」某個路人說。「你想像一下，他對未來的各種事件會有多熟。如果我們敢問，搞不好他會告訴我們一大堆驚人祕密。」其他人則認為，他的太陽眼鏡藏有高科技人工智慧目鏡，身上還武裝了一把脈衝步槍或粒子加農砲，並以這一身重裝闖過時空連續體（space-time continuum）。「警戒程度持續升高，由進一步消息推斷，該男子光是出現在這間酒吧就很有可能造成某種無法逆轉的時間悖論，諸如此類。」

時間旅行不單屬於大眾文化，這個哏非常普遍。神經學家調查發現，有所謂「精神上的時間旅行」，正式名稱為「時間統覺」（chronesthesia）。學者如果不去討論時間旅行及隨之而

11 在觀賞影片的同時，會有相應的氣味散出。但這個儀器只出現於電影中。

12 譯注：本名瑪莎・珍・卡納利（Martha Jane Canary），十九世紀美國探險家。

13 譯注：一九八八至二〇一三年發行的新聞媒體，最為人所知的是他們會諷刺一般新聞報導。有些事件是真實發生過的，但也有不少虛構事件。此報會模仿傳統的報紙形式，加以改編或加料，以達到諷刺效果。

來的悖論，根本無法觸及針對變數與因果關係而來的抽象討論。時間旅行以勢不可擋的姿態進入哲學領域，並影響了現代物理。

難道我們花費一整個世紀，只做了一場清醒的白日夢？難道我們在與時間相關、最單純的真相中迷失了自我？或者應該這麼說，也許此時此刻，純粹只是眼前的簾幕終於落下。而我們（作為一個種族）終於演化出能夠了解過去和未來的能力。關於時間，我們學到了非常多，而其中只有很少的部分來自科學。

*

然而，時間旅行（這個概念）竟然只出現短短一個世紀，想想真是太詭異了。這個名詞初次在英文出現是一九一四年[14]，即威爾斯「時間旅人」（Time Traveler）的逆向構詞（back-formation）[15]。不知怎麼，人類就這麼渾渾噩噩好幾千年，卻從沒有問過要是我可以旅行到未來會怎樣？世界會是什麼樣子？要是我可以旅行到過去，我可以改變歷史嗎？這些問題從來沒出現過。

現在，《時間機器》已經變成「那種書」了：不管是不是真的，你都覺得自己應該讀過這本書。你可能有看過一九六〇年版的電影，由受到萬千少女喜愛的奶油小生羅德·泰勒（Rod Taylor）領銜演出時間旅人（因為他需要一個名字，所以他們叫他喬治），並且跟一臺完全不會讓人想到腳踏車的機器一同出演。《紐約時報》的波斯利·克勞瑟（Bosley Crowther）把這臺時間機器稱為「破爛版飛碟」。對我來說，它看起來只像某種洛可可時代的雪橇，還架上一把豪華的紅椅子。很明顯，我不是唯一這樣想的人。「所有人都知道時間機器長什麼樣兒，」物理學家卡羅說：「就像一座蒸汽龐克風的雪橇，有著紅色天鵝絨椅子，閃亮亮的車燈，背後還有一架巨大的紡車。」這部電影中也有時間旅人往昔的同伴韋娜（weena），由伊薇・明媚絲（Yvette Mimieux）飾演。她是八〇二七〇一年一位慵懶蒼白到像是漂白過的金髮妞。

喬治問韋娜，她的族人會不會對過去有很多想像。「沒有什麼過去，」她如此對他報告，語氣中連一點點說服力都沒有。那他們會對未來好奇嗎？「沒有什麼未來，」她只活在「當下」，就這樣。大家也都忘記了有火這種東西。很幸運的是，喬治帶了一些火柴。「我只是一個這裡修修、那裡補補的技工罷了。」他很謙虛地說。然而，他很想多告訴她一些。

順帶一提，威爾斯寫下他的幻想作品時，電影技術才剛萌芽，而且他恰巧是個勤寫筆記的人（腳踏車不是他唯一用來獲取靈感的現代機器）。在一八七九年，英國定格攝影先驅艾德

---

14 源自牛津英文字典。雖然只有一個前例，但是，在一八六六年，一個英國的旅行作家悉心為《康希爾》（*Cornhill*）雜誌簡述了一趟行經外凡尼西亞（Transylvania）的鐵道旅行。「如果我們可以像在不同地方移動一樣，也在時間中旅行，旅行的迷人之處一定會更加完美……在十五世紀過個兩周，又或者更愉悅一點，一下子跳進二十一世紀。但要實現這個目的，多多少少得靠想像力才有可能。」

15 編注：此為造字原則的一種，指將原先單詞中的詞綴去掉後，將之另作新詞使用。這裡指「Time Traveler」去「er」後，另作新詞「Time Travel」來表達意思。

沃・邁布理奇（Eadweard Muybridge）發明了由他命名為跑馬燈（zoopraxiscope）的東西，用以放映連續畫面，讓影像可以動起來。他們製造出某種肉眼可見的時間狀態。這是前所未見的一個創舉。美國發明家湯瑪斯・愛迪生（Thomas Edison）接著發明了電影放映機，隨後，他在法國跟醫生艾蒂宏・朱爾斯・馬黑（Etienne Jules Marey）見了面。此人已創造出「時間攝影」（la chronophotohraphie）。沒多久，法國盧米埃兄弟（Louis and Auguste Lumière）就帶來他們的活動電影機。到了一八九四年，倫敦讓這些東西進入牛津街的第一座電影放映廳，用以娛樂大眾——巴黎也有一臺。因此，當時間機器展開旅程，過程看起來就像這樣：

> 我將控制桿往上推到最頂，黑夜突然降臨，彷彿燈被關掉。過了一會兒，明日立即到來。實驗室變得昏暗又模糊，然後再昏暗、更昏暗。次日的黑夜來了，然後又是白晝，再黑夜、再白晝——速度變快、持續加速。我的耳中滿是不停歇的竊竊私語，一陣詭異的困惑感降下心頭……黑暗、光亮，閃閃爍爍又接續不斷，對眼睛造成的痛楚超出忍受程度。接著，在斷續的黑暗中，我看到月亮迅速旋轉，從弦月變新月變滿月，然後在模糊的一瞥裡，我看到運行的星辰。此時此刻，當我維持這個狀態，一切仍在持續加速，日與夜的脈動融合成一片連續不斷的灰影。

無論怎麼說，H・G・威爾斯的發明深深影響接下來每一個時間旅行故事。當你書寫時間旅行，要不是向《時間機器》致敬，就是極力避開他的陰影。加拿大科幻作家威廉・吉布森（William Gibson）將會在二十一世紀再創時間旅行。他在一本賣十五分錢的經典名著漫畫中遇見威爾斯時，還是個孩子，等到他看了那部電影，心中不禁覺得自己早已跟它合為一體。「有一點像是數量不斷增加、屬於我個人的另類宇宙（alternate universe）[16]。」

> 我自己有想過這件事。假如我真的用上這個極度複雜、一圈套著一圈的模式，我絕對無法駕馭……我總忍不住懷疑（但不敢承認），其實時間旅行就跟親吻自己的手肘差不多，那只是某種魔法。畢竟，這件事最開始在理論上似乎可行。

威爾斯在七十七歲時試圖回想自己究竟怎麼想到這個點子的，但他想不起來，可能他也需要時間機器來回溯記憶（而他的用字其實與此相去不遠）。他的腦袋卡在那個時代了。負責進行回溯的機器，也正好是要被回溯的機器。「我試了又試，大概整整一天吧，我想把腦子重整到一八七八年還是一八七九年的狀態……可是我發現這個結根本不可能解得開……以往的點子和印象都翻新了，完全符合新知識的程度，它們都被拿來製造新的設備了。」然而，如果真的

16　編注：簡稱ＡＵ，或稱替代宇宙，常見於同人小說的故事背景設定。指在原有的故事背景之下，因特定事件發生，創造出的另一個平行的宇宙，其情節發展會與原本的宇宙不同。

有個故事無論如何都要降生於世，那麼一定就是《時間機器》。

這個故事歷經多年才完成，情節斷斷續續從他筆尖流洩而出。一開始是一八八八年的奇幻小說《超時空阿爾哥英雄傳》（*The Chronic Argonauts*）。它在《理工學院周刊》（*Science schools journal*）分成三次連載。這是威爾斯在師範理工學院創的期刊。他重寫又丟掉這個故事至少兩次，只有非常少的極早期草稿神奇地保留下來：「快將我創造出來！時間旅人！發現未來性（Futurity）的人啊！」——未來性！——「他緊緊抓著時間機器，抓到身體都麻木了。他被臉上滾滾流下的眼淚和啜泣嗆住，身心充滿極度的恐懼，畏懼自己再也看不到人類文明。」

一八九四年，他讓這具「過往的屍體」再度復活。（就各種方面而言，這個故事的確算是胎死腹中。）他在《國家觀察者報》（*National Observer*）分七篇匿名連載，最後才寫出一個應該能算是最終版本的作品，命名為《時間機器》，並於《新評論報》刊登系列作。主人翁叫做摩西・納伯吉佛博士（Dr. Moses Nebogipfel），他有博士學位、隸屬皇家學會、西北鐵路公司、獲某PAID勳章——「身體短、臉蠟黃的小個頭……鷹鉤鼻、薄嘴唇、高顴骨、尖下巴……他瘦得不得了……灰色的眼睛非常大，而且眼神飢渴……前額寬廣得很不尋常。」納伯吉佛原先是哲學發明者，然後變成時間旅人。但他在形象逐漸黯淡的過程中沒有太多進展，他失去了那些代表榮譽的首字母縮寫，甚至是名字。最後他脫去加諸在身上那些華麗又繽紛的名號，變成一個沒有特徵的灰色幽靈。

當然，對威爾斯來說，努力奮鬥的人應該是他才對。他增進技藝，裁碎草稿，在煤油燈光旁不斷重想、重寫到深夜。他當然非常拚命，但是，且讓我們這麼說：反過來想，其實大局都是故事本身在掌控。時間旅行的時代已到來。美國後現代主義作家唐納德．巴賽爾姆（Donald Barthelme）表示，我們將作家看成「作品降臨於世的途徑，是為了將大氣亂流都聚積到自己身上的避雷針，是將光陰似箭的箭收在胸膛滿是傷痕的聖賽巴斯提安（St. Sebastian）[17]。」此話聽來可能有點像某種神祕隱喻，或是過謙甚至虛偽的講法。但很多作家都這麼說，而且他們好像是認真的。美國作家安．比蒂（Ann Beattie）表示，巴賽爾姆洩漏了檯面下的祕密：

> 作家不會跟非作家提起被靈感打中、被當作管道或偶爾脆弱易感這種事。即便有時他們會對同道中人傾訴。作品會想辦法讓自己獲得被寫出來的路徑。我認為那是一個非常了不起的概念，那不只給予了文字（也就是作品）意志和實體，更給了它們糾纏某人（就是作家）的力量。故事就是會那樣。

故事就像找到宿主的寄生蟲。就像是笑話中的「哏」（memes），有如弓箭般讓思潮傳遞。「文學就是一種揭示。」威爾斯說：「而現代文學則是一種較不得體的揭示。」

17 譯注：基督教聖人，殉道者。常在畫中或雕塑被描繪成雙臂綁在樹上，亂箭射在胸口。

*

威爾斯感興趣（其實非常接近執念）的重點便是未來——那個朦朧、難以捉摸而且無法前往的地方。「帶著心中那股不斷增長的瘋狂執念，我飛向未來。」時間旅人如是說。大多數人——威爾斯這樣寫道——「較主流、較常見的人，也就是生在世上大部分的人類」從未思考過未來。又或者，如果他們有思考過，也只會把未來當成某種「空白的、並不存在的東西，而不斷前進的『此刻』，會在空白中同步更新現在發生的一切。」（有隻移動的手不斷書寫，寫完之後，又繼續前進。）更現代一點的人——「也就是比較有創意、有組織性或較傑出的人」會將未來看成我們存在的唯一理由：「普通人會說，因為有過去的種種，才會有現在的我們。較有創意的人會說，我們會在這裡，都是為了還沒發生的未來。」威爾斯當然想賦予創意又有前瞻性的人一個實際的形象。他的同伴可是越來越多了。

在過往，不管是未來或過去，人們都只能勉強一瞥，幾乎沒人想過這件事。不管在任何藝術領域中都沒有。甚至，即便只是空間移動都很少見。就現代的標準而言，鐵路發明之前無論是哪種旅行都太慢了。

如果我們擴大範圍，還可以找到早期還未成熟、比較有爭議的時間旅行案例，亦即印刷術之前的時間旅行。印度史詩《摩訶婆羅多》（*Mahabharata*）中，卡庫米（Kakudmi）上到天堂，見到了梵天，結果歸來後卻發現已過了好幾個紀元，他所認識的人都死了。類似的命運也降臨在一個古代的日本漁夫身上。浦島太郎不慎踏上一趟離家太遠的旅程，粗心大意地躍進未來。同樣，十九世紀美國短篇小說〈李伯大夢〉（Rip Van Winkle）也可以說是在夢中完成了一次時間旅行。當然有以作夢來進行時間旅行，或者也可以靠迷幻藥或是催眠。十九世紀文學中有一個時間旅行的案例是來自瓶中訊息——作者自然就是愛倫坡。他這麼描述：「在一片想像出來的海洋上，漂著一個『軟木塞封住的瓶子』，裡面有一個『看起來很詭異的訊息』。他發現上面有日期，註明『二八四八年四月一日，登上雲雀號氣船。』」

狂熱者早將文學歷史倉庫上至閣樓、下至地下室的每一寸都搜索得乾乾淨淨，尋找所有可找到的範例，也就是過去時間旅行的先驅。一七三三年，一位愛爾蘭神職人員山謬．麥登（Samuel Madden）出版了一本《二十世紀回憶錄》（*Memoirs of the Twentieth Century*），這是一本反天主教的信件體瀆神文集，還假托給兩百年後的英國政府。在麥登想像的二十世紀中包含諸多與他自己時代類似的主張，只有一點不同：耶穌會統治了全世界。然而，這本書即便在一七三三年都讀不到：麥登親手毀了近千本的庫存，只有一小部分留下。相對而言，另一個較烏托邦的版本，書名為《二四四〇年：夢，若世上還有夢》（*L'an eux mille quatre cent quadrante: reve s'l en fut jamais*），在大革命之前的法國成為轟動一時的超級暢銷書。此書是一七七一年路易．賽巴斯欽．梅西耶（Louis Sebastien Mercier）出版的烏托邦幻想故事，他深受當時最重要的哲學家盧梭（Jean-Jacques Rousseau）影響（歷史學家羅伯．丹屯〔Robert Darnton〕將梅西耶歸在「盧梭的死忠擁護者」〔Rousseau du ruisseau〕的類別）。主角夢到自己從一場漫長的睡眠中醒來，發現自己長滿皺紋，還有個很長的鼻子。這個主角已經七百歲，而且就要目睹未來的巴黎變成什麼模樣。那麼，這個巴黎會有什麼新玩意兒？流行變了──人們穿著寬鬆的衣服、舒適的鞋子，還有奇怪的帽子。社會風俗也變了：監獄和賦稅制度廢除了，社會憎惡妓女和僧侶，平等主義和理性主義的觀念非常普及。最重要的是，如同丹屯所說：「屬於人民的社會共同體」將君主專制連根拔除。「當讀者去想像未來，」他說：「也能同時想像『現在』要是變成『過去』會是什麼模樣。」但是，梅西耶這個人認為地球是個上有公轉太陽的大平臺，比起一七八九年，他對於二四四〇年並沒有那麼期待。當大革命來臨，他宣稱自己早已預言到此事。

另一個未來景象走的也是烏托邦路線。它出現在一八九二年，一本叫做《二〇〇〇年的高爾夫》（*Golf in the Year 2000; or, What Are We Coming To*）的書中。作者是一名蘇格蘭高爾夫球手，名叫J．麥卡勒（他的全名已不可考）。故事一開始，敘事者忍受了一整天的爛高爾夫球賽和熱威士忌，莫名陷入恍惚狀態。他醒來後長出濃密的鬍鬚。有個人簡短地告訴他現在的日期（而且他一邊說話一邊不斷查詢一本口袋年曆）：「現在西元二〇〇〇年是三月二十五號。」是的，西元兩千年已經進步到有口袋年曆了呢──噢，還有電燈。不過，這位一八九二年的高爾夫球手的確發現世界在他睡覺時有了很大的進步，西元兩千年的女性穿得像男性，而且接手一切工作，而男人呢，則活得自由解放，可以整天打高爾夫。

透過冬眠（也就是漫長的睡眠）進行時間旅行，對於創作〈李伯大夢〉的華盛頓．厄文

（Washington Irving）來說完全可行，而對一九七三年將此作品重新改拍為《傻瓜大鬧科學城》（*Sleeper*）的伍迪．艾倫來說，一樣沒問題。伍迪．艾倫的主角是個患有現代精神官能症的李伯。「我已經兩百年沒見我的精神分析師了。他是個很嚴謹的佛洛伊德派，如果我這段時間都有好好去看診，說不準現在病都好了呢。」如果你張開眼睛發現同時代的人全死光，這到底是美夢還是惡夢呢？

威爾斯本人在一九一〇年的小說中摒棄了機械。《當沉睡者醒來》（*The Sleeper Awakes*）也是第一本發掘時間旅行附加利益的奇幻小說。總而言之，在睡眠的狀態下，來到未來是我們每晚都做的事。對普魯斯特來說（他比威爾斯小了五歲，兩人相隔兩百英里遠），沒有什麼地方比臥房更能提高我們對時間的感受度。睡著的人將自己從時間之中釋放，飄浮在時間之流外，浮沉在心境清明的狀態與什麼都不想之間。

> 有個沉睡的男人被囚在循環裡，那是連續的時刻、有次序的年月與世界。他一醒來，就會本能去確認那些訊息，也會立刻知道自己是在世上的哪個位置，還有在醒來前流逝了多少時間。但這些排序也有混亂不全的可能……在他醒來的第一分鐘，他不會知道現在是什麼時間，他會以為自己剛剛才上床……接下來，因為失序的世界所產生的困惑將會變得完整，那張魔法扶手椅將以最高速度帶著他穿越時間與空間的藩籬。

沒錯，如果從譬喻法來看，那的確是旅行。最終，睡著的人會揉揉眼睛，回到此時此刻。

以那張魔法扶手椅為基礎，該機制大為進步。在十九世紀的最後幾年，小說裡的科技讓整個文化刮目相看。新產業挑動了大家對未來、甚至過去的好奇心。美國小說家馬克．吐溫（Mark Twain）在一八八九年寫下屬於自己的時間旅行：他把一個康乃狄克州的美國佬送到中世紀去。馬克．吐溫並不擔心有沒有足夠的科學根據，但他採取浮誇的寫作方式：「你應該聽過靈魂轉世吧？那，你知道紀元——甚至連身體——也是可以調換的嗎？」在《康乃狄克人遊亞瑟王朝》（*A Connecticut Yankee in King Arthur's Court*）中，進行時間旅行的方式是往腦袋重重打一下。漢克．摩根這個美國人被鐵橇狠狠揍了一記，接著在一片青翠嫩綠的平原醒來。他前面杵了個騎在馬上、全副武裝的人；馬兒披著一件彷彿被單的衣飾，料子是那種節慶用的大紅大綠絲綢布。而這個康乃狄

A WORD OF EXPLANATION. 21

me out with a crusher alongside the head that made everything crack, and seemed to spring every joint in my skull and make it overlap its neighbor. Then the world went out in darkness, and I didn't feel anything more, and didn't know anything at all—at least for a while.

When I came to again, I was sitting under an oak tree, on the grass, with a whole beautiful and broad country land-

圖4 《康乃狄克人遊亞瑟王朝》中漢克．摩根醒來之所見。

克來的美國人到底跑了多遠呢？關於這個訊息，他是從以下這段經典對話中得知的：

「這裡是布理奇波特？」我邊說邊指。

「是卡美洛[18]。」他說。

漢克是個工廠的機械工——這件事非常重要。他是個苦幹實幹的人，也著迷於新科技，熟知各種最新發明：炸藥、傳聲筒、電報跟電話。當然熟知這些的還有作者本人，山謬・克萊門斯（Samuel Clemens）[19]一八七六年在家裡安裝貝爾發明的電話，同年，電話機也申請了專利。在前兩年，他獲得了一臺了不起的寫字機器——雷明頓打字機（Remington typewriter）。「我是全世界第一個將打字機應用在文學上的人，」他如此自吹自擂。十九世紀還真是見證了不少奇蹟呢。

那時是蒸汽年代和機械年代正在全力衝刺的高峰。鐵路讓地球變小，電燈把夜晚變成永遠不結束的白晝，電報徹底毀滅了時間與空間的隔閡（這是報紙說的）。而這，便是馬克吐溫那本《康乃狄克人》真正的主旨：現代科技與過往農耕生活之對比。這些不協調是喜劇，也是

18 Camelot。亞瑟王傳說中的王國。
19 即馬克・吐溫本名。

悲劇，因為對天文星象的預知能力，使得這個老美成了巫師（徒有名氣的巫師梅林最後遭到揭穿，原來他只是個騙子）。鏡子、肥皂還有火柴，這些東西在在引來人們的敬畏。「這塊黑暗大陸對這些玩意兒真是毫不懷疑，」漢克說：「我用十九世紀的文明把他們嚇得一愣一愣的！」然而，讓他獲得最終勝利的發明，則是火藥。

那麼，二十世紀會帶來怎樣的魔法？在驕傲的未來公民眼中，我們這些人看起來又會是多麼的「中世紀」？一世紀前，一八〇〇年匆匆流過，什麼特別值得誇耀的東西都沒留下。沒有人會去想像一九〇〇年可能會多麼不同。[20]如果用我們經驗豐富的雙眼去檢視，你會發現，大眾對於時間的意識是模糊的。直到一八七六年之前，都沒有針對任何事物舉辦的「百年紀念活動」。（根據倫敦的《每日報》（*Daily News*）報導，「美國最近終於來到百年紀念——在那年的盛大慶祝之後，這一個詞才被我們沿用至今。現在，全美國已經到處都有一堆百年紀念了。」）「世紀交替」（Turn of the century）這種說詞到二十世紀之前都不存在。而今，未來（總算有未來了）也成為了大家感興趣的項目。

距離世紀交替還有六年的時候，紐約企業家約翰・雅各・阿斯特四世（Jhon Jacob Astor IV）出版了一本「浪漫的未來故事」，書名叫《異世旅行記》（*A Journey in Other Worlds*）。在故事中，他預言二〇〇〇年時會有大量科技產物。所有交通工具的動力將由電力取代動物。腳踏車會配備強而有力的電池，高速又巨大的電力「敞篷車」會在世上到處亂竄，開在鄉間路上，時速最高可達到三十五至四十英里，而如果是在城市的街道，可以「超過四十英里」。為了支撐這種馬車，路面會以半英寸厚的鐵片鋪成，上方再蓋柏油（「雖然對馬蹄來說可能太滑，但它不會對輪子造成嚴重影響」）。攝影技術也大大躍進，再也不限於黑與白，「想要讓被拍的物體原色重現，再也沒有困難了。」

在阿斯特四世的二〇〇〇年裡，電話線繞行地球，收在地底下以避免干擾，而且電話還可以顯示出通話者的臉。造雨變成「單純的科學問題」：想要製造雲朵，只要在高層大氣引發爆炸即可。人們可以飛越太空，去造訪各個星球，例如木星和土星，而這都要感謝新發現的反重力（apergy）。「我們的祖先對其存在感到懷疑，但他們對這股力量的知識實在有限。」聽起來豈不令人雀躍？然而，上述一切對《紐約時報》的評論家來說，似乎「乏味到令人難以忍受」。他們說：「那只是對於未來過度浪漫的想法，而且無趣程度就跟中世紀的那些浪漫想法差不多。」阿斯特四世也落得同樣的命運——他跟鐵達尼號（Titanic）一起沉到海底。

作為理想化世界的願景，以及一個烏托邦的國度，阿斯特四世的書欠愛德華・貝拉米（Edward Bellamy）的《回顧》（*Looking Backward*）許多人情。這本書是美國一八八七年的暢銷書，背景也同樣設定在二〇〇〇年（而且又是在睡眠時進行時間旅行。這位主角進入催眠

20 當然，要是沒有基督教曆法就不會有什麼世紀交替。即使如此，在一八〇〇年代，此間的一致性依舊非常薄弱。法國雖仍深陷革命的痛苦掙扎中，研發自己新曆的動作卻沒有間斷。法國共和曆（Le calendrier republicain francais）九年或十年時，等於西元一八〇〇年。這個共和曆剛好三百六十天，按月劃分，並使用新的月分名稱，從Vendeminaire（霞月）到Fructidor（果月）。拿破崙在共和曆十三年霜月十一日加冕封王，不久後便廢除此曆法。

狀態長達一百一十三年）。由於無法知曉未來，貝拉米對此表達自身的挫折。在他的故事《盲者的世界》（*Blindman's World*）中，他想像宇宙中的智慧生物裡唯有地球人缺少「預見未來之力」，那是一種能夠知曉身邊發生一切的力量。「你們對於自己死亡的日期如此盲目，令我們震驚不已。這是你們最悲哀的特質之一。」一位神祕的訪客如是說。《回顧》啟發了一股烏托邦風潮，接著風行的則是反烏托邦。這些故事是這麼義無反顧地朝著未來奔去，以至於我們有時會忘記原先的《烏托邦》（作者為湯瑪斯．摩爾〔Thomas More〕）並不是設定在未來。那個烏托邦只是一個遠得要命的小島。

在一五一六年的時候，沒有人會花時間想未來，因為未來跟現在沒有差別。但是，水手會發現偏僻的國度和詭異的部族，因此，蠻荒之地對於性好冒險，並在心中編織奇幻故事的作者來說，已經足夠。英國諷刺小說《格列佛遊記》（*Gulliver's Travels*）中的主角格列佛並沒有在時間洪流中旅行。對他來說，去探訪「拉普達、巴尼巴比、拉格納格、格魯都追和日本」就夠了。莎士比亞的想像力似乎沒有極限，他自由自在地到神奇小島和魔法森林旅行，然而他也沒有——甚至可說無法——想像不同的時間。過去和現在對莎士比亞來說都是一樣的：機械鐘在凱薩（Caesar）統治的羅馬敲響報時聲，埃及豔后竟然還會打撞球。要是能觀賞捷克裔英籍劇作家湯姆．史達帕（Tom Stoppard）在《阿卡迪亞》（*Acadia*）和《印度墨》（*Indian Ink*）中創造的時間旅行形式，他一定會讚嘆不已。史達帕將不同世紀發生、相隔數十年的故事擺在同一舞臺上展演。

「這裡必須有更詳細的說明，」史達帕在《阿卡迪亞》的舞臺指示中寫道：「本劇的情節在十九世紀早期和現代之間來回穿梭，而且永遠都在同一個房間上演。」道具四處移動——書本、花束、茶杯、油燈——彷彿透過一個看不見的閘口便能移動，且跨越無數世紀。在劇的結尾，他們圍在一張桌旁：**幾何形狀積木、電腦、玻璃瓶、水杯、茶杯、漢娜的研究資料、塞普蒂繆斯的書、兩本文件夾、托瑪西娜的燭臺、油燈、大理花、周日報紙**……在史達帕的舞臺上，這些物品就是時間旅人。

我們獲得了祖先所沒有的時間感。這種感覺是必須慢慢發展的：一九〇〇年在時間和日期的敏銳度上燃起了一簇耀眼火光，二十世紀彷彿明日的太陽般升起。「從時間之母腹中降生的諸多世紀中，從沒有哪一次像這個世紀一樣，喚起眾人如此高度的期待與希望，更別說有在午夜念誦的連禱文，以及為了迎接世紀交替舉辦的慶典。八天之後，我們就要迎接它的到來。」《費城報》（*Philadelphia Press*）的社論家如此寫道。美國報業大亨赫茲（Hearst）擁有的《紐約日報》（*New York Morning Journal*）自行宣布自己是「二十世紀的新聞媒體」，並提了一個與電有關的宣傳花招：「《紐約日報》請所有紐約的居民在周一午夜時分點亮家中的燈，一同歡迎二十世紀的到來。」紐約市政廳裝飾兩千個紅、白、藍色的燈泡，而市議會主席向大批人群發表談話：「今晚，當時鐘敲響十二點，這一世紀會走到終點。當我們回顧過往那漫長的時代，思及我們在科學及文明上取得的進步，這豈是出色非凡四字可形容。」在倫敦，《雙周評論》邀請他們當前最知名的未來學家——三十三歲的H·G·威爾斯——寫下一系列預言短文：「試預測機械與科學進步對人類生活及思想帶來何種效應。」在巴黎，他們早已宣布「世紀末」（fin de siecle）來臨——而且重點放在「末」這個字上。肇因於此，墮落與怠惰的生活方式風行一時。但當那刻真的到來，法國也同樣期待不已。

若是沒有在法國出過書，區區一名英國作家不可能擁有國際知名度。不過威爾斯也不用等太久。《時間機器》由亨利・德福雷（Henry Davray）翻譯——此人是想像力豐富的法國作家儒勒・凡爾納（Jules Verne）[21]之後裔。令人欽佩的法國水星出版社（Mercure de France）在一八九八年印行此書，只不過，翻譯出來的書名「*La Machine à explorer le temps*」[22]少了一點什麼。前衛派的人自然喜歡時間旅行的概念，畢竟他們是「前」衛派啊！法國劇作家阿佛列德・賈里（Alfred Jarry）是一位象徵主義者，而且愛開玩笑（同時也熱愛騎單車），他馬上以筆名「怪士德博士」（Dr. Fraustroll）[23]弄出一本假嚴肅、真搞怪的組裝手冊：《超實用時間機器組裝指南注釋集》（*Commentaire pour servir à la construction pratique de la machine à explorer le temps*）。賈里的時間機器是個有著黑檀木結構和三個「迴轉儀」的腳踏車，迴轉儀上有轉得極快的慣性輪、鏈傳動系統和棘輪箱，附上一根象牙把手的控制桿，可控制速度……全都是如此這般胡說八道。「這裡要注意的是，機器可前往兩種過去：在我們這條時間軸『之前』的過去，姑且稱之為『真・過去』；還有一個是機器回到我們的『現在』之後製造出來的過去。這個過去會受到未來的可逆性影響。」無庸置疑，時間是第四維度[24]。後來，賈里說他非常仰慕威爾斯「冷靜沉著到令人佩服的程度」，竟然可以讓他的胡說八道感覺起來那麼科學。

世紀末就要來臨。為了迎接一九〇〇年在里昂舉辦的慶典，阿蒙．賈赫維（Armand Gervais）、一位喜愛新奇玩意兒和機器人的玩具製造商，受一名自由藝術家託付，製作了一組五十幅的雕刻版畫。此位藝術家名叫尚－馬克．柯特（Jean-Marc Côté）。這些圖像猶如魔術，變幻出一個可能性極高的《西元二〇〇〇年》（*En L'an 2000*）且使世界大為驚喜——人們乘坐小型個人飛行器當作娛樂，並乘飛船相互對戰；在海底玩水下槌球。但最棒的發明可能是學校，一群穿著膝上馬褲的孩子坐在教室，雙手交疊放在木桌上；老師將書塞進絞碎機，該機器由手動曲軸提供動力，書本被磨成碎粉，變成純然的知識碎渣，透過牆上的纜線運送，橫過整片天花板，往下直灌到蓋住學生雙耳的耳罩裡。

---

21 譯注：科幻小說《海底兩萬里》作者。

22 顯然，要翻譯這書名真是不容易。紐約《當代文藝》（*current literature*）雜誌在一八九九年報導法國水星出版社將發行威爾斯的《時間機器》法文版。譯者發現，該書名要轉為法文相當困難：「時鐘」（Le Chronomoteur）、「時間移動器」（Le Chrono Mobile）、「四十世紀之後」（Quarante Siecles à l'heure）和最後的「時間機器」（La Machine à explorer le temps）都是備選之一……。

23 亦即「Fraustroll」複合字。由「浮士德」（faust）與「山怪」（troll）組成。

24 賈里解釋：「『現在』是某種沒有實體而且非常渺小的現象碎片，比一個原子還要小。眾所周知，原子在物理上的尺寸是直徑 1.5 x 10^{-8} 公分。至今還沒有人有辦法從一秒鐘測量出任何一段質量等同『現在』的太陽秒（solar second）。」
＊審訂注：這句話應該是作家賈里自己的想法。附帶一提，目前的原子鐘可以精準到 10^{-9} 秒。（卜宏毅）

這些預知繪畫幅幅都有自己的故事，只是在它們的時代從未見光。一八九九年，賈赫維過世時工廠關閉，他工廠的地下室中有少數幾幅已經售出。地下室內容物在無人知曉的狀況下，就這麼度過整整二十五年。一名巴黎古董商在一九二〇年代誤打誤撞找到賈赫維的存貨清單，並買下那塊地，包含柯特的一整套原版全新紙卡。他擁有這些東西五十年，最終在一九七八年把它們賣給一名加拿大作家克里斯多夫・海德（Christopher Hyde），當時海德在魯西恩柯梅蒂大街（de l'Ancienne-Comédie）經過他的店面。海德逐次把這些畫拿給艾薩克・艾西莫夫（Isaac Asimov）看——他是一名生於俄國的科學家兼科幻小說作家，更是多達三百四十三本書的作者或編輯。艾西莫夫把《西元二〇〇〇年》寫成他的第三百四十四號作品：《未來時代》（*Futuredays*）。他在這些畫中看見超凡出眾的想法，是預言中前所未見的事物。

圖5　《西元二〇〇〇年》中的未來學校光景。

預言這個行業非常古老，在所有明文可考的歷史中，一直都有「預言未來」這項工作。未卜先知，預測吉凶，透過鳥類飛翔來進行占卜，尋找卦象、徵兆。就算不是最被信任的一行，也可以稱得上是令人敬佩的一項職業。古代中國有《易經》、希臘有諸多女預言家和神諭使者，熟練地施展他們的能力。氣象占卜人、手相師和水晶球占卜師，分別從雲中、手上和水晶裡看見未來。「那個陰沉的老羅馬監察官加圖（Cato）說得好：『我每次都忍不住想，一個卜鳥人經過另一個卜鳥人身旁時，有沒有辦法忍住不笑出來。』」艾西莫夫這麼寫道。

但**未來**（the Future）——這個任由預言家占卜的事物——依舊是很個人的。當算命師丟出六枚硬幣[25]、抑或翻著塔羅牌預測每一個人的未來：病痛或健康、快樂或悲慘，是否出現高大陰沉的陌生人。但在這之外，世界還是沒有改變。那個經歷許多歷史事件、在人們想像中自己的後代會居住的世界，與他們從父母那邊傳承來的世界無異。這一代就如同下一代，不會有人去找神諭使者預測未來幾年的每天每日有何特別之處。

「假設我們不考慮算命，」艾西莫夫說：「我們也摒棄憑藉上帝力量得到的滅世預言。那麼，還剩下什麼呢？」

答案是未來學，而且由艾西莫夫本人重新定義。H．G．威爾斯在世紀交替之時談論了「未來性」，接下來**未來主義**（Futurism）便被一群義大利藝術家和法西斯主義先行者

25　譯注：一種簡易的易經卜卦法，利用六個銅板的正反面進行占卜。

（Protofascist）給搶走。菲利波・托馬索・馬里內蒂（Filippo Tommaso Marinetti）在一九〇九年冬天於《亞米利亞報》（*La Gazzetta dell'Emilia*）和《費加洛報》（*Le Figaro*）發表他的「未來主義宣言」，宣稱他與友人終於獲得自由──從過去之中解脫了。

> 我們被一股巨大的驕傲感托起，因為我們在那瞬間感受到孤獨。我們孤獨，而清醒，並且腳步穩妥，像座驕傲的信號塔，或孤身朝多如繁星的敵軍衝去的哨兵……「前進吧！」我說道。「前進吧！吾友！」……然而，就像年輕氣盛的雄獅一般，我們追隨死神的腳步而去。（下略）

該宣言包含十一個項目。第一：「我們要歌頌對危險之喜愛……」而第四個是關於開快車：「我們證實，世界之所以壯麗輝煌，都是因為一種全新的美才更加豐富。那便是疾速之美。車篷飾以巨大管線的跑車，恍如吐出爆音的蟒蛇。」未來主義者正好創造出二十世紀其中一項美學運動，堂堂將他們定義為所謂的前衛派──只看前方，逃離過往，大步走向未來。

艾西莫夫使用這個詞的時候，他的意思其實十分單純：未來感這是一個想像出來的、概念上的場所。它是與眾不同的──甚至可以說跟以往的一切有巨大的不同。歷史上大多時候，人們無法以這種角度看未來。宗教對於未來沒有什麼特別想法，他們的目標放在重生，或是永恆──死後的新生命，一個超然時間的存在。最後，人類總算是跨過了覺醒的門檻，開始意識到在太陽底下早就存在很久的新鮮事。艾西莫夫解釋道：

在有資格擁有未來主義之前，我們首先要有這個認知：未來是一種與現在和過去完全不同的事物。對我們來說，未來存在的可能性也許是不證自明，但是，一直到近代，我們才真的比較肯定。

而那是在什麼時候？真正被確立的時間點是古騰堡印刷術出現時，它將我們的文化記憶保存在肉眼可見、雙手可摸、並且可以分享的東西上。隨後更因工業革命、機械崛起，整個工業社會達到有史以來最快的發展速度——紡織機、磨坊、火爐、煤炭、鋼鐵還有蒸汽。它的到來，使得我們對於迅速消失的農耕生活方式不由得產生一股鄉愁（和其他感觸）。打頭陣的自是詩人，「**聽那吟遊詩人的歌聲！**」英國詩人威廉・布雷克（William Blake）語帶懇求，「**他看見現在！他看見過去與未來！**」不過，相較於寫下「黑暗的撒旦磨坊」[26]的他，有些人喜歡進步多一點。不管怎樣，在未來主義誕生之前，人們無論如何必須相信進步的過程。從前，科技上的改變並不是永遠的單行道，但現在是了。工業革命下的孩子見證了他們這輩子最巨大的轉變，已經不可能走回頭路。

26　譯注：布雷克不喜歡工業革命，曾於詩中以「黑暗的撒旦磨坊」形容冒煙的工廠。

被先進機械科技包圍的布雷克把這一切怪罪在很多人身上——尤其是牛頓——一個目光狹隘的理性主義者，以強硬的方式實行他的新秩序。[27]但牛頓自己並不相信進步。他對歷史做了非常多研究——大多在聖經方面。如果你問牛頓，他的時代是怎樣的時代，他會認為那是墮落的時代，只剩過往榮光的殘破碎片。當他發明出一長串嶄新的數學運算，他卻認為自己只是重新發現古代祖先不小心忘記的祕密。他對於時間的精確概念，並沒有推翻心中信仰的永恆的基督教時間。鑽研現代對於進步的想法的歷史學家發現，這個觀念是十八世紀時跟著歷史感一起發展起來的。我們把歷史感看得很理所當然——歷史感就是對「歷史時間」（historical time）的敏感度。法國歷史學家桃樂絲・羅斯（Dorothy Ross）將之定義為「所有歷史現象都可從歷史觀點去理解。所有在歷史時間軸上發生的事件，都可用這條歷史時間軸先前發生的事件來解釋。」（她稱之為「現代西方世界最近代、又最複雜的成就之一。」）如今一切似乎比較明瞭了。我們的發展，是奠基在過去之上的。

因此，文藝復興衰退後，幾位作家開始嘗試想像未來。除了麥登和他的《二十世紀回憶錄》，及梅西耶與他夢中的二四四〇年，其他作家也嘗試創作充滿想像力的小說，想像未來的社會狀態。雖是後見之明，但這仍可以稱得上是「超前新奇」（futuristic），即便這個詞在一九一五年之前都沒有收錄在英語字典中。他們全都公然違抗了亞里斯多德（Aristotle），他這麼寫道：「沒有人能講述尚未發生的事。如果真的有任何敘述的方法，述說的也只可能是過去的事件。重新回憶過往能幫助聽者為未來做出更好的規畫。」

如果就艾西莫夫對該詞的定義，第一個真正的未來學家是儒勒・凡爾納。一八六〇年，鐵路火車發出軋軋聲響、橫越鄉間，而帆船讓位給蒸汽船。他想像船或飛機等交通工具在海底下來去、在天空中飛翔，甚至前往地心、或者衝上月球。我們會說他是一個超越了當代的人——他擁有某種超人的先覺和敏銳度，更適合之後的時代。愛倫坡也一樣超前了自己的時代。維多利亞時代的英國數學家查爾斯・巴貝奇（Charles Babbage）和他的門生愛達・勒芙蕾絲（Ada Lovelace）是發明現代電腦的先驅，這些人全都超前了他們的時代。而凡爾納實在太前衛，甚至怎麼樣都無法為他最有未來感的一本書《二十世紀的巴黎》（*Paris au XXe siècle*）找到出版社。這本反烏托邦小說裡有汽油驅動的車子，及「條條大道明亮如畫，彷彿被太陽照亮，」還有機器也參戰了。這份手稿寫在一本黃色的筆記本上，一九八九年才重新見光。有位鎖匠終於撬開了這家人鎖了很久的保險箱。

下一個偉大的未來學家就是威爾斯本人。

而今，我們全都是未來學家。

27 願上帝保我們遠離／狹隘的觀點與牛頓的執迷。

3
哲學家與廉價雜誌

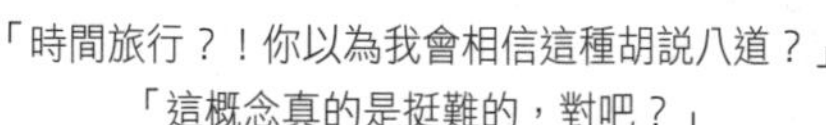

「時間旅行？！你以為我會相信這種胡說八道？」
「這概念真的是挺難的，對吧？」

——英國科幻作家道格拉斯．亞當斯（Douglas Adams, 1952-2001），
出自長青影集《超時空博士：海盜星球篇》（The Pirate Planet, *Doctor Who*, 1978）

威爾斯和他的諸多接班人所描述的時間旅行，現在到處都看得到。但時間旅行並不存在。它不能存在。然而，因為說出了這句話，我就成了他小說裡的費爾比。

「那只不過是悖論。」編輯說。
「那是違反常理的。」費爾比說。

一八九〇年代的評論家抱持同樣看法。威爾斯早知道他們會這樣。那時他的書終於在一八九五年春天發行——名為《時間旅行：全新發明》（*The Time Machine: An Invention*），在紐約由亨利霍特出版社出版（每本七十五美分），倫敦則由威廉海曼出版社出版（每本兩先令六便士）。評論家因為故事之精采而讚賞不已，「真是個了不起的故事」、「表現不凡，令人驚嘆」、「驚人的想像力，嘔心瀝血之作」、「在這類幻想作品中是水準之上」，還有

「如果你喜歡不可思議的幻想奇譚，這本書絕對值得一看。」（最後這個是《紐約時報》寫的）。他們知會兩位暗黑系浪漫主義作家裡的名家——愛倫坡和納森尼爾・霍桑（Nathaniel Hawthorne）。其中一人嗤之以鼻：「這趟前往未來一遊的旅行有何實質效用？我們著實看不出來。」

只有很少人以認真的態度和邏輯分析回敬威爾斯——但他們發現這不得了的概念根本不合邏輯。「除了靜靜等待之外，根本沒有什麼前進未來的方式。」英國業餘小說家伊斯雷爾・贊格威爾（Israel Zangwill）一面嚴厲地搖著手指，一面在《潑墨雜誌》（*Pall Mall Magazine*）寫道，「你只能坐下來，看著未來從旁走過。」贊格威爾寫作風格幽默，不要多久，他也將成為一位知名的猶太復國主義者。他認為自己算是相當了解時間。他提醒這位作者：

> 威爾斯先生，除了時間之父他本人外，現實世界中根本沒有時間旅人。與其說時間是空間的第四個維度，不如說時間不斷在空間中旅行。以震動波的方式，從落下的原點向外擴散，越擴越遠，如此這般不斷重複，一如聲音的連續震波，不斷在宇宙的無限空間散播。聲音和視覺的連續行為一旦存在，永遠不可能消逝無蹤……

（贊格威爾顯然有讀愛倫坡的書：震波永無止境地擴展到整個大氣——所有思想都不會消逝——而同樣地，這個句子也將揚帆出發，永遠地航行下去。）

……然而，只有不斷從一個點去到另一個點，並且持續記錄萬物的總和，才能免於遭到空間無窮性毀滅的命運，並在行動中同時維持可見度與可聽度。

儘管他持反對意見，贊格威爾依舊忍不住要崇拜威爾斯那「出色的幻想小故事」。他巧妙地注意到古波斯民間故事集《一千零一夜》（*Arabian Nights*）某種程度上也使用了時間機器的前身——一張可在空間中自由穿梭的魔毯。另外，即使是在一八九五年，贊格威爾似乎比威爾斯更深切領悟到時間旅行涉及的另一層奇妙暗示。我們很快就會知道，那個東西叫做悖論。《時間旅行》朝著一個方向去——「前方」。表面上，威爾斯的時間機器可以旅行到過去，你只要把控制桿往反方向轉就好；但時間旅人完全沒興趣去那裡。這也是件好事，贊格威爾說。只要想想你可能得承擔什麼苦難就可以了。我們的過去從未遭到時間旅人蠻橫闖入，一個加入了時間旅人的過去，將會是個很不一樣的過去，它會變成一個新的過去……上述一切要轉為文字敘述還真是不太容易。

如果他真的「往後」旅行，就會重新製造出一個過去——但要是根據這個假設，只要他和他那臺全新發明的機器存在，就會與實際情況產生矛盾。

然後還會有遇到自己的問題。贊格威爾成了第一個注意到這件事的人，而且他不會是最後一個：

要是他出現在自己先前的人生中，就會在同一時刻，以兩種不同的形體、不同的年紀存在——這種高超技巧就連博伊爾．羅奇爵士（Sir Boyle Roche）都做不到。

（讀者對這位仁兄的印象應該是：第一，愛爾蘭政客；第二，有句名言是「議長先生，除非我是隻鳥，不然沒可能同時間出現在兩個地方。」）[28]

評論者來來去去，而哲學家不久之前才加入戰局。他們一開始注意到時間旅行時，不免帶著一定程度的羞愧感，像個無法將眼神從電風琴移開的交響樂指揮家。「不過是從當代小說中抽出來的無聊範例，」哥倫比亞大學的哲學心理學教授華特．皮特金（Walter Pitkin）於一九一四年在《哲學期刊》（*Journal of Philosophy*）中寫道。有些話題正在科學界掀起風潮——有個國度，在這個地方，時間可以測量，其絕對數量通稱為「t」，而哲學家為此感到惴惴不安。在新世紀最初幾年，他們轉而致力於時間的命題。眼前有一個最重要的思想家得對付：年輕的法國哲學家亨利．伯格森（Henri Bergson）。美國哲學心理學家威廉．詹姆斯（William James）在伯格森身上找到全新活力（他可能在「心理學之父」的榮譽位置上高枕無憂太久了）。「閱讀他的作品給了我勇氣，」一九〇九年時，詹姆斯這麼說。「如果我沒讀伯格森，很可能現在還在偷偷摸摸填滿看不到盡頭的紙頁，默默期望永遠打不平的帳能有收支平衡的一天。」（他又補充：「我得坦白說，伯格森的原創性實在太豐沛了，他有好多個點子都把我給難住。」）

伯格森要我們記得，將空間當作空盪無物的均勻介質是多麼不自然的事——絕對空間（牛頓如此定義）是由人類智慧創造出來的東西。他提到：「我們也可以這麼說：人類與生俱來就有一種特別的身體機能，可以感受、建構出一個沒有實體的空間。」科學家也許會覺得這個抽象又空盪的空間有利於計算，但我們不能錯將它與真實混為一談——談到時間時尤其如此。當我們使用機械鐘測量時間，或把時間繪成圖表上的軸線、進行圖解，很可能就落入了陷阱——這畢竟只是把時間想像成另一種版本的空間。對伯格森來說，時間「t」——也就是物理學家眼中的時間——被切分成小時、分鐘和秒，此舉將原理變成一座牢籠。他否決不可改變性、絕對性和永恆性。他擁抱不斷的變動、進程與轉變。對伯格森來說，對時間進行哲學性的分析，絕對無法與人類對時間的經驗分離，此即心理狀態上的同步性，這種從一個階段持續到下一階段的感覺便是「持續時間」（la durée）。

28　博伊爾．羅奇爵士的知名事蹟還有「為什麼我們要讓自己偏離目前道路，去幫後代做牛做馬？後代有為我們做些什麼嗎？」但在我們有時間旅行之後，這個笑話解讀起來就不一樣了。後代為我們做的可多了，例如：把刺客啊、賞金獵人什麼的送來執行祕密任務，試圖改變歷史的道路……諸如此類。

他將時間獨立在空間之外，而不是兩者混為一談。「時間和空間只有在兩者都是虛構時才會交錯。」他將時間（而不是空間）看做意識最精華的部分。他將持續時間——這股組成分子十分多元的時間潮汐——看做通往自由的關鍵。哲學家打算跟著物理學走上新道路，而伯格森會被遠遠地被拋在後方。但就目前而言，他依舊大受歡迎。人群湧入他在法蘭西公學院的授課講堂，普魯斯特去參加他的婚禮，詹姆斯說他是魔術師。「回頭衝入漲潮水，」詹姆斯大喊著。「正視感受——那有血有肉的事物。理性主義對它們往往沒幾句好話。」從這個瞬間，他與物理學一刀兩斷。

> 真正存在的不是那些已經做好的事物，而是正在製作中的事物。在做好的瞬間，它們等同已死……哲學應該去追尋現實動向的真實感悟，而不是徒勞地跟著科學，把那些已死且破碎的結果拿來拼拼湊湊。

皮特金似乎覺得，自己的使命就是從伯格森的攻擊中解救眾多可憐的科學家。《時代》雜誌讓他暫時成了名人，裡頭這樣寫道：「他是個異想天開的人，有些想法更是特別狂妄。」他是一個自稱「新寫實主義」（new realism）組織的創始成員，儘管這個文學運動並沒有持續很久。他在一九一四年的散文中說自己喜歡伯格森的「部分推論」，但不喜歡他「整個理論」——尤其是否決科學過程、轉向支持心理學內省的地方。皮特金打算藉邏輯論證來解釋時間—空間（Space-Time）[29]這個複雜難解的問題。他會擁抱物理學家的 t 和 t'，甚至是 t"，然後他會一鼓作氣證明時間和空間是不同的，也就是我們可以在空間中到處自由移動，但在時間中就不行。又或者，我們的確能在時間中移動，但不能自由來去。「只有在其他物體也一起移動的狀態下，一個物體才能在時間中移動。」而他要怎麼證明這件事呢？他用的是你想都想不到的方法：

為了讓證明法越簡單越好，我要用的方式就是：拿出幻想文學中最奔放不羈的作品，也是擅長幻想的 H．G．威爾斯最沉迷的概念，為它寫個最最正經的評論。沒有錯，我要引用的當然就是他那篇有趣又幽默的小故事：《時間機器》。

這是威爾斯的諷刺短篇初次吸引了頗具威望的期刊——但不會是最後一次。

「你沒辦法跳回十三世紀，就像那個時代的人沒辦法跳進我們的時空，」皮特金這麼寫道。「威爾斯先生要我們想像某人在空間維度裡靜止不動，卻在那個範圍裡的『時間』中動來動去？非常好！那我們就用最公正的方式來玩這場遊戲。如果這樣下去，我們會發現什麼？大概會是一些令人難堪的證據，而且恐怕……恐怕會是讓時間旅行在嚴肅的人眼中變得非常不受

29 之後簡稱「時空」。

歡迎的證據。」

旅人大步飛奔。他穿越的並非抽象的時間（也就是幾何學者所謂的「純粹空間」），**他奔越的是真正的時間。但真正的時間叫做歷史，而歷史是實際發生事件的進程。那是連續不斷的活動，是物理性的、生理性的、政治的，諸如此類。**

我們真的想走上這條路嗎？一定要在幻想小說中尋找邏輯錯誤嗎？要，我們必須這麼做。即便是如時間旅行的實踐者「廉價」雜誌，一定很快就會整理出連猶太法典編者都會心生驕傲的規則與合理解釋。什麼情況可以被允許？什麼情況可能會發生？什麼狀態感覺起來合理——規則逐步進化，卻又變來變去。但無論如何，我們一定要向至高無上的邏輯表示敬意。我們也許也可以跟著皮特金教授（一位異想天開的人，有些想法特別狂），從《哲學期刊》（*Journal of Philosophy*）開始著手。

對一九七〇年代左右的典型科幻狂粉青少年而言，他的論點似乎不難理解。說實在話，他認為普通人對於世界的直觀感想，往往無力理解現實中的各種不可思議。科學不斷讓我們感到驚訝。打個比方好了，哪一個方向是「上」？「某件事之所以被認定不可能，是因為『事物原理本就如此』，」他提到，「也就是說，地球應該是球體，另一側的人應該是頭下腳上地在走路。」（他很可能也補上了亞里斯多德的「常識」。其中提了三個——就這麼三個——空間維度。「線段有單向度量〔magnitude〕，平面兩向，立方體三向，除此之外，再也沒有其他的度量，因為這三個度量就是全部了。」）他不禁問，我們之所以認為時間旅行不可能發生，會不會是因為我們「抱持特定偏見、特定事實和習慣？而之所以如此，是因為我們仍無知得無藥可救？」讓我們把心胸放寬，「（針對這問題的）答案不管是什麼，都擁有測不出數值的形而上特質。」

因此，皮特金採用邏輯推論。以下是他的主要論點：

・時間機器衝刺過無數年月時，所有東西都快速變老，因此機器裡的人也應該會變老。「大國興衰，騷動紛起、毀滅並消退。屋舍在艱苦之中建起，在驟起的瘋狂戰火中燒毀，如此這般。」相較之下，這名前來觀光的旅客衣服連皺也沒皺，連一歲都沒有老。「這怎麼可能？如果他歷經十萬個世代，為什麼沒有老上十萬個世代？」此處有一個明顯的矛盾：「其實這整個過程就是第一個矛盾。」

・時間以特定速率前進，而這個速率不管對誰、不管在哪，一定都一樣。「兩個物體或系統」不能擁有「不同的位移速率或時間變數」。這不是很明顯嗎？皮特金大概完全不知道愛因斯坦在柏林召喚出什麼妖魔鬼怪。

・在時間中旅行一定要符合算數守則，就像在空間中旅行一樣。你自己算算吧：「在幾天內穿越一百萬年，就跟走一英尺卻想前進一千英里一樣。」一千英里不等一英尺，肇因於此，一百萬年也不等於寥寥幾天。「我說，這難道不是自相矛盾嗎？這主張就等於宣稱，你我可以從紐約去到北京，移動的距離卻不超過我們走到自家前門這段路？」

．時間旅人絕對會碰上阻礙。舉個例：我們假設，他從工作室離開，前往未來某日——一九二〇年一月一日好了——他不在時，被他拋下的妻子賣了房子。房屋拆毀，磚塊高高堆在工作室原來座落之處。「但是——噢——那個旅人在哪裡呢？如果他待在同個地方，一定會跟他寶貝的機器一起被壓在磚塊下……我們可以斷言，對一名觀光客來說這鐵定很不舒服。他簡直整個人都跟磚塊融為一體了。」

．從天文學角度來看，天體運行一定也要考慮進去。「只在時間中移動卻不在空間中移動的旅人，可能會突然發現腳下的地球猛地抽離，然後在空無一物的蒼穹中窒息。」

不可能的，哲學家下了結論。沒有人能使用威爾斯的機器前往到未來或過去旅行。我們一定要找另一個方式來處理過去和未來，以及我們人生的每一天。

＊

我們不需要替威爾斯說話，因為他從來也沒打算敲鑼打鼓、傳播一個全新的物理理論。他不相信時間旅行。時間機器不過是一個華麗的假動作，是幫助自願的讀者放下懷疑、進入故事的妖精仙塵。無巧不巧，時間機器中的那些胡說八道竟創造了革命性的觀點，為十年後從物理學突然竄出的時空理論，鋪了一條完美的路——不過，那當然不是巧合。

威爾斯非常努力地合理化這些假動作，使世上最初的時間旅行理論最終才得以成長茁壯。事實上，他也預料到皮特金和其他人會提出類似的反對觀點。例如，提出空間跟時間不同、我們可以在其中一個自由來去、但在另一個就不行的人，便是醫生。

「你就這麼確定我們能在空間中自由移動嗎？」時間旅人反擊。「我們可以非常自由地往右或往左、往後或往前……但上跟下呢？地心引力限制了我們。」當然，比起二十一世紀，十九世紀這麼說比較沒問題。現在我們很習慣在三個維度中迅速衝來衝去，但空間旅行（space travel，也許我們可以這樣稱呼）相較之下曾經是有限制的。鐵路和腳踏車還是很新奇的東西，電梯和熱氣球也是。「在熱氣球之前，」時間旅人說：「除了不斷跳起來，或是處於表面不平坦的狀態，人類在垂直移動上沒有自由可言。」熱氣球在第三維度所能做到的，在第四維度也許可交由時間機器來負責。

我們的主角拿出時間機器的微縮原型，它是科學混合魔法後產生的結晶。「你會發現這東西看起來異常扭曲：這根長條物的表面還發著詭異亮光，某種程度而言它好像是不存在的。」只要將那根小小的控制桿輕輕一轉，就會發出「噗」一聲，把這玩意兒送入虛空中。現在，威爾斯預料到現實主義者會提出下一個反對意見：如果時間機器回到過去，他們上周四在這房間裡時怎麼沒有看到它正在旅途中呢？（照理說應該要看見啊！）而如果是進入未來好了，為什麼在接下來的連續時刻中看不見它？以下解釋來自假造的心理學行話。「整個活動是發生在臨界值以下，」時間旅人對心理學家點點頭。「你知道的，就是一種削弱過強度的畫面。」意思是說，就像你看不到正在旋轉的腳踏車輪幅，或是咻一聲劃過空氣的子彈。（「也是，」心理學家回答，「我早該想到的。」）

威爾斯同樣也預料到，時間旅人明明冒了風險——他可能得衝撞過一疊疊磚塊，或面對各種無法預料的狀況——依舊會遭到哲學家的反駁。「所以，只要我以高速穿越時間，這一切就完全不重要了——你是這個意思對吧？我被稀釋了。就像團蒸汽，穿過中介物質的空隙！」如果你是使用這種說法，自然簡單多了。然而，要是停在不對的地方，情況仍很危險——但也相當刺激。

> 擅自停下來很可能會導致以下情形：不管擋在路上的是什麼，我都會一個分子、一個分子地卡進那玩意兒裡頭。這也代表，組成「我」的原子不得不跟這些障礙物親密接觸，並且可能引發巨大的化學反應——很可能是一場大規模爆炸，將我本人和我的裝置炸飛到每一個可能存在的維度，飛入未知領域之中。

威爾斯制訂了規則，從今往後，世上所有的時間旅人都必須照做。如果你不照做，至少也要給個解釋。美國科幻驚悚作家傑克．芬利（Jack Finney）在一九六二年的《周六晚郵報》（*Saturday Evening Post*）一篇時間旅行故事中這樣描述：「這樣的風險可能存在：某人很可能出現在一個已被占用的時間和地點……他會跟其他的分子混在一起，那感覺必定非常不舒服，就像被困住一樣。」爆炸是最普遍的。一九七四年，美國科幻作家菲利普．狄克說：「……二維進入一個空間上不協調的實體，並在分子層面讓兩個相切的物件當頭衝撞，自有其風險……你懂的，『同一地點、同一時間，不可能出現兩個物體。』」我們總算完美地推論出以下結果：「沒有人可以同時出現在兩個地方。」

威爾斯從沒正式認可地球是宇宙中的一個定點，此外，他也不擔心他那臺時間機器要從哪裡獲得動力。在此，他也建立了一個傳統：即便腳踏車需要人來踩，但因為大宇宙的力量，時間機器擁有無限且能自由運用的燃料。

＊

我們花了一世紀的時間想這件事，但卻仍得時時提醒自己時間旅行不是真的，絕無可能，一如吉布森的懷疑──那只是一種「彷彿」可以親到自己手肘的魔法。但當我對某知名理論物理學家這麼說時，他卻給了我一個憐憫的眼神。時間旅行根本不成問題，他說，如果你是想旅行到未來的話。

喔，好吧，當然啦──你的意思是，反正我們本來就在時間中前進，你是這個意思嗎？

不是，物理學家說，不只那樣。時間旅行是很簡單的！愛因斯坦秀給我們看過。我們只需要靠近黑洞，然後加速到接近光速。[30]然後──啊哈，歡迎來到未來！

他的論點是這樣的：相對而言，加速和地心引力都會使時鐘慢下。所以，你若在一艘太空船上待一世紀後回到家，可能只會老個一、兩歲，然後跟你的曾曾曾姪女結婚（就跟湯姆・巴特雷〔Tom Bartlett〕在科幻小說家海萊因一九五六年的小說《4=71》〔*Time for the Stars*〕裡一樣），這是經過證明的。全球定位系統（GPS）的衛星必須在各種精確的計算中彌補相對論性效應。雖然這跟時間旅行八竿子打不著關係。那叫做時間擴張（time dilation），出自愛因斯坦著作《時間膨脹》（*Zeitdilatation*），是一種延緩衰老的裝置。[31]而且這是一條單向道，沒有回到過去的道路。除非你找得到蛀孔（wormhole）。

美國理論物理學家約翰・惠勒（John Wheeler）用「蛀孔」（舊譯為「蟲洞」）來形容那條穿過構造扭曲的時空的捷徑——也就是多重連通空間的「開關」。每隔幾年就有人會寫頭條大聲歡呼，宣稱人類說不定能透過蛀孔進行時間旅行——就是那種可以穿越的蛀孔，或更精確一點，叫做「肉眼可見超靜電對稱球體可穿越長隧道形蛀孔。」我合理相信這些物理學家早在不知不覺中受到一整世紀的科幻小說制約，他們都讀了一樣的故事，跟其他人在一樣的文化下成長。時間旅行概念深深刻在我們骨子裡。

我們已經來到了文化史的某個時刻。此刻，懷疑論者和愛唱反調的人都成為真正的時間旅行實行者——科幻小說家。「在理論基礎上是完全不可能的，」艾西莫夫在一九八六年如此宣稱。他甚至連打個賭的時間都省了。

現在做不到，之後也不可能做到。（如果你是浪漫主義者——就是那些認為「這世上沒有做不到的事情」的傢伙，那我不跟你爭。但我相信，如果你打算痴痴等著這種機器被造出來，可能要等到下輩子。）

英國作家金斯利．艾米斯（Kingsley Amis）在一九六〇年評估了科幻小說的生態，並表示「拿時間旅行舉例：這真的是令人難以置信。」而且口氣非常理所當然。因此，該文類的實行者訴諸威爾斯「花招」的各種變形——「建立在偽邏輯上的儀器」。又或者，他們相信隨著時間流逝，讀者必然會拋下一切質疑。因此，當科幻小說家身邊的物理學家和哲學家都對決定論舉手投降時，這些作家態度依舊樂觀，對未來抱持開放心態。「至少我們還有一種文類對未來感興趣，這已令人感謝萬分。」艾米斯說：「他們已經做好準備，要將一直是不變常數的事物看成可變因素。」

至於威爾斯，他則持續讓信賴他的人失望。[32]「對於那些太巨大、太反常的概念，讀者一

30 審訂注：這裡指廣義相對論中的效應：在黑洞附近，時間流逝的速率（相較於遠離黑洞的地方）較慢。（卜宏毅）

31 當美國太空人史考特．凱利（Scott Kelly）在二〇一六年經歷近一年的高速運行軌道任務，並從火星回到地球，相較於他待在地面的雙生兄弟馬克，他被認為年輕了八點六毫秒。（話說回來，在史考特經歷一萬零九百四十四個日升日落時，馬克只度過三百四十天。）

32 J．B．普里斯特利（J.B. Priestley）非常喜愛威爾斯，並且以此為靈感，創作出「時間劇場」（Time Play）為其增色。

定會產生相當程度的困惑，」他在一九三八年說，「要製造出真實的效果非常容易，只要稍微扳動一、兩個出人意料的小裝置，這個把戲就完成了。但無論如何，它都只是一個把戲。」（威爾斯才剛從美國七個城市的巡迴講座歸來。講座名稱叫「世界之腦」（World Brain）。[33] 此時此刻，他覺得自己非常需要反駁這股特別的未來學勢力。「裝成預言家對我來說沒有一丁點好處。我沒辦法從水晶球看到未來，也沒有千里眼。」）

讓我們再看一下這個把戲：

> ……影子舞動，我們所有人都跟隨著他，並滿心疑惑，不敢輕信。我們怎麼可能一面注視著實驗室中原本那臺小機器的放大版，卻又一面眼睜睜看它從眼前消失？那個機器的零件原料有鎳、有象牙，還有明顯從石英銼下或鋸下的零件。整體而言，那個物件已是完成品。然而，那些歪扭的長條晶體卻像是從未加工過一樣，就這麼擱在長椅上，擺在一些畫了圖的紙旁邊。我拿起一根想要仔細打量，這似乎是石英。
>
> 「你看看，」醫生說：「你是認真的嗎？還是說，這也是把戲……？」

對威爾斯的第一批讀者而言，科技擁有特殊的說服力。這臺形體不明的機器用魔法永遠辦不到的方式，在讀者的心中放入一個概念。而所謂的魔法，也許就包含了當頭打下的一棒，如同《康乃狄克人》的故事，還有將時鐘指針往回轉等不可思議的動作。在卡通〈菲力貓搞亂時間〉（Felix the Cat Trifles with Time）中，這兩項都有用上。時間之父把時鐘往回轉過了「第一年」，接著來到「石器時代」——然後他拿起棍棒狠狠打了可憐的菲力一下。

33 他表示：「雖然威爾斯的態度從不草率，但他反對的那些概念，卻是我在一九三〇年代花費不少時間去思考的問題。威爾斯就像個演奏家，放棄了自己最有天賦的樂器，連帶還拒絕聆聽持續演奏這個樂器的人的表演。」一九九五年，另一位失望的崇拜者羅素（W. M. S. Russel）在那年的某個百周年討論會中回應了普里斯特利的抱怨：「在威爾斯偉大成就的一世紀後，我想我們還是把創造出《時間機器》的年輕威爾斯留在心中，放下那個不再抱持幻想的老頭。」

*譯注：會稱為「時間劇場」，是因為這一系列劇場作品中，每一齣都代表一個時間的概念。

此為威爾斯提出的主張。他認為人類應把所有知識保存在巨大的銀行中（就當時的科技來説，存放東西也只能想到銀行了），供全世界使用。這樣更能讓全世界的人一同進行修訂、改造，使其進步。這個主張於一九三八年出版成書。

圖6 卡通〈菲力貓搞亂時間〉。

在更之前，一八八一年時有位新聞記者，愛德華・佩吉・米契爾（Edward Page Mitchell），他匿名在《紐約太陽報》（*New York Sun*）刊載短篇故事〈往後轉的鐘〉（The Clock That Went Backward）。老姨媽葛楚穿著白色睡袍和白色睡帽，活像一縷幽魂。她和她那座八英尺高的荷蘭落地鐘之間有某種神祕連結。鐘似乎已經沒在使用了。直到某晚，她就著閃爍的燭光為鐘上發條，指針卻開始往後轉，接著她便倒地死亡。後來，一位名叫凡・史特普（Van Stopp）的教授由此衍生出一個哲學論證：

> 為什麼時鐘就不可以往後走？時間為什麼不可以轉身沿著來時路回去？……從絕對的觀點來看，我們所謂的「未來跟著現在、現在又跟著過去」的次序根本太過武斷。昨天、今天、明天，就常理來說，並沒有什麼強而有力的原因，讓我們不可以排成明天、今天、昨天。

如果未來跟過去不同，要是我們把鏡子顛倒，或把時鐘倒轉呢？命運有辦法將我們帶回開始的時候嗎？結果有可能影響原因嗎？

一九一九年，往後轉的時鐘裝置在〈消失的摩天樓〉（The Runaway Skyscraper）這個故事中再次出現，這個故事的作者是一位筆名叫莫瑞・藍斯特（Murray Leinster）的人。「一切皆始於曼哈頓大都會大廈的時鐘往後轉的那一刻，」這個故事以此開頭。那座塔顫動著，辦公室裡的員工聽到不祥的嘎吱聲和呻吟聲，天空變暗、黑夜降臨，電話中只有雜音，說時遲、那時快，太陽以非常快的速度從西邊升起。

「我的老天爺！」亞瑟放聲大喊。他是一位年輕的工程師，不時擔心自己的債務。「真的是太詭異了！」艾斯黛爾表示同意。她是他的祕書，今年二十一歲，總是擔心自己某天會變成「老處女」。周遭環境飛快變換形貌，你可以看到手錶正以逆時針狂轉。亞瑟拼湊手邊所有的資訊，終於做出推論。「我不知道該怎麼解釋，」他如此說道：「但妳有讀過任何威爾斯寫的東西嗎？例如《時間機器》？」

艾斯黛爾搖頭表示沒有。「我不知道該用怎麼跟妳說，妳才會懂，」亞瑟果敢地表示：「但時間就跟長度和寬度沒兩樣，只不過是維度的一種。」建築物「在第四維度中縮了回去，」最後，他決定這麼講：「我們正在回到過去。」

這些故事不斷冒出來。變戲法的方式還有另一種——就是把魔鬼召喚出來。「那個人個子很高、模樣浮誇，外貌長得跟魔鬼沒兩樣——而且好像時不時會在賭場看到。」此人出現在麥克斯・畢爾彭（Max Beerbohm）的《以諾・索姆斯》（*Enoch Soames*）中。這本書發表於一九一六年的插圖雜誌《世紀》（*Century*）。以諾・索姆斯是個「悲觀者」。他彎腰駝背、步伐蹣跚，身在一八九〇年充滿文學氣息的倫敦；他雖努力，卻鬱鬱不得志。他就像很多作者一樣，憂心自己的後世形象。「你們想想！」他喊著：「從今往後數百年！只要那麼幾小時，我便可以起死回生……」

這就是召喚惡魔的咒語。他提供了某種交易——很浮士德的那種。只是比較時尚。

「很完美（parfaitement），」惡魔走的是法式路線。「時間是一種錯覺，而過去和未來——它們其實比當下還要當下。不然套句你們的話——它轉個彎就到了。我可以把你送到任何時間點，現在就送你上路——呼！」

魔鬼非常跟得上時代：他跟其他人一樣都讀了《時間機器》。「但是，寫出一臺不可能的機器是一回事，」他說：「成為超自然力量，又是另外一回事。」魔鬼只是「呼」一聲，可憐的以諾就願望成真，一下子就被傳送到一九九七年，突然出現在大英博物館的閱覽室。他直衝向卡片目錄S開頭的大部頭書。（要衡量一個人在文壇的名聲，還有比這更好的方法嗎？）在那裡，他讀到了自己的命運：「以諾．索姆斯」——一九一六年，一位尖酸刻薄的作家兼漫畫家，麥克斯．畢爾彭（Max Beerbohm）創作的虛構角色。

＊

在二十世紀，未來似乎無時無刻在降臨。隨著無線傳輸的出現，新聞流通速度前所未有地快，數量也前所未有龐大。而到一九二七年，威爾斯實在受夠了。他感到通訊科技已臻成熟——有無線電報，又有無線電話，「還有那些什麼廣播電臺的。」無線收音機廣播開始變成一種閃閃發光的夢想，成了文化中最精美的結晶。最睿智的思想和最棒的音樂送到每家每戶去。「俄國聲樂家夏里亞賓（Feodor Chaliapin）和澳洲女高音梅爾芭（Nellie Melba）將會為我們獻唱，美國總統柯立芝（Calvin Coolidge）和迪士尼人物鮑德溫（Baldwin）誠摯而且直接地對我們談話，世上最值得敬畏的人會對我們道晚安，並且傳達他們友善的話語。要是有火災或沉船意外發生，我們會聽見火焰的怒吼，還有求救聲。」小熊維尼的作者A．A．米恩（A. A. Milne）會講故事給孩童聽，愛因斯坦會把科學知識帶給一般大眾。「在我們去睡覺前，可以聽所有運動賽事的報導、天氣預報、園藝小祕訣、流行感冒資訊，還有現在到底是幾點鐘。」

然而，對威爾斯來說，這個夢想走味了。《紐約時報》要求他為報紙讀者評估收音機的未來情勢，他憤恨地大肆批評，就像一個孩子在聖誕節的襪子裡找到一塊煤炭，幻想破滅。「我們不聽最高檔的音樂，反而去聽溫克爾海灘碼頭小樂隊（Little Winkle-Beach Pier Band）的三流演奏？」他這麼寫道。原先「最睿智的思想」現在變成「三姑六婆的俗爛八卦」。就連雜音都讓他煩躁。「暫且不管上述一切，親愛的自然之母以她獨有的幽默，布下了氛圍如此『特別』的網。」但他的確享受在漫長的一天結束後聽點舞曲——「但舞曲只能在晚上聽個一會兒，而且可能聽著聽著，就突然變成某個自負的博士，以中性的語調對你噓寒問暖、友善叮嚀。」

他的評估是如此苛刻，《紐約時報》編輯很明顯退縮了。他們強調，威爾斯會這麼批評電臺廣播是因為「他是在海外接觸到的」。而威爾斯不只對無線收音機現在的狀態感到失望，他從水晶球中看見的未來，是整個產業都會受到詛咒、消逝無蹤。「廣播的未來就如同填字遊戲和牛津寬褲，是非常無足輕重的。」明明可以用黑膠唱片，為什麼會有人想用收音機來聽音樂？無線電新聞就像煙霧，稍縱即逝。「廣播只能吵吵鬧鬧地播那麼一次訊息，之後就再沒辦法回溯。」而如果要談到什麼嚴肅的見解，他表示，沒有東西可取代書籍。

英國政府創了一個「負責管理所有廣播節目的給薪官方組織，」威爾斯提到。而那就是英國國家廣播公司（ＢＢＣ）。「弄到最後，這個令人景仰的委員會也許會發現，他們不過是在為一群早不存在的幽靈聽眾安排娛樂方案。」如果最後真的還有人聽，組成分子很可能是「視障、孤苦無依又生病的人」或是「慣於久坐的人，他們住在照明非常差的房子裡，要不然就是沒有閱讀能力，而且從來不了解黑膠唱片與自動鋼琴有多少可能性，更完全沒有思考或對話的理解力。」然而，距離ＢＢＣ的第一個實驗性電視節目的放送，也不過是五年之後。

但其他人依舊可以來玩這場未來的遊戲。美國無線電公司（ＲＣＡ）的大衛．沙諾夫（David Sarnoff）回擊的方式，便是宣稱威爾斯生性傲慢。美國發明家李．德富雷斯特（Lee de Forest）則對威爾斯喊話，說他需要的是一臺好一點的收音機。而最獨樹一格的抗辯說不定是《無線電雜誌》（*Radio News*）和ＷＲＮＹ廣播電臺的經理，一位盧森堡流亡者：雨果．根斯貝克（Hugo Gernsback）。根斯貝克十九歲抵達紐約，立刻在一九〇五年創立電通進口公司（Electro importing company）。這家公司採郵購制，販賣收音機零件給熱愛收音機的業餘愛好者，而且該公司誘人的廣告在《科學人雜誌》（*Scientific American*）等地方隨處可見。不到三年，他已印行自己的雜誌《現代電力》（*Modern Electrics*）。到一九二〇年代，他在業餘收音機愛好者的團體中赫赫有名。「我拒絕相信這種說法——竟然說收音機會默默無聞、消失不見。」他在一封寫給《紐約時報》的信中說：「最讓我驚訝的是，如此有前瞻性的威爾斯先生卻看不見近未來，到時候，每臺收音機都會配備電視裝置——順帶說明，這個裝置是由威爾斯的一位同鄉改造完成的。」（但讓他驚訝的還不只這個，「關於威爾斯先生的言談，」他在同一封信上說，「最讓我不敢置信的是，當某個簡單的數學算式已經證明某事可能極低，他卻依舊渴望聽從偉人說的話。這世上偉大的人真的還不夠多。」）

根斯貝克成就非凡。他是個白手起家的發明者、創業家，而在之後的時代，人們則形容他愛說大話。他穿著昂貴的訂製西裝在城裡四處走，用單片眼鏡檢視高檔餐廳的酒單，並且像腳底抹油似的從債主眼前逃走。他手上若有一家雜誌滑鐵盧，就會再開另外兩家。《無線電雜誌》注定不是他最有影響力的雜誌，《性學雜誌》（*Sexology*）也不是——這本是所謂「談論性科學的插畫雜誌」。在根斯貝克的諸多創造中，對未來歷史最重要的是「廉價雜誌」。之所以會有這個名稱，是因為它使用低廉紙漿——一期只賣二十五分錢，起名《驚奇故事》（*Amazing Stories*）。粗糙紙頁上的空間都騰給了各式各樣的廣告。「一加侖汽油可跑四百五十英里，」是來自密爾瓦基旋風製造公司的免費樣品；「矯正你的鼻子，入睡同時雕塑肌肉和軟骨，三十天試用期，免費小手冊，」還有「全新科技奇蹟！X光絕品！男孩們看過來，這東西可有意思了。只要十美分，你可以清清楚楚地看穿衣服、木頭、石頭和任何物品，就連血肉裡的骨頭都能看見。」他為自己的商品找到成熟的市場，對紐約的聽眾公開傳教，訴說未來的各種不可思議事物，並在WRNY上公開同步放送這些演講。而《紐約時報》更是全年無休地報導。「科學將會找出方法，讓我們透過無線電傳送成千上萬噸的煤炭，利用電力驅動的溜冰鞋可以加快步行速度。冷光可以幫助省電，電力可以用來栽種、收成農作。這就是雨果・根斯貝克對於未來五十年所做的預測。」報紙在一九二六年如此聲明。控制天氣的方法會更完善，城市中的摩天高樓將都配備平坦的頂樓，供飛機起降。

> 高頻的巨大電流結構放在最宏偉的大樓頂端，除了可驅散險惡雨勢之外，如有需要，更可以在熱浪來襲或是夜晚製造雨水……說不定不要多久，我們就能看見一座驚人的高塔劃破天空，並在晚上通電時看它釋放出詭異的紫色光芒……五十年後的今天，你將能看到最喜歡的廣播節目究竟在做些什麼，更可以親眼見到喜歡的歌手。五十年後，你還是可以看美國一九二〇年代知名拳擊手登普西（Jack Dempsey）跟對手騰尼（Gene Tunney）對打，不管你人在某艘飛船上，還是在遙遠蠻荒的非洲——如果那時還有蠻荒地帶的話。

當他走到生命盡頭，已經有八十個以他名字登記的專利權。他甚至早在一九一一就預言了雷達的發明。

然後，他又安排了一次「空前絕後、完全成功」的收音機催眠案例（至少他是這麼說的）：催眠師約瑟夫・達尼傑（Joseph Dunninger）——同時也是根斯貝克的雜誌《科學與發明》（*Science and Invention*）魔術部門的領導人——在十英里之外的地方讓一個名叫萊斯利・B・鄧肯（Leslie B. Duncan）的人陷入催眠狀態。《時代》雜誌也報導了此事：「鄧肯的身體橫放在兩張椅子上，形成一座人體橋樑，而外派編輯約瑟夫・H・克勞斯可以坐上這座臨時變出來的橋樑。」

這一切都來自於雜誌的名稱。就虛構故事來說，他的確擁有不少**驚奇故事**。

《驚奇故事》於一九二六年四月創刊，是第一本探討單一文類的期刊。而這個文類直到此刻都還沒有正式名稱。一九〇二年的巴黎，阿佛列德・賈里

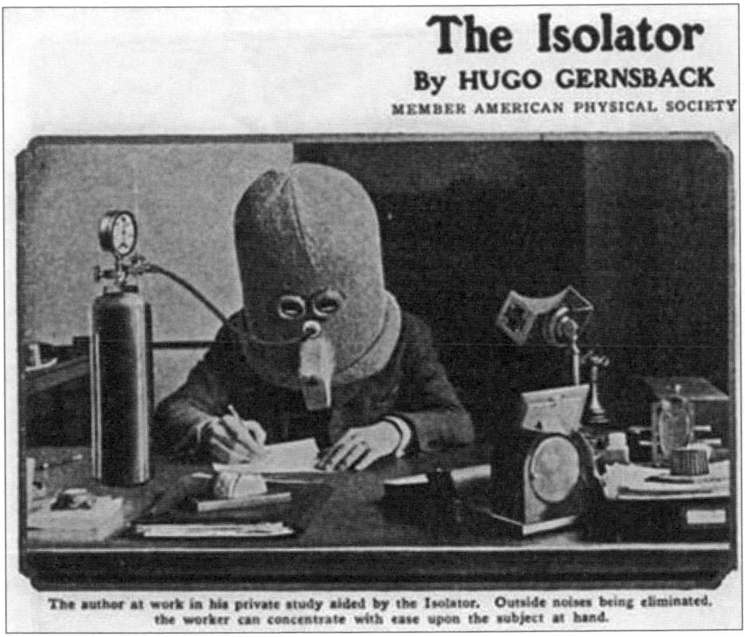

圖7 發明家根斯貝克刊登的廣告。

寫下讚揚滿篇的文章，裡面討論的是「科學小說」（scientific novel），又或者可稱「空想小說」（hypothetical novel）。因為這類故事總是會問「要是……會怎樣？」他表示，根據未來的狀況，說不定不要多久，就能證明空想小說其實相當前衛。莫里斯・雷納（Maurice Renard）是個相當實際的人，他宣稱這是一個全新文類，稱之為「超想像科學小說」（le roman merveilleux scientifique）。「我看到的是是一個全新類型，」他在《觀察報》（*Le Spectateur*）中寫道，畢竟「類型」（genre）這個字源自法文。「這是在威爾斯之前都沒有的，」他補充：「雖然他可能會質疑這點。」

根斯貝克則又追加了「科學小說」（scientifiction）這一名稱。「我所謂的『科學小說』，」他在第一期中寫道：「是儒勒・凡爾納、H・G・威爾斯和愛倫坡那類的故事——引人入勝、浪漫無比，並且混搭科學事實和未來想像的東西。」他以前出了不少這樣的書，甚至在《無線電雜誌》寫了一系列小說，即《拉爾夫124C[34] 41+：二六六〇年奇譚》（*Ralph 124C 41+: Romance of the Year 2660*）（連載於他自己的《現代電力》雜誌。多年後，馬丁・嘉德納（Martin Gardner）表示，那是「科幻小說史上最糟的科幻小說」。）[35]大概還要再過個幾年，「科學小說」才會變成「科幻小說」（science fiction）。根斯貝克在一次破產風暴中失去《驚奇故事》主控權，但雜誌持續經營近八十年，並且對文類定義頗有助益。「今日的瘋狂幻想，明日的冷酷事實，」便是這本雜誌的座右銘。

「我們希望大家理解，」根斯貝克為將來想成為作者的人寫了一篇小論文，「科幻小說一定要闡述某個科學主題，同時也必須是一個故事……它一定要合理、有邏輯，而且建立在已知的科學原理上。」[36]在《驚奇故事》的第一期，他再版凡爾納、威爾斯和愛倫坡的作品，接著還有莫瑞·藍斯特（Murray Leinster）的短篇作品〈消失的摩天樓〉（Runaway Skyscraper）。第二年，他再版了全本《時間機器》。不過他沒有為那些再版付錢。但他出二十五美元的稿酬，想買下作家的原創故事版權，只是他們大多沒有賺這錢的能力。在各種不辭辛勞、推廣科幻的努力中，根斯貝克還創立了一個書迷組織：科幻小說聯盟（Science Fiction League），在三個國家都有分部。

因此，科幻小說文類誕生，從文學小說中清楚地劃分出來，並且（應該是）處於較次級的地位。這個概念是從低廉、甚至跟滑稽漫畫或色情書刊混在一起的雜誌中冒出來的。更甚，某種文化型態、思考路線也跟著出現，而且在短時間內成長，不能再像丟垃圾一樣輕易打發它。

---

34 大刺刺地說：「我預見了……」

35 金斯利·艾米斯也花時間讀了這本書。《拉爾夫 124C 41+》講的是一位足智多謀到太誇張的同名主角，他發明、展現出各種不可思議的科技……在跟兩個求婚的敵手（一個是人類，另一個是火星人）發生一點糾紛後，拉爾夫用某種複雜的低溫冷凍和輸血技術，讓某個女孩死而復生。另一個了不起的奇蹟包含催眠放映器……還有 3D 全彩電視——如果這個名詞真是根斯貝克發明的，那功勞可以歸給他。

36 他也提出了幾個「不可」條例，其中包含「不可讓你的教授（如果你的人生裡有這個角色的話）講話的語調活像是軍方執法人員，或第八大道的『條子』。不可讓他講些三流笑話。讀著偽科技雜誌和演講報告書，藉此增添文謅謅的學術腔。」

「我直接這樣說好了，」艾米斯（Kingsley Amis）不久之後寫道，「一九三〇年時，如果你寫的是科幻小說，很可能表示你是個怪咖或是文字工。到了一九四〇年，你可能是個職涯正要開始起飛的普通年輕人。因為你是跟著早已存在的藝術形式一起長大的第一代成員。」在廉價雜誌的紙頁中，時間旅行的理論和慣例開始成形。除去故事本身，還有愛好追根究底的讀者來信，外加編輯註記。大家發現悖論的存在，而即便過程不易，依舊被轉成文字。

「那這個《時間機器》呢？」一九二七年七月，T・J・D・寫道。他考慮到了其他可能性。要是我們的發明家回到自己念書的時期呢？「他的手錶滴滴答答走向未來，但實驗室牆壁上的鐘卻是朝著過去轉動。」要是他遇到年輕時的自己怎麼辦？「他應該上前跟『另一個我』握握手嗎？真的可能有兩個生理外表不同，但是特徵卻如出一轍的人嗎？……我的老天！快找愛因斯坦來！」

兩年過後，根斯貝克創辦了新的科幻小說雜誌。這次名叫《科學奇觀》（*Science Wonder Stories*），與《空中奇觀》（*Air Wonder Stories*）算是同期發行。而一九二九年十二月那期的封面特輯，是一個叫做〈時間震盪器〉（The Time Oscillator）[37]的時間旅行故事。一如慣例，故事中包含奇怪的機器、水晶和刻度盤，還包含一堆講述第四維度、超級冗長的教條式敘述。（「如我先前解釋，時間只是一個相對名詞。在文學裡沒有任何意思。」）這次，旅人前往的是遙遠的過去——這裡則加了根斯貝克的編輯註記。「到底，」他殷切叩問，「時間旅人能不能回到過去？不管是十年或者千萬年，到底能否並融入那時代人的日常，跟他們生活在一起？

還是說，他必須待在自己的時間維度，做一個只能觀望的觀察者，而且除此之外完全不能做別的事？」就在這裡，悖論隱隱浮現。根斯貝克可以清楚地看到，而且他也將它化為文字：

> 假使我能回到過去——假設兩百年前吧。我前去探訪曾曾祖父的家園……我很有可能在他還是個年輕人（而且還未婚）時射殺他。從這一點，你會發現我可能有辦法阻止自己出生，因為繁衍生命的血脈將在此時此刻遭到終結。

此後，後人將會非常熟悉這個祖父悖論（Grandfather Paradox）。某人提出的異議，將成為另一個人的靈感。根斯貝克鼓吹讀者寫信來，結果在幾年間真的收到不少意見。有個住在舊金山的男孩又提出另一個悖論，「這是對時間旅行的最後一個吹毛求疵」——要是一個人旅行到過去，然後娶了他的母親，那怎麼辦？他會變成自己的父親嗎？

我們真的得找愛因斯坦來了。

37 當中有一個編輯註記解釋道：「在時間裡旅行的故事總是有趣到超乎想像，主要原因就是這項技藝未臻圓滿。儘管沒有人敢說，當科學成就抵達更高層次的時候，此事未來不會實現。在時間中旅行——不管是向前或向後——或許有可能成真。」

4
古老的光芒

「時間是一種心理上的概念，」普林格說：「他們於人心中找到時間之前，一直尋尋覓覓著。他們以為那是第四維度，但你應該沒忘記愛因斯坦吧？」

——美國科幻小說家克里福．D．西馬克（Clifford D. Simak，1904-1988）

在有時鐘之前，我們對時間的感覺像液體、像水銀，或覺得它易變無常。前牛頓學家（Pre-Newtonians）並不假定時間舉世皆然、是一種可以完全信任或不會變動的事物。時間最為人所知的特性就是相對性——這裡用的是心理學定義，因為我不想跟一九〇五年出現的另一種新定義搞混。[38] **時間旅行在不同人的身上會有不同步調。**[39] 時鐘使得時間具體化，而牛頓讓時間……這樣說吧，他讓時間得到官方認證。他把時間變成科學中不可或缺的部分。時間「t」，一個可放入等式中的要素。牛頓認為時間屬於「上帝的感知能力」。他的觀點代代傳遞下來，彷彿刻在了石碑上：

38 譯註：愛因斯坦於一九〇五年發表相對論。

39 羅莎琳補充：「我會告訴你時間之於誰是緩步行走，之於誰是大步流星，之於誰是飛速奔馳，之於誰是停滯原地。」

＊譯注：此句出自莎士比亞作品《皆大歡喜》。

絕對的、真實的、數學的時間，在其中、就其本身或其本身的性質，不受任何外部的干涉，均勻一致地流動……

宇宙時鐘的流動是肉眼看不見、無法阻擋、四處皆然的。絕對時間是神的時間。這是牛頓的信條。他不但沒有證據證明此事，跟其他人比起來，他的時鐘根本是胡說八道。

搞不好根本沒有所謂的穩定動態（motion），沒有能準確測出時間的方法。所有動態都能加速和減速，但絕對時間的流動不會那麼容易地因任何變動而改變。

除去牛頓的宗教信念，驅策他的動力其實來自數學上的必要性。為了定義名詞、表達他的法則，他需要絕對空間，也需要絕對時間。「運動」（Motion）的定義是：在空間中，經過一段時間後相對位置產生的變化。加速度則是這段時間的速率變化。若有絕對、真實且數學性的時間打底，他可以創造一整個宇宙論，或者可以說是世界系統（System of the World）。這是一個抽象概念，是隨手拈來、可用於計算的架構。但對牛頓而言，同時也是解釋世界的方式。你可以信，也可以不信[40]。

愛因斯坦就信了。某種程度而言。

他相信，一座由法則與數值組成的雄偉建築，能從光禿的石頭小教堂成長為宏偉華美的大教堂。它會有廊柱和飛拱，佐以一層層雕刻與窗花格——而且建築工事持續進行中，包含隱密的地窖、毀損的小禮拜堂。在這棟建築中，時間 t 不可或缺。無人能完全掌握整個結構，愛因斯坦算是懂得比大多數人多，但他也碰到了問題，這裡有個內部矛盾。上一世紀物理學最大的成就是蘇格蘭科學家詹姆斯·麥斯威爾（James Maxwell）統合電流、磁力與光——這個成就肉眼可見，而且電線拉得全世界都是。電流、磁場、無線電波和光波其實同為一體。麥斯威爾的等式初次讓光速計算變得可能。但它們跟機械法則（laws of mechanics）並沒有完美契合。打個比方：根據數學理論，光波顯然是波狀，但是是在**什麼東西上**的波段呢？聲音震動所產生的聲波需要空氣、水或其他物質來傳導，光波也必然包含某個看不見的介質，也就是所謂的以太——「光以太」，又或者是光物質。實驗主義者當然想找出以太，但全數鎩羽而歸。波蘭裔美國籍物理學家亞伯特·邁克森（Albert Michelson）和美國物理學家愛德華·莫雷（Edward Morley）在一八八七年發明了一項絕頂聰明的實驗，測量與地球運行方向平行的光速，以及垂直相交時的光速，但他們找不到任何差異。那麼，我們真的需要以太嗎？又或者，我們是否可以簡單認定，移動中物體的電動力學，只是穿越過一個什麼都沒有的空間呢？

40 哲學家兼物理學家恩斯特·馬赫（Ernst Mach）是相對論的先驅。他在一八八三年對於絕對時間提出異議：「以時間測量物件的變化，完全超出了人類的能力……時間是一種抽象概念，我們是透過事物的變化，才獲得此種概念的。」愛因斯坦在一九一六年寫馬赫的訃文時，以贊同的態度引用該句。但他自己卻無法全然拋棄這個抽象概念（因為真的太好用了）。因此，時間在他的小宇宙依舊是一個不可或缺的屬性。

現在我們知道，光速在空盪無物的空間裡是固定不變的：每秒299,792,458公尺。沒有任何一架火箭的速度可以超越一閃即逝的光，甚至減少那數值一點點。愛因斯坦費盡了心力（他表示「精神非常緊繃」、「心中各種衝突拉扯著」）要找出其中意義——要摒除光以太的存在，接受光速是絕對的。但情況實在不能再這樣下去。在瑞士伯恩，某個美好晴朗的一天（他不久後才提及此事），他和朋友義大利裔瑞士籍電機工程師米歇爾・貝索（Michele Besso）促膝長談。「第二天我又回去找他，然後跟他說——我甚至連打招呼都跳過了——『謝謝你，我已經把問題全解決了。』**我的解答就是時間概念**。」如果光速是絕對的，那麼時間就不可能是絕對的。我們一定要拋棄對完美同步的信仰：亦即兩事件發生於同一時間的假設。不只一個觀察者分別經歷了屬於自己的當下。「時間的定義不可能是絕對的，」愛因斯坦說它雖然可以被定義，但並非**絕對**。「而且時間和訊號速度（signal velocity）之間有著無法切割的關係。」

訊號會攜帶資訊。假設有六個短跑選手在起跑線上，將進行一百公尺賽跑。他們都以雙手和單膝碰觸地面，腳踩起跑器，等待槍聲響起。在這個例子中，起跑時間點就會跟聲波以每秒幾百公尺的速度穿越空氣有關。以現代標準來看，它們太慢了。因此，奧林匹克運動賽事廢除了鳴槍，轉而使用電子鳴槍，電子訊號會以光速奔至擴音器了。如果再仔細思考一下同時性：光線傳播到跑者、裁判和旁觀者眼中的訊號速度，也必須要考慮進去。到最後，時間中**不會有**任一瞬間或「任一個點」是眾生平等的。

再舉一例。閃電打在鐵軌路堤兩個不同的點上（在這類故事中，火車往往比起馬匹更普及），而且兩點相隔一段距離。如果你是物理學家，有著最優秀而且最新穎的設備——可以判斷兩道閃光同步嗎？你沒有辦法。最後你會發現，坐在火車上的物理學家跟車站裡的物理學家必定意見分歧。每個觀察者都有自己的參考座標，而每一個參考座標都有自己的時間。沒有宇宙時鐘，也沒有神的時鐘，或是牛頓的時鐘。

這裡所揭露的事實是：我們根本無法共享**當下**（now）——沒有宇宙皆然的瞬間。但是，這有那麼令人驚訝嗎？在愛因斯坦出生之前，英國牧師詩人約翰・亨利・紐曼（John Henry Newman）寫下「時間並非普通資產／它的長即為短／快即為慢／近即為遠，在此人與另一人／感受與體悟時／時間軸各自擁有。」對他來說，時間是一種直覺反應。

「你的現在不是我的現在，」英國作家查爾斯・蘭姆於一八一七年在英格蘭寫信給他在澳洲的朋友，詩人拜倫・菲爾德（Barron Field）。此處位於地球遙遠的另一端，因此他寫道：「你的從前不是我的從前；但我的現在可能是你的從前，反之亦然。誰有辦法思考這些玩意兒？」

現在我們全都有辦法了。我們有時區，可以凝視著國際換日線，那裡有一條想像的分界，分開星期二和星期三。[41]即便我們因時差所苦（時間旅行的典型症狀），身體不適，但腦子依

41 說到以環繞地球的方式進行時間旅行，第一個將這個可能性運用在文學上的人似乎是愛倫坡。他在一八四一年的《周六晚郵報》寫道「永不結束的星期日」。此時凡爾納還沒有為《環遊世界八十天》寫下令人咋舌的結局。

舊清醒，可以針對威廉・吉布森描述的「精神延遲」（soul delay）煞有其事地點點頭：

> 她的精神一朵朵積聚在身後，在大西洋上方幾千幾百公尺處，消失在那架載她過來的飛機後方的煙雲，彷彿降下一條看不見的臍帶，慢慢將她的精神往回捲。精神無法移動得那麼快，於是被拋在後頭，只能在人抵達時等著被領回，就像丟失的行李。

我們都知道，星星是遠方恆星古老的光芒，我們眼中千里之外的銀河系，只是它們曾經的身影，不是現在的模樣。一如班維爾在他的同名小說提到，我們擁有的只是**古老的光芒**（ancient light）：「即便在這兒，在這張桌子上，這個畫面的光線也是花了時間——儘管無限微小，依舊是時間——才從我眼中抵達你眼中。也因為如此，我們觸目所及的地方——每一個地方——都是過去的身影。」[42]（那麼，我們也可以窺看未來嗎？喬伊斯・卡洛・奧茲（Joyce Carol Oates），一位聰明的時間旅人，她在推特上說，「就像陽光得花個幾分鐘才會照到我們，大家一直都活在過去的陽光下。相反的狀況大概就像讀試讀本吧。」）

如果感官接觸到的一切都來自過去，如果我們這些旁觀者都沒有活在任一個旁觀者的當下，過去和未來之間的差別將漸漸損毀。在我們的宇宙中所發生的事件是可以連接起來的。例如：一件事是另一件事的成因。但換句話說，兩者雖在時間上很接近，空間上卻距離遙遠，因此連不起來，甚至說不出先後。（物理學家表示，這意思就是它處於**光錐**〔Light cone〕[43]之外。）這樣一來，我們就比想像中還要孤立。我們在自己的時空一隅形單影隻。你知道算命師是怎麼假裝預知未來的嗎？理查．費曼表示，說穿了，算命師就連現在是什麼狀況都不知道。

愛因斯坦影響力極廣，其觀念在公共媒體間散布的速度，就跟各大物理期刊的訊息流傳速度一樣快。同時，他瓦解了哲學界的平靜祥和。哲學家驚訝不已，啞口無言。法國哲學家伯格森和愛因斯坦在巴黎公然對衝，私底下則以郵件相爭，而且兩個人用的應該是兩種不同的語言：一種是經過測量、非常實際的科學路線，另一種是不斷處於變動狀態，而且令人很難信服的心理學路線。「愛因斯坦發現的『宇宙時間』，還有跟伯格森密不可分的『人的時間』，兩者危險地糾纏交錯，共同走上一條相互矛盾的路徑，將這個世紀分裂成兩個派別。」墨西哥裔美國籍科學史學者希梅納．卡納雷斯（Jimena Canales）表示，當我們尋求純粹的事物與真相，我們就成了愛因斯坦學派；當我們擁抱不定性和變動性，則成為伯格森學派。當愛因斯坦認為，仰賴精確時間和光線的科學中，沒有靈性的一席之地，伯格森則持續將人類意識放在時

42 伊斯雷爾．贊格威爾在一八九五年評論《時間機器》時，突然悟出同樣的道理：「今晚抵達我們身上的星光，很可能早已消亡，並在幾千年前滅絕。它們射出的光束得旅行百萬英里，直到現在才照射在我們的星球上。我們有辦法清楚知道發生在它們表面的事件嗎？我們應該專注於這個來到「現在」的「過去」，我們可以去任何年分旅行——只要前往該年的光會照到的地方，讓光打在自己身上就可以了。而在同時間，地球的『過去』仍自顧自地前進。對於一個固定於『今日』的立足點來說，往前你就移動到了中古世紀，向後則目睹尼祿施展詭計讓羅馬燃起熊熊大火。」

43 譯注：在閔考斯基時空中，能透過光速與單一事件產生因果關係的所有點的集合。

間的中心。「時間之於我更為真實，也更為必要，」伯格森寫道；「對於動態來說，時間是必要的條件。這句話是什麼意思呢？意思就是，時間就是動作本身。」一九二二年四月，愛因斯坦在法國哲學學會（Société française de philosophie）諸多高知識分子面前的態度堅定不移：「哲學家的時間並不存在。」而愛因斯坦（似乎）拿下了這一城。

若提及我們對於事物真正本質的理解，他的架構究竟有何意義？為愛因斯坦寫傳的尤根．奈佛（Jürgen Neffe）以明智且審慎的態度總結。「愛因斯坦沒有對這些現象提供任何解釋，」他說：「沒有人知道光線和時間是什麼，他根本沒告訴我們那究竟是什麼。我們可以說，這個狹義相對論沒有提出任何可以測量世界的新法則——根本沒有既完美又合邏輯的結構可克服早先的矛盾。」

*

閔考斯基興味盎然地讀了愛因斯坦一九〇五年狹義相對論的論文。他在蘇黎世當過愛因斯坦的數學老師，當時他四十四歲，愛因斯坦二十九歲。閔考斯基看到愛因斯坦以居高臨下的姿態叩問時間概念，結論是沒有所謂**單數的**時間（time），只有**複數的**時間（times）。但他認為，他過去的學生並沒有完成這項偉大事業——他不願逾矩，不肯大聲地將現實本質的全新真相告訴世人。後來閔考斯基準備在一九〇八年九月二十一日於科隆舉辦的一場科學會議中發表研究成果。那場講座後來變得十分有名。

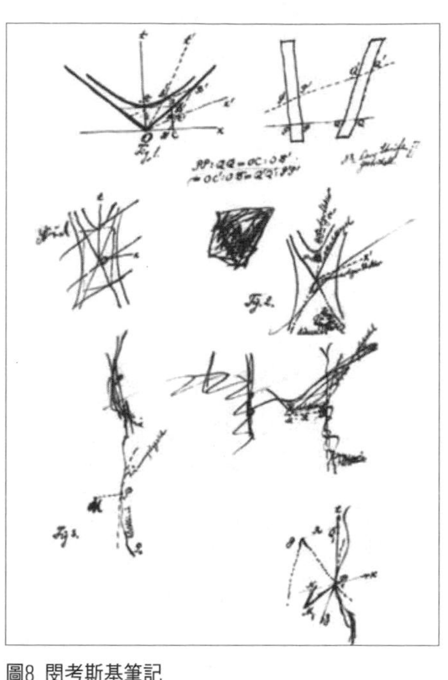

圖8 閔考斯基筆記

他的講題叫「空間與時間」（Raum und Zeit），而他的任務就是聲明此二概念皆是虛無。「我要呈現在你們眼前的時空觀點，萌芽於實驗物理的土壤。那裡頭藏著它們的力量，」他以宏觀的論述開場。「這個概念非常根本，肇因於此，空間本身，以及時間本身，注定要消逝成為泡影，而唯有結合兩者，才可能保有獨立的現實。」

他提醒聽眾，空間是以三個直角相交的座標軸 x、y、z 來呈現，代表長度、寬度和高度。那麼，就以 t 代表時間。他說，只要有根粉筆，就能在黑板上畫出四條軸線：「不知為何，在巨大的抽象概念中，只要跟數字 4 扯上關係，似乎就比較不會讓數學家受傷。」如此這般。他興奮不已。這是「空間和時間的全新概念」。他宣稱：「在一切自然法則中的最高位。」他稱這個概念為「絕對世界原理」。

四個代號 x、y、z、t 定義了「世界點」（world point）。世界點勾勒出該主體從誕生到死亡的存在軌跡，形成「世界線」（world line）。而我們要怎麼稱呼這個東西呢？

你能想到的所有x、y、z、t數值系統之重數，我們命名為**世界**（world）。**世界**！（Die Welt!）真是個好名字。但現在我們暫且稱它「時空」（spacetime，也就是連續性。）如果你不願意（「因我知道時是時／空是空，」英國詩人T·S·艾略特如是說），那麼忙了半天也只是徒勞。

如果閔考斯基劈頭就說他的演講基礎是建立在實驗物理上，似乎有誤導之嫌。他真正的主題，是點出抽象數學在重塑我們對宇宙的理解上有多強大的力量。不管有多少頭銜，他終歸是個幾何學家。美國物理學家和歷史學家彼得·蓋里森（Peter Galison）這麼說道：「愛因斯坦操縱時鐘、槓桿、光束和火車時刻；閔考斯基耍弄的是網格、表面、曲線和投影。」就某方面而言，他思索的其實是極為深奧的抽象視覺概念。

「不過是泡影，」閔考斯基這麼說。他不是在寫詩，他指的差不多就是字面上的意思。我們所接收到的現實世界是投影，就像柏拉圖洞穴（Plato's cave）[44]中火堆所投射出的影子。假使世界——絕對世界——是一個四維空間的連續體，那麼，我們在任何瞬間所接收到的都只是整體的一小部分。我們對於時間的感覺是幻覺，沒有任何東西經過、也沒有任何東西改變。宇宙——真正的宇宙——隱藏在我們狹隘的視野之外，其中包括所有不受時間影響、永恆不變的世界線。「我自己很樂意能這麼預言，」閔考斯基在科隆這麼說：「在我看來，物理法則很可能找到了世界線間的相互關係最完美的辦法。」三個月過後，他死於盲腸炎。

然而，即便不知不覺間，人們將時間想像成第四維度的概念，也並非在瞬間發生。一九〇八年，《科學人雜誌》「輕描淡寫地」將第四維度解釋為可與另外三個維度類比的假設性空間：「為了進入第四維度，我們應該『跨出』我們所在的世界。」次年，雜誌舉辦一項徵文比賽，題目是「第四維度」。但在冠軍或亞軍中，沒有一個人認為那指的是時間——來自德國的物理學家沒有，來自英國的奇幻小說家也沒有。時空連續的概念的確是有些前衛了。德國實驗物理學家馬克斯．維恩（Max Wien）[45]描述自己第一個反應是「小小的震撼教育——現在，空間和時間很明顯在某個灰暗又令人不適的混沌中凝聚在一起了。」這有違常識。「空間的質地跟時間不同，」俄裔美籍小說家納博科夫大聲疾呼：「而這個由相對論者配種出的四維空間雜種，根本是頭四足怪物——只不過它其中一條腿是團幻影。」即便這些批評聽起來非常「費爾比」，愛因斯坦依舊沒有立刻接納閔考斯基的先見之明：他以「überflüssige Gelehrsamkeit」稱之，意即過剩的無用知識。但愛因斯坦後來讓步了。他的朋友貝索在一九五五年過世時，愛因斯坦用以下話語安慰他的家人。這段話曾被人多次引用：

44 譯注：柏拉圖在其《共和國》著作中，用來敘述智者求取真知的過程。他假設有一個洞穴，出口向光，洞穴中有一群人被鎖在洞中，無法見到陽光。在裡面的人一生只能看到外頭事物經過時投射到洞穴裡的影子。此寓言中，洞穴裡的人即大部分的人。僅接收到虛假的「影子」，對這世界的觀點是偏差的。

45 維恩是發明「Löschfunkensender」的人。這是早期的收音機發射器，比如鐵達尼號上就有。

如今，他比我早一點離開這詭譎多變的世界。但這不代表什麼。像我們這樣的人——像我們這樣篤信物理的人——深知過去、現在和未來的差異不過是一種偏執的錯覺。

三周後，愛因斯坦便過世了。

*

雖然這真的相當諷刺。

愛因斯坦發現完美的同時性只是東拼西湊的虛構怪物後，過了一世紀，在眼下這個連結緊密的世界中，科技仰賴同時性的程度是前所未有。若電話網絡的轉換器無法同步，就會漏接。當所有物理學家都不「相信」絕對時間的時候，人類早發展出一個集體共感的官方時間表，這個共感原因是由於大家被原子鐘反覆洗腦了。這樣的鐘收藏在接近絕對零度的地下儲藏室，美國華盛頓特區的海軍天文臺、巴黎近郊的國際度量衡局等地方也都有一座。他們透過通訊衛星和網絡相互傳遞光速訊號，進行必要的相對校正。因此，世上大量的時鐘得以設定正確的時間。混淆過去和未來是不能容忍的。

對牛頓來說，這樣做非常合理。國際原子時間能有系統地編纂他所創造出來的絕對時間。不過，還有另一個原因，這使得等式可以成立，而且火車能夠準點。在愛因斯坦的前一世紀，要在技術上達成同步性這項成就，幾乎是無可想像的事。所謂的同時性等同不存在。只有一位傑出的哲學家想過「在很遠的地方會是幾點？」這個問題，而我們就連想知道答案都很困難——一六四六年，一位醫生兼哲學家湯瑪斯．布朗（Thomas Browne）如是說。

> 知道不同地方的時間不是什麼芝麻綠豆事，也不只為了曆法，這是數學問題。而且這也不是聰明人拿來自我滿足的遊戲。在不同的位置的人（根據他們的經度來區別）猜測其他地方究竟是幾點，這種事不是大家都會做的。

所有時間都是「當地時間」。在鐵路出現之前，「標準時間」沒什麼用處，而且在電報出現之前也建立不了。英國在十九世紀中期開始**同步時鐘與鐵路時間**（這是全新的修辭法）。當時，電報信號在格林威治皇家天文臺的全新電磁鐘和倫敦電子計時器公司的夾殺中退場——同時，還有伯恩那座剛對過時間的鐘塔和電子街鐘。[46]這些技術所蘊含的概念，基本上與愛因斯坦和威爾斯的理念相同。

現在，在靠近華府波多馬克河的一座山丘上，美國負責管理一個時間管理局（Directorate

---

46 彼得．蓋里森（Peter Galison），該領域權威。一九〇五年五月，他在那命中注定的日子建議愛因斯坦和貝索一定要到伯恩東北方的山丘上看看。在那裡，他們可以同步看到伯恩的舊鐘塔，以及位於北方的穆里某個鎮的舊鐘塔。

of Time）。那是海軍的子部門，依據法律，更是官方的時間管理部門。同樣的組織在巴黎稱為BIPM，它同時也擁有國際公斤原器。他們都是Temps universel coordonné的守護者——或者你也可以稱它為世界協調時間（coordinated universal time），簡稱UTC——但我想我們應該都同意，這種命名法太過傲慢，所以還是叫它地球時間吧。

所有的現代隨身精密時計都很科學，也都非常武斷。鐵路普及使得時區概念變得無法避免，而且，若你願意回顧一下，就會發現時區是承繼了某種形式的時間旅行。它們並不是靠著法令瞬間發展完整，是早就有很多個開端。打個比方，一八八三年十一月十八日星期日，後來為後人熟知的名字是「有兩個中午的那天」。紐約時代電訊公司總負責人詹姆斯・漢布雷（James Hamblet），伸手停下西聯電報大樓標準時鐘的鐘擺，等待著信號，然後重新啟動。「他已將時鐘誤差調整在百分之一秒內。」《紐約時報》如此報導：「如此微乎其微的時間單位，簡直超出了人類的感知能力。」城中各處的鐘錶宣告了全新的時間，珠寶店也調整過時鐘，同時報紙則用非常科幻小說的口吻解釋新的時間設定：

> 《泰晤士報》（*The Times*）的讀者若在今天早上八點鐘於早餐桌上翻閱報紙，新布倫威克的聖約翰會是九點鐘，芝加哥又或是聖路易斯則是七點。不過芝加哥當局拒絕採用標準時間，也許是因為芝加哥的子午線沒被選為標準線。此外科羅拉多的丹佛是六點，舊金山五點。光這幾個例子就可概括說明整個概念。

當然，這根本只說明了冰山一角。由於鐵路時區的概念太過武斷，無法取悅每個人，而且接下來還有更怪的新玩意兒出現，「日光節約時間」。這個詞在北美很普遍，換在歐洲就是夏令時間（Summer Time）。即便到現在，過了一世紀之久，有些人依舊認為這個一年兩次的時間跳躍令人不安，甚至感到生理不適。（而且在哲學層面上令人心生畏懼。那個一小時到底是去哪兒了？）一次大戰時，德國是第一個強制使用夏令時間（*Sommerzeit*）的國家。因為他們希望省些煤炭。很快地，美國也跟著採用，然後又撤銷，接著再次強制執行。在英國，英王愛德華七世因為要利用傍晚的光線打獵，將皇居時鐘設定為「桑德林罕時間」，比格林威治快半小時。當納粹占領法國，他們則下令所有時鐘都往前移動一小時，遵照柏林時間。

這並不只是分鐘和小時之爭。在當今這個即使是最遙遠的端點也能緊密聯繫的世界，我們更因日和年困惑不已。人類究竟什麼時候才願意使用統一的曆法？新的國際聯盟（League of Nations）於第一次世界大戰後接手處理這問題。隸屬它底下的知識產權委員會選了哲學家伯格森當主席，而另一個會籍時間短的成員則是愛因斯坦。這個聯盟想要強制大家使用格里曆（Gregorian Calendar）[47]。這個東西是比較不在意哪時適合吃復活節大餐的國家，經歷好幾世紀的衝突與修正後所發明出來的產物。然而，在時間上往前或往後跳躍的可能性製造出一種焦慮感。並非所有國家都合群。保加利亞和俄羅斯抱怨說，他們的國民硬生生就老了十三天，怎

47 由教皇格里哥十三世頒布的曆法。為了彌補儒略曆千年來造成的誤差。

麼可以用全球化的名義要他們犧牲人生中的十三個日子？相反地，當法國紆尊降貴加入格林威治時間，巴黎天文學家查爾斯．諾第曼（Charles Nordmann）說：「有些人可能會安慰自己，若能在當局規定的法律下年輕九分鐘又二十一秒，其實是很值得的一件事。」

難道時間真的成了獨裁者和國王可拿來行使權力的東西嗎？《夏令時間問題》（*The Problem of Summer Time*）是一本法文小說翻譯過來的英文書名，作者是那位專走陰暗諷刺路線的巴黎人馬歇爾．埃梅（Marcel Aymé）。這是一本在一九四三年出版的新型態時間旅行故事，法文原文叫「*Le décret*」——亦即「法令」。等科學家和哲學家發現每次夏天就得讓時間前進一小時、到冬天又倒退一小時有多麼容易後，本書才得以公開發表。故事中的敘述者說：「人類開始一點一點慢慢理解到，時間是受人掌控的。」人類是時間最強大的主宰——他們可以快轉或放慢時間，以適應自己的生活節奏。總之「現在已經不需要以前那種老派的緩慢生活步調了。」

> 關於相對時間、生理時間、主觀時間甚至壓縮時間，有諸多傳言流傳於世，之後這個時間概念越來越明朗。祖先幾千年來傳遞給我們的時間概念，實際上荒唐到不行。

現在我們似乎能自由操控時間。當局發現了一個方法，能夠逃脫這場像惡夢一樣永遠打不完的戰爭——他們決定一次前進十七年，一九四二年往前跳到一九五九年。（本著同樣精神，好萊塢的電影工作者開始一頁頁地把日曆紙撕掉，並且轉動時鐘上的指針，為他們的觀眾進行一個快轉時間的動作。）這條法令使得這個世界和世上所有人一次老了十七歲。但這場仗已經走到盡頭。有些人已經過世，其餘的才剛出生，而不管是誰，都有一些資訊必須惡補起來。這一切實在太令人迷惘了。

埃梅的主角從巴黎搭火車到鄉下。那裡有個驚喜在等著他。很明顯，這項法令並沒有散播到所有地方。在一場暴風雨、一些酒精、一個睡不安穩的晚上，他在一個遙遠村落遇到現役德國士兵，而且，他非常確定鏡中映照出的自己，是他三十九歲的模樣，並非五十六歲。另一方面，他仍保有這十七年來的記憶。無庸置疑地，這個狀況令人不安，而且不可思議。「我還以為，如果你說自己來自某個時代，就要以那個時代的方式審視世界、審視自己。」他是否注定得再活過同一個人生，並且背負著已知未來的記憶？

他感覺得到，儘管相隔十七年，兩個平行世界依舊同時存在。最糟的是，在他經歷過「神祕的時空大跳躍」後，該怎麼確定真的只有兩個世界？

> 現在，我接受了無限多個宇宙這個無盡的夢魘。在這裡，公定的時間只代表我意識中的相對位移。從一個到另一個，再到下一個。

現在——然後是現在——然後又是另一個現在。

> 三點鐘——我清楚意識到這個世界。在這個世界裡，我手上拿著筆。三點一秒——我意識到下一個宇宙，在那裡，我則放下了筆。諸如此類。

如果要人腦理解上面的描述，可能會過載。感謝上天，他的記憶開始慢慢淡去，就跟所有記憶一樣。他所寫下的過去種種——先是未來，然後也是過去——開始變得像是夢境。「我只有偶爾——而且這樣的狀況越來越少——才會產生『似曾相識』這種非常普通的感受。」

對時間旅人來說，記憶是什麼呢？這是個複雜的謎題。我們會說記憶「帶我們回到過去。」英國作家吳爾芙說，記憶是一名女裁縫師，「而且個性特別反覆無常。」（「記憶拿著她的針來去穿梭、一下這裡、一下那裡。我們不會知道接下來要發生什麼事，又或者，在發生之後有什麼樣的連鎖效應。」）

「在事情發生之前，我不可能會記得啊。」愛麗絲說，而皇后反駁說：「只能回想過去的記憶力，是最爛的記憶力。」記憶同時是我們的過去，但也不是我們的過去。記憶跟我們想像的不同，它不是被記錄下來的東西。記憶是被製造出來的，而且無時無刻都在重製。如果時間旅人遇到自己，哪個人會記得哪些事？而且是在哪時呢？

二十一世紀又更熟悉記憶悖論了。美國脫口秀藝人史蒂芬·懷特（Steven Wright）曾說：「我現在失去了記憶，可是又產生似曾相識感……我想我以前一定忘記過這件事。」

5
用你的鞋帶

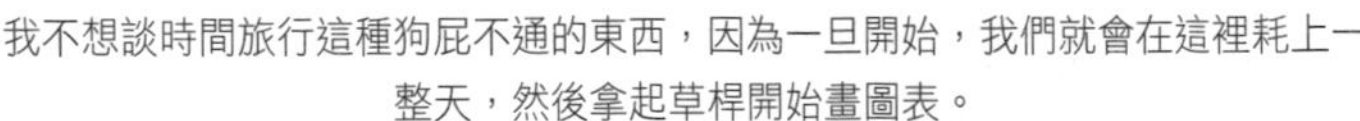

我不想談時間旅行這種狗屁不通的東西，因為一旦開始，我們就會在這裡耗上一整天，然後拿起草桿開始畫圖表。

——美國電影製作人雷恩．強森（Rian Johnson，1973-）

有個人正叼著菸，面前有壺咖啡和一臺打字機，且坐在一間上鎖的房間裡。他知道跟時間有關的一切，甚至也知道時間旅行。這個人是鮑伯・威爾森（Bob Wilson），一位努力想完成論文的博士候選人。論文名為〈形而上學精確度之特定數學觀點研究〉，使用範例為「『時間旅行』的概念」。他打出以下句子，「時間旅行可能是想像出來的，而它的必然性也許能透過任一個與時間有關的理論來證明，並轉換成公式——而且是一個可以解決全部理論中所有悖論的公式。」接著則是一個類似哲學術語的華麗假動作——「持續時間是一種意識特性，並非某個填滿整個空間的物質。它並沒有**本體**（Ding an Sich）。」

他從身後聽到一個聲音。「就別費心了，」那聲音說：「反正也只是一堆爛得要死的玩意兒。」鮑伯轉過身，看到一名個頭跟他差不多的小夥子，而且年紀也差不多、或者稍微大他一點。他的鬍渣留了三天左右，有一隻眼睛似乎被打成熊貓眼，上唇腫了起來。這個小夥子很明顯是從那個洞裡冒出來的。那個憑空出現的洞是「巨大空無、圓盤形的洞。顏色之黑，就像緊閉眼睛時會看到的景象。」他打開碗櫥，自顧自的拿鮑伯的一瓶琴酒來喝。他看起來有些眼熟，而且顯然對這裡很熟悉。「叫我喬就好，」他說。

我們大概可以看出這劇情走向了——我們這些屬於未來的人，生活在一個「時間是生活常識」的二十一世紀。但這個故事發生在一九四一年，可憐的鮑伯太過駑鈍，還趕不上潮流。

鮑伯的訪客解釋，那個懸在半空的大洞是時間之門。「時間在門的兩側平行流動……你只要穿越那個圈圈，就能走進未來。」喬要鮑伯穿越那個門去到未來，鮑伯思考這究竟是不是個好主意。而他們一面討論、一面來來回回遞著琴酒瓶時，第三個人突然冒出來了。他的外貌也彷彿跟鮑伯和喬有血緣關係。這個人不希望鮑伯進去那道門。現在湊齊的人數都快可以打麻將了。電話響起，第四個人來檢查大家的進度走到哪裡。

理論派哲學家和低廉雜誌讀者群早就預料到發生什麼事了。時間旅行時當然可以碰到自己，而這個狀況終於發生了——形式還相當五花八門。在故事結束之前，一共會有五個主角現身，而他們都是鮑伯——作者自己也叫鮑伯。[48]羅伯特・安森・海萊因（Robert Anson Heinlein）使用諸多筆名中的一個來寫作——安森・麥唐諾（Anson MacDonald）。他原來的標題是〈鮑伯好忙〉。低廉雜誌《驚奇科幻》（*Astounding Science Fiction*）在一九四一年十月以〈用他的鞋帶〉（By His Bootstraps）之名刊載。那是至今命題最複雜艱澀、情節卻最精巧

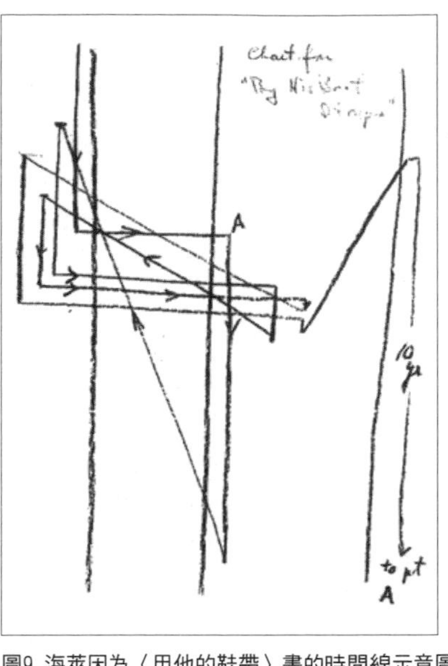

圖9 海萊因為〈用他的鞋帶〉畫的時間線示意圖。

的時間旅行故事。

沒有掛掉的祖父，沒有一堆懷不了孕的未來母親，但他們還是互講不少垃圾話，互揍了對方好幾拳。這些場景由其中一個鮑伯來描述，然後再讓另一個年紀較長、更有智慧的鮑伯重講一次。你也許會期待「喬」記得他與鮑伯的第一次會面，但他發現換來換去著實令人迷惘，理解速度只會越來越慢。為了建立自我意識，鮑伯們得像爬梯子一樣慢慢建構故事。若要搞清楚時間軸，我們需要閔考斯基式的圖表。海萊因在為故事打草稿時自己畫了一個。

當然，說實在的，這場戲裡有好幾條時間軸。除了鮑伯們，還有讀者的敘事弧線。我們的觀點才是最重要的。作者溫柔地誘騙我們，他是這樣描述那可憐主角的，「他知道自己應該永遠都搞不懂這類問題。就像是牧羊犬永遠不會懂狗食是怎麼裝進罐頭裡的。」

48 編注：羅伯特（Robert）的暱稱即為鮑伯（Bob）。

海萊因來自美國密蘇里州的巴特勒郡（該處位於聖經帶〔Bible Belt〕49的心臟位置），而且因加入美國海軍而一路來到南加州。他在戰爭期間服役，先是海軍官校學生，之後有時會在列星頓號（最初幾艘航空母艦之一）擔任無線電操作員。他認為自己在大砲和射控方面技能出色，但在某次因肺炎昏倒之後，以身有殘疾為由被除役。一九三九年，他寫下第一個故事，並拿去投徵文獎比賽，《驚奇科幻》付給他七十美金，從此他開始敲打字機。很快地，他成為最多產且獨創性高的低廉雜誌作者。接下來短短兩年內，他以許許多多不同筆名出版超過二十個故事和短篇小說，〈用他的鞋帶〉便是其一。

第一個贏得獎項的故事是〈生命線〉（Life-Line），開頭走大家都很熟悉的路線，一個神祕的科學研究者對著一群心存懷疑的聽眾說話，解釋時間是第四維度——過去如此、現在亦然。「你們也許相信，也許不信，」他說，「但大家已經提過非常多次，也就是說，它早就沒有任何意義了。那只是一堆只會說空話的人拿來嚇唬傻子的陳腔濫調。」他要他們先把時間當成文學性的，並去想像第四維度人類的形貌。人類是什麼？是時空中的存在實體，而且在四個軸線上都可以測量得到。

我們在時間軸上前往一九〇五年（時間能夠延伸的程度遠遠超過時空事件），在與時間軸線九十度相交處可以看到一個截面，它的厚度與「現在」相當。在最遠那端，有個嬰兒，他散發出酸牛奶的味道，早餐在圍兜上淌得到處都是。另外那端，可能是個老人，時間約在一九八〇年代。你想像一下這個時空事件……把它想像成一條長長的蚯蚓，不斷蠕動爬過這些年歲。

一條長蚯蚓。我們的文化正緩慢小心地消化時空連續體這件事。已經不再需要多解釋那些簡單的細節，也因此，世人更能看清細微的差別。

〈用他的鞋帶〉的有趣之處，在於這些鮑伯相遇時的搞笑場面。感覺大概像是單人喜劇乘以五倍、張冠李戴大亂鬥、一個一頭霧水而且非常不爽的女友（**腳踏兩條船**這形容從未這麼精闢過），而且，因為是時間之門，這裡還加上科幻風格的搞笑橋段——「甩門走掉」。魔術帽丟出去，然後又被撿回來，接著再消失蹤影，最後彷彿無限增生的兔子。鮑伯跟鮑伯大醉一場；鮑伯看到喝醉的鮑伯，忍不住退避三舍，然後鮑伯用各種其他名字來稱呼鮑伯。但海萊因也為這其中的科學理論（或說哲學理論）費了不少心力。鮑伯之中年紀最大也最聰明的那位活在三萬年的未來，他告訴其中一個過去的自己說：「因果關係不需要存在於飽和空間，而且也不會受到人類對於持續時間的感知所限制。」年輕的鮑伯反芻了一下，然後回問：「等一下，那熵（entropy）[50]又怎麼說呢？你沒辦法避開熵啊。」大概是這樣的問題。如果仔細思考，這

49 譯註：多在美國南部，保守派根據地。大多指基督教福音派為主導位置的地區。

50 審訂注：熱力學的函數，可用來描述系統「混亂」的程度。（卜宏毅）

種空話空得就像是西部電影的手繪布景一樣。

很明顯，海萊因一開始沒有考慮太多，而且，當頗有影響力的雜誌編輯約翰・坎貝爾（John W. Campbell）以確定語氣告訴他說，這個故事相當特別時，他還嚇了一大跳。肇因於此，當人們開始在時空層面繞圈打轉，也開始與浮上檯面的兩個哲學困境糾纏得難分難捨。其中一個問題是：他們到底是誰——自我的連續性嗎？我們暫且這麼稱呼好了。要談論鮑伯一號及鮑伯二號（和三號四號五號）當然很不錯，但不要多久，用心的敘述者會發現語言的力量之簡陋，乃至於不足將所有人分門別類。「之前的他望著他，刻意忽視第三個複製他的存在。」突然之間，英文的代名詞完全不夠用了。

> 記憶並沒有讓他做好心理準備，去接受第三方的真實身分。
>
> 他睜開眼，發現另一個他——喝醉的那個他——正對著最新出現的他講話。

不只一個鮑伯望著自己——更糟的是，他不喜歡自己的模樣。「威爾森確定了一件事：他不喜歡那個小夥子的臉。」（但我們不需要用時間旅行來重現這種感覺，我們有鏡子啊。）

自我是什麼？這是二十一世紀會仔細思索的問題，從心理學家佛洛伊德到美國認知科學家道格拉斯・霍夫斯臺特（Douglas Hofstadter）、美國哲學家及認知科學家丹尼爾・丹尼特

（Daniel Dennett），然後再稍微繞到精神分析大師拉岡（Jacques-Marie-Émile Lacan）上頭，這些人都去想了，而時間旅行在該主題上提供了更大的差異與變動。我們將人格和另一個自我分得很開，我們學會去質疑下一瞬間看到的自己究竟是比較年輕的那個人，還是**同樣一個人**。時間旅行的文學（雖然一九一四年的鮑伯．海萊因不敢妄想將自己的作品稱為文學）[51]提供了一個哲學家也時常反覆思考的問題。時間旅行以誠摯、天真（這點並不假）而且毫不掩飾的眼神注視著這個問題。

如果你跟某人對話，那個人有可能是你自己嗎？當你伸出手去碰觸某人，根據「定義」，那會是另外一個人嗎？當你講話的同時，有辦法同時獲得那段對話的**記憶**嗎？

> 威爾森的頭又開始痛了。「別這樣，」他懇求地說：「不要把他當成我好不好。站在這裡的才是**我**。」
>
> 「隨你怎麼想。反正那個人就是**之前**的你。你應該記得不久之後要發生在他身上的事吧？」

最後，他有了結論：「自我（the ego）是他自己，而本我（self）就是本我，是未受驗證

51 當他書寫鮑伯．威爾森——「他的性格複雜，一半是騙子，一半是哲學家。」海萊因其實正得意地描述著自己。

也無法驗證的第一手意見，是最直接的感受。」伯格森一定會對此讚賞不已。

他想出了一種解釋：自我是一個意識的點，是記憶持續期軸線上不斷延伸的狀態中最新近的一段……但他會先試著數學公式化，再決定是否要相信它。在口語中就是會存在這種詭異陷阱。

他接受了以下事實（因為他記得這件事）：先前那些本我也覺得自己是絕無僅有的融合體，是持續存在的生命——也就是鮑伯．威爾森。但那一定是幻覺。在四維空間的連續體中，每起事件都是絕對獨立的，它們有自己的時空座標。「出於必要，他必須將不同一性（nonidentity）的原理延伸得更廣，才能包含『自我』——『一個物體跟另一個物體絕不相同，就算是該物體自身也一樣』。現在的鮑伯．威爾森跟十分鐘前的鮑伯．威爾森不一樣，個個都是四維進程中相互分離、沒有連接的區段。」每個鮑伯——就跟一條切成一片片的麵包差不多。然而，他們卻有著記憶連續性，「有條記憶軌道將他們全串接起來。」他回想哲學家笛卡兒的一些事。如果我們對哲學有任何一點了解，就會知道「我思故我在」。我們都能感同身受。那是定義人類（*Homo sapiens*）的一種幻象。

作為讀者，我們該如何理解鮑伯是許多綜合體組成的「整體」？我們陪他在他的時間線中經歷百轉千回，而這個「整體」，正是他所述說的故事。

＊

我們現在要來探討自由意志，而且這不會是最後一次。海萊因的故事繼續發展，而這是他決定探索的第二個哲學困境——又或者應該這樣說，他發現自己已經在探索了。他半推半就、別無選擇。當你將鮑伯送回過去、見到先前的自己，並且讓他從較新、較有智慧的觀點重新經歷同一事件。不可避免，鮑伯一定會問：「**這次我可以有不一樣的做法嗎？**」

於是我們又進入了迴圈。現在，年紀更大又更聰明的鮑伯三號不同意鮑伯二號對鮑伯一號提出的建議。他假設他（或他們）是有選擇權的。之前的鮑伯會對較聰明的「未來的」自己言聽計從嗎？恐怕很難。無論如何，他還是要把其中一個「自己」打出熊貓眼，然後將其他的「自己」推進時間之門。

讀者完全可以搶在鮑伯之前看清事情發展——或者說從「上方」。鮑伯想要使用時間之門，用它作為進入時空的窗戶，但很難控制。有時他能看見，或感覺到「影子飛掠而過，很可能不是人類。」不過我們知道，那只是他自己的身影在洞穴牆壁上閃動罷了。鮑伯一號和其他分身正拚命想完成自己的命運。這裡的悖論就是（如果這算悖論的話）：即便漸漸了解這不斷輪迴的艱苦過程早就注定好，他們還是得用上十二萬分的力氣。基本上，他們完全不可能離開自己所在的軌道。鮑伯聽到自己複誦他早已說出口的那些話，無力地嘗試重寫劇本。「你是無拘無束的，」他對自己說。「如果你想唱搖籃曲，那就去吧。去唱、去打破這惡性循環。」然而，就是在那一瞬間，他一首搖籃曲也想不出來。他的臺詞早被寫好；他無法從轉個不停的水車踏板上下來。

「但那是不可能的！」他大喊。「你的意思是，我之後才要做的事情，影響到了我之前做過的事嗎？」

「難道不是？」他冷靜地回嘴。「你明明就在場。」

年輕的鮑伯仍不喜歡這狀況。「如果你說因果關係可以變成完整的循環，那就說服我。」這個老的鮑伯儘管有著一身得來不易的知識，卻從未放棄完成使命。他沒讓先前的自己靜靜扮演他們的角色，而是迫切地出手操縱他們。敘事者這麼說道：「每個人都為未來制訂計畫，而他，卻打算為過去制訂計畫。」總而言之，言而總之，這個故事就像一條蛇。牠一邊思索著努力是否真有必要，一邊含住自己的尾巴往嘴裡吞。

作者用打字機粗製濫造了大量故事，以支付南加州的生活費。他試圖讓故事情節合情合理，讓角色能令人信服。但關於自由意志，他也有些問題。他把筆下人物都變成傀儡，那些吊線在我們的視野中閃進閃出。它們的觀點是短淺而且狹隘的，只有全知全能的作者（手邊拿著他用鉛筆畫的圖表）能同時看到一切。讀者則深陷在故事中。憶起過去，臆測未來。我們是凡人。對我們而言，現在就只代表現在。

在閱讀故事或是生活的時候，要放下那些想法並不容易。如海萊因所說，我們必須「進行高強度且細緻的腦力勞動，才不會總想到時間正不斷流逝，並且得以永恆的觀點看東西。」不能輕易拋棄自由意志，我們已經親身體驗過這點了：我們有做出決定的能力。絕不會有哲學家會在一家餐廳裡坐下後對侍者說，「大宇宙要我吃什麼我就吃什麼。」但話說回來，愛因斯坦說他會「讓自己」去點菸斗，但沒有特別意識到什麼自由不自由的。他喜歡引用叔本華的話：「人想做什麼就能做什麼，但他不能要自己產生『想要』的念頭。」

自由意志的問題像個沉睡的巨人。而且，愛因斯坦和閔考斯基（無意中）將它戳醒。他們的追隨者究竟將時空連續體（space-time continuum，也就是「塊狀宇宙」〔block universe〕）[52]與永恆「綁」得多牢？而且，用來綑綁的東西還是會隨它向前流動、目光短淺的三維意識？「未來是不是已將一切都設定好，只等著被『推向』三維的理解範圍？」奧利佛．洛奇（Oliver Lodge）如此探問。他是一九二〇年英國物理學家及無線電開拓者。「難道都沒有任何偶然的成分嗎？都沒有自由意志嗎？」他虛心求教。「我是站在幾何學的角度發言，不是宗教神學。單純憑著相似處與數學分析結果，就想假裝自己有資格質問崇高的現實，真是愚蠢的錯誤……人類這種族並沒有存在很久，也是非常新近才進行科學研究。我們搔刮的都還只是事物的表面——也就是三維的表面而已。」一世紀過去，我們依舊可以這麼說。

52 審訂注：時空連續體組成的塊體狀存在，在第一章曾提到過。（卜宏毅）

＊

哲學家不需要時空連續體來提醒他們自由意志的問題。一旦邏輯法則被加到人類的工具箱，老祖宗會立刻發現，他們自己就能創造出最玄妙有趣的謎語。人類語言只要用簡單的時態變化就能轉換過去和現在，而且這個方式可以將不夠謹慎的人困得死死的。

「在『現況如何』與『未來將會如何』兩種情況下，肯定或否定必須有真假之別。」亞里斯多德如是說。換句話說，關於現在和過去的論述只有真或假兩個選項。想想以下陳述：**昨天發生了一場海戰**。真還假？中間沒有灰色地帶。所以，你自然會想，這個在未來還成不成立呢？**明天將會發生一場海戰**。反正到周六就會知道這件事是真還假了。但**此時此刻**，這句話也一樣非真即假嗎？就語言和邏輯判斷，這些命題看起來完全相同，所以一樣的規則應該適用。明天將會發生一場海戰。如果它非真也非假，還會是什麼？

亞里斯多德仍持保留態度。他為未來的命題開拓出例外的情形。但凡與未來有關之事，他認為邏輯上都必須空出一點餘地。暫且就稱為未定論、難預料、不確定、未知數、各種可能性……而現代哲學家覺得這非常不精準。

在周末，一場海戰**將會發生過**。但不是每個語言都內建未來完成進行式。假如你的語言有，這句子聽來會比較自然。不管是「將會發生過」還是「將會沒發生過」，等到那個時刻來臨，我們就會知道是哪一個了。這個答案本就無可避免。按照這個推論，語言和邏輯傾向永恆論，宇宙剛性之所以堅不可摧，是因為牛頓和拉普拉斯揭示了精確、規律的物理法則。塊狀宇宙的封包被包裹得密密實實，而且外面包的（似乎）是四維的時空連續體。不管哲學家有沒有意識到，但新的物理學深深地影響到他們。他們從「過去和未來非常不同」的直覺中獲得釋放。同時，儘管束縛了其他人，它也餵養了哲學家。「我們一定要認知到，過去和未來的真實度跟現在沒有兩樣，」哲學家羅素（Bertrand Russell）在一九二六年如此寫道，「還有，從時間的奴役中獲得解放，對於哲學思考是非常必要的。」[53]某位宿命論者說該發生的事，最後一定要發生。Q.E.D.（證明完畢）

唐諾・C・威廉斯（Donald C. Williams），一個加州的實在論者（realist），他的論文〈明日海戰論〉（The Sea Fight Tomorrow），再次挑起世紀中期的一連串討論。他的實在論屬於四維——換句話說，就是非常現代的意思。他堅稱「普世觀點，又或是我們習慣的說法」（非常好分，卻也容易忘記），

> 這裡探討到事物的整體性。關於事實，關於在時間維度及空間維度中無盡延伸的事件。未來與過去的事件絕對不等於現在的事件，但它們的存在感卻是那麼清楚、那麼重要。不僅存於現在，更延伸到永遠，是這個世上完美而且明確的存在。

53 「時間是現實中較不重要而且膚淺的特質。這樣的感受比起用語言說明，親身經歷過會更好理解。」

一九六〇年代，明日海戰在哲學期刊重獲新生。有個論證壓倒宿命論的邏輯，該論證的里程碑是源自理查．泰勒（Richard Taylor）的一篇論文〈宿命論〉。他是布朗大學一位形而上學者及養蜂人。「一個宿命論者，」他寫道，「他想像未來的方式就跟我們想像過去一樣。」宿命論者將過去和未來都當作已知事實，而且居於平等地位。他們會有這種觀點也許是因為宗教，但如果是最近的話，也可能來自科學：

> 假使都不要提到神祇，我們可以假設一切事物的發生都遵從守恆定律（invariable laws），也就是說，不管未來怎麼樣，基於之前的一些特定事件，我們可以知道，這都是因為這些事情本來就注定要發生。如果照這個邏輯走，並納入考量先前的整體狀態，可以得出這些事情就是只能出現在這個時間點上——如此這般無限迴圈。所以，我們真的沒什麼插手的餘地。

泰勒表示要徹底證明宿命論，而且要使用哲學辯證，「不求助於神學或者物理學。」他使用的是符號邏輯（symbolic logic）。他將海戰的各種狀態以P和P_1，Q和Q_1來代表。他所需要的就只有「讓特定的假設在當代哲學中可自由通用。」但他非得做出抉擇不可，不是宿命論，就是邏輯法則。一場哲學之戰因而掀起。泰勒的其中一個假設對其他人來說並沒有那麼明顯：「單憑時間起不了『效用』（efficacious），亦即，如果僅是時間通過，並不會增加或減少任何東西的容積。」換句話說，時間本身不是引發變動的因，比較像是一個無辜的旁觀者。時間是什麼也不做的。（「**僅**是時間通過是什麼意思？」其中一個批評者反問：「時間有可能經過某樣東西或某個地方，卻不造成任何改變嗎？——時鐘不會走、星球不轉動、肌肉一動也不動，甚至連亮光一閃都沒有嗎？」）

二十年後，在安默斯特學院，出現一個念哲學的大學生大衛・福斯特・華萊士（David Foster Wallace）。他是一位哲學家的兒子。對於這個惱人的辯論，他不知不覺深陷其中。「名聲遠播又臭名在外的泰勒論證，」他寫信給一個朋友，說：「如果你讀了這個泰勒寫的玩意兒，就真的是道德淪喪了。」話雖如此，他還是奮不顧身地跳了進去。他對這件事的執迷轉為一篇榮譽學生的畢業論文，而該論文標題很可能取材自虛構的鮑伯・威爾森，因為題目就叫〈形而上學精確度之特定數學觀點研究〉。他畫了一些圖表來釐清「世界的各種狀態」和潛在的「女兒」和「母親」。不過，雖然哲學拘謹且堅守原則的一面不斷召喚著華萊士——他從中獲得源源不絕的愉悅與滿足感——他卻從來沒有無條件接受它。對他而言，邏輯的極限和語言的極限仍是未解的題目。

文字可以表達事物，但文字不是事物本身。我們都知道，但可能會忘記。宿命論是一種文字堆砌出來的哲學，而且，它的最終答案一樣得用**文字**（word）表達——並不一定是**現實**（reality）。當泰勒下班，他跟我們其他人一樣用按按鈕的方式去坐電梯。他不會想：「不用擔心，電梯會順應它的命運。」但他可能會想：「**當我壓下電梯按鈕，那並不是自由意志的選**

擇——那是天注定。」但他仍要多費功夫去做，不會只是站在那兒傻等。

當然，泰勒很清楚這件事。他不會輕易遭到駁斥。

一個宿命論者——如果真的有這樣的人——會認為自己對未來沒有置喙餘地。他認為明年、明天甚至下一刻會發生什麼，完全不是由他決定。他認為，就連自己的行為都不在能力範圍內，一如他無法控制天體運行，或是久遠歷史裡發生的事，或中國的政治發展。但也正因為如此，對於一個只能考慮自己能力範圍可以做什麼的人來說，去想自己將會做什麼是毫無意義的。

他補充道：「事實上，我們甚至沒想過可以思索我們做了什麼、或沒做什麼。」

我不禁想，泰勒是否讀了太多時間旅行小說。甚至懷疑他是不是跟我活在同一個世界。後悔這種情緒在這個世界上並不陌生，而且有時候，人們的確會推測從前發生過什麼事。放眼望去，人人都在按下電梯按鈕、轉開門把、招計程車，或把食物舉到唇邊，或向他們的愛人求愛。我們做一件事的時候，好像都認為未來還是未定之天（如果我們真的無能掌控）。無論如何，泰勒無視我們的「主觀感受」。我們將受到自由意志的幻象折磨，因為無巧不巧，我們對於未來的資訊就是比過去還要少。

這些年來，許多哲學家嘗試駁斥泰勒，但最後證明，他的邏輯堅不可摧的程度之驚人。

華萊士想要捍衛普世直覺，「作為媒介，人有能力影響自身世界裡的事件行進路線。」他全心投入深不見底的符號邏輯。「既然在任何分析中，我不是得進行O就是O'（畢竟O'不等於O），亦即，既然（O v O'），而且因為（I-4），無論O或O'都不可行，（~◇O v ~◇O'），這就等同（~◇~~O v ~◇~O），也等同（~O v O）。於是，我們只剩下（O v ~O）。因此，不管我怎麼做——不管O或O'——都是必然的，而且沒有其他選項。」[54]這是最簡單的敘述。（「**很明顯不是嗎**」！）最後，他退了一步，反而打敗泰勒的宿命論。因為他看的不只是符號鏈，而是全面檢視符號表徵的層次——就像從上方俯視一般。華萊士分離出語義學的領域與形而上學的領域。他主張，若從字面嚴格檢視泰勒的邏輯，內部而言可能有效，但他從語義學的（semantic）前提和主張一下子跳到形而上的結論，完全是一種作弊行為。

「泰勒的主張從來就不是要表示宿命論是『真的』，那只是從某些基本邏輯和語義學的原則觀察歸納後的證據，而我們被逼著接受這個結果。」他總結道：「如果泰勒和宿命論者想要逼我們吞下形而上的結論，就一定要用形而上的方式，不能用語義學。」在形而上學中，我們發現了決定論的教義——因為拉普拉斯做出了完美的詮釋，所以我們的確見過。（根據華萊士所說）決定論是：

54 審訂注：作者在此節錄華萊士的文章時漏掉了一些符號，也未交代定理（I-4）的細節。（卜宏毅）

基於事件當下精確的整體狀態，以及掌管各狀態間因果關係的物理法則，可能出現在下一刻的狀態只有一種——別無其他。

泰勒將此視為理所當然。但若X則Y在邏輯中是一回事，在物理世界裡，則更為弔詭——而且向來都是受人質疑的標靶（我們也該猜到了）。邏輯世界中的一切都是嚴謹的。物理世界中，則有所謂滑動量（slippage）。機率（chance）在此也占有一席之地，意外也可能發生。不確定性是基本原則。世界比起任何一種模組都要複雜許多。

泰勒希望大家發問。為了證明宿命論，他採用決定論。現代有許多物理學家甚至也會這麼做。理查．費曼說，「物理學家覺得，你就只要說：『目前的條件是這樣，接下來會怎麼樣呢？』就夠了。」他們的各式各樣的形式主義裡都有決定論存在，就跟邏輯學家一樣。但形式主義也只有那樣了。物理法則是一種構想，是順手的工具。它們無法與宇宙一同延展擴張。

這些真的可能發生嗎？華萊士在這黑暗的惡水中花費了那麼多年，哲學驗證也做夠了。他心中有另一個未來選項，而他選擇了那個未來。「我離開了，」之後，他如此表示，「而我不會再回頭。」

6 光陰似箭

時間最棒的特質就是會繼續前進。但有的時候，
物理學家似乎刻意忽視它的這個面向。

——英國天文學家亞瑟．愛丁頓
（Arthur Eddington，1882-1944）

我們可以在時間中自由跳來跳去——得來不易的專業技能總是有些好處的。但是，我們暫且先把時間設定在一九四一年。兩名年輕的普林斯頓物理學家約好要前去拜訪麥瑟街一一二號一棟有白色護牆板的房子。他們被帶進愛因斯坦教授的書房。這位偉人身穿毛衣，但裡頭沒襯衫。有穿鞋子，但沒套襪子。當這兩個人闡述他們醞釀中的粒子交互作用（particle interactions），教授非常有禮貌地聽著。兩人的理論背離常理——其中還充滿悖論。粒子似乎一定要影響其他粒子，不只順著時間流，還要逆著流。

約翰．阿奇博．惠勒（John Archibald "Johnny" Wheeler），暱稱強尼，今年三十歲。一九三八年在量子力學的新重鎮哥本哈根跟尼爾斯．波耳（Niels Bohr）一起工作，之後來到普林斯頓。波耳現在往西進，而惠勒又跟他一起工作——這回的重點放在鈾原子中核分裂的可能性。理查．費曼（又稱狄克），今年二十二歲，是惠勒最喜愛的研究生，性子急又機

靈，紐約人。強尼和狄克非常緊張，而愛因斯坦出於憐憫便鼓勵他們。他不介意偶爾出現的悖論。在他的記憶中，早先一九〇九年的自己也在思考類似的東西。

物理是由數學理論和文字組成的——始終如一。而文字究竟是不是代表「真實存在」的物體？這個問題並非一直都有答案。事實上，物理學家在無視這件事上做得倒是相當好。光波是「真實」的嗎？重力場呢？時空連續體呢？這些就留給神學家了。某天你覺得，與場（field）有關的概念將會不可或缺。你甚至可以說打從骨子裡就能感受到這股力量。總而言之，你能夠親眼目睹鐵屑受磁力吸引而環繞磁鐵，而次日，你會思考可不可能拋棄場的概念來重新理解。那就是惠勒和費曼在忙的事。磁場還有電場（但其實是電磁場）——距離法拉第和麥斯威爾的發明（或說發現）不過一世紀。宇宙中到處都是場，例如：重力場、玻色子場（boson fields）[55]、楊—米爾斯場（Yang-Mills fields）[56]。場是空間與時間的變化量，它以力（force）來表現出變動程度。地球可感覺到太陽的重力場從太空向外擴散。樹上垂著的蘋果證實地球重力場的存在。一旦沒有了力場，你就必須轉而相信某種看似魔法的力量——電場力超距作用（action at a distance）[57]不須介質傳遞，沒有槓桿（lever），也沒有弦（string）。

麥斯威爾為電磁場寫的等式運做得如此完美，但到一九三〇和一九四〇年代，物理學家在量子領域遇到了問題。他們很清楚該等式是計算電子和其半徑的能量。所以能相當精準地計算出電子的大小。只是，在量子力學中，電子看似完全沒有半徑，它是一個粒子，零度空間，完全不占任何體積。很不幸地，在數學理論而言，這將導向無窮盡，也就是以零去除會得出的結果。對費曼來說，這些無窮盡的結果似乎都來自電子本身，亦即「自身能量」（self-energy）的循環效應。為了排除這些討厭的無窮盡結果，他想到一個點子——很簡單，就是不要讓電子對它們自己造成影響。這就表示必須排除場。[58] 粒子只能跟其他粒子直接互動。但這並不是「瞬間」發生的：這些行為還是要遵守相對論的規範。交互作用以光速發生。光就是這樣的，它是電子間的交互作用。

之後，費曼在斯德哥爾摩接受諾貝爾獎時解釋道：

> 簡言之，當你震盪一個電荷（charge），另一個不久後就會震盪，儘管有所延遲，但電荷之間依舊有直接交互作用。將一個電荷和另一個連接起來的力學定律，就是會發生延遲。震盪這一個，另一個晚點就會震盪。先是太陽的原子震盪，而我眼睛的電子八分鐘後也會震盪——為什麼？因為有直接交互作用。

55 審訂注：量子力學中將自旋為整數的粒子稱為玻色子。玻色子是攜帶「力」的粒子，用來描述自然界作用力的存在。（卜宏毅）

56 審訂注：由楊振寧與米爾斯所提出描述比光子更複雜的玻色子場。提供了人們對粒子物理中標準模型的了解。（卜宏毅）

57 審訂注：指作用力可以在「瞬間」影響到他處的物體，因而違反相對論中訊息傳遞無法超過光速的限制。（卜宏毅）

58 審訂注：如果場存在，電子造成的電磁場將會影響電子自己。（卜宏毅）

問題在於（如果這算問題的話），交互作用的規則在時間中不管往後或往前，都一樣適用。它們是對稱的。這就是閔考斯基的宇宙裡會發生的事。在那裡頭，過去和未來在幾何學中別無二致。即使在相對論之前，大家都知道麥斯威爾的電磁學等式，還有先前牛頓的力學方程式在時間領域中皆是對稱的。惠勒將這個概念玩弄於掌中，正電子（position）[59]是一個在時間中往後走的電子。所以，強尼和狄克一頭栽進以下的理論——很顯然，電子能同時間衝進未來，然後又回到過去。「當時我已經是個相當夠格的物理學家，」費曼表示：「不會說出『噢！這怎麼可能？』這種話。因為，今日所有研究過愛因斯坦和波耳的物理學家都知道，有時候一開始看起來很矛盾的點子，假使能禁得起所有的細節檢驗與分析，並能在實驗中達成圓滿結果，那麼，它很可能一點也不矛盾。」

最後，這個矛盾的概念[60]證實不是量子電動力學[61]理論的必要條件。跟費曼的猜測沒什麼出入。這種理論只是雛形：它不可能完成、不可能完美、也無法跟（永遠搆不到邊的）現實相互混淆。

我一直覺得很詭異，最初發現基礎物理法則時，它竟然可以有這麼多種不同面貌，而且看起來還真的都不一樣。但只要稍微套入一些數學理論，就能找出其中關連……你永遠可以把同一件事講得跟之前的說法不一樣。

許多不同的物理概念，都能用來描述同一個物理事實。

此外，這裡又浮現另一個議題。熱力學（Thermodynamics），與熱有關的科學。它提供了一個不同版本的時間觀。當然，物理的微觀法則（microscopic）對於時間有無特定方向一事緘口不言（比起「微觀法則」，有些人會說「基礎法則」，但那其實不算是同一件事）。牛頓、麥斯威爾、愛因斯坦的法則對於過去和未來的看法口徑維持一致。改變時間的方向之輕鬆尋常，就跟把加號改成減號一樣。微觀法則是可以逆轉的。如果你拍攝一部影片，內容是幾顆撞球相撞，或粒子進行相互作用，你可以在投影機上把影片倒著播，看起來也不會很怪。但若是拍攝一顆母球打破三角球形——十五顆球靜靜排成一個完美的三角，接著被狠狠敲到桌子的每個角落。假使你把這個影片倒過來播，球四處飛馳猛衝，接著卻像被施了魔法，自己聚成井然有序的一團。看起來就會非常滑稽，而且不真實。

在巨觀的世界，也就是我們所居住的世界，時間有一個明確而且肯定的方向。當電影科技還很新的時候，拍電影的人發現他們可以將賽璐璐膠片反過來，製造出很有趣的效果。盧米埃兄弟將短片〈自動香腸店〉（Charcuterie mécanique）倒放，讓臘腸又變回之前的模樣，豬隻沒有遭到屠宰。在倒放的電影裡，蛋捲能以井然有序的方式變成蛋白、蛋黃又變回蛋，蛋殼

59 審訂注：正電子攜帶和電子（帶負電）一樣多的電荷，但是為正電荷。除此之外，正電子和電子具有相同的性質。（卜宏毅）

60 審訂注：指電子在時間中「逆行」而成為正電子。（卜宏毅）

61 審訂注：結合量子力學與狹義相對論，是描述光與物質交互用的理論。（卜宏毅）

俐落地自動密合。石頭可以從水波劇烈震盪的池子飛出去，滴滴倒流的泉水漸漸聚集，將洞封起。煙氣一股腦兒往下灌回壁爐、進入火中，煤炭又變回柴薪。更不要說生命：這是最經典的不可逆轉過程。凱爾文男爵威廉．湯普森（William Thomson），他在一八七四年看見問題所在，並注意到意識和記憶也是該問題的一部分：「活著的生物將會逆生長——雖然清楚持有未來的一切資訊，卻沒有過去的記憶——並再次回到還未誕生的狀態。」

大多數的自然過程都不能逆轉，偶爾提醒一下自己這件事還不錯。它是條單向道，在時間中往前行。這裡先以凱爾文男爵的一張小清單做開胃菜：「固體的磨擦力；液體不完美的流動性；固體不完美的彈性（還真多不完美）；溫度不均、由固體和液體中的應力製造出相對應的熱；不完美的電磁耐久力；介電質（dielectric）的殘餘電極化強度產生的熱，透過運動感應到電流；液體的擴散；固體在液體中溶解；以及其他化學變化，還有輻射熱（radiant heat）與光的吸收過程。」最後一個就是強尼和狄克的切入點。

就某程度而言，我們得談談熵。

*

俗話說，光陰似箭。很多語言裡都有這個詞（諸如法語是〔la flèche du temps〕、德語是〔Zeitpfeil, zamanın oku〕、俄語是〔ось времени〕），科學家和哲學家都將一個人人都知道，卻又非常複雜的「時間是有方向性」的概念講得很通俗。這個說法在一九四〇到五〇年代廣為流傳，一開始則是出自亞瑟・愛丁頓（Arthur Eddington）的筆下。這位英國天體物理學家是第一個起身擁護愛因斯坦的人。一九二七年冬，在愛丁堡大學一系列課程中，愛丁頓試圖理解科學思辨本質中的一項巨變。第二年，他將原先的授課內容集結成書出版，還成為了一本暢銷書《自然界的本質》（*The Nature of the Physical World*）。

讓愛丁頓震驚的是，先前所有的物理學似乎都被當成了**古典物理**（classical physic），變成另一種新的表達方式。「我不確定『古典物理』一詞是否經過嚴格定義，」他對聽眾這麼說。在某物瓦解崩毀之前，不會有人說它是『古典』。（現在，「古典物理」是一個改造過的新名詞，就像古典吉他、撥號電話還有布製尿布。）[62]幾千年過去，沒有一個科學家必須特別發明什麼淺顯易懂的表達方式——如「光陰的箭」——來闡述**時間最棒的特質**就是會繼續前進，這個再明顯不過的情況。然而，現在這已經不再明顯了。物理學家寫下的自然法則讓時間失去方向性，也就是分別在+t和-t的符號上做個小變化。但有一個自然定律不一樣——熱力學第二定律，這個是跟熵有關的。

「牛頓方程式可向前也可向後，它們不在意往哪個方向，」托瑪西娜解釋道，這是劇作家湯姆・史達帕（Tom Stoppard）在《阿卡迪亞》（*Arcadia*）中創造的年輕天才。「但是熱力方程式非常在意，它只遵從一個方向。」

62 改造新詞是詞彙的時間機器。它召喚出過去與現在，並且將其帶到心靈之眼面前，兩者比肩並列。

宇宙向來都朝無秩序狀態前進，無人可動搖。能量無法毀滅，但它會消散。這不是微觀法則，那麼，是「基礎」法則嗎？例如F=ma？有些人辯稱說不是。從某個觀點來看，掌管世界各個組成要素的定律——多個單一粒子，或一小群粒子——是第一順位。而量大的定律必須從中分離出來。但對愛丁頓來說，熱力學第二定律就是基礎法則：「在所有自然法則中維持至高無上的位置」。它就是給予我們時間的法則。

在閔考斯基的世界，過去和未來在我們眼前非常清楚，就像東邊和西邊。那兒沒有單行道的標誌，所以愛丁頓增加了一個。「我應該使用『光陰的箭』來表達時間的單一方向特質。空間中是沒有類似情況的。」他從哲學角度切入，提出三個要點：

1. 可以清楚辨識。
2. 同時受我們的推論機制支持。
3. 完全沒有在物理科學中出現，只有在……

只有在我們開始思考秩序與混亂、組織與不可預測性的時候。第二定律不應用在獨立個體上，而是要用於整體效果評估。在一個裝滿氣體的箱中，分子組成一個整體。熵便是用以測量它們不可預測性的東西。如果你將十億氦原子（helium）放進盒子一側，然後將另外十億的氬原子（argon）放到另一側，接著讓它們亂彈亂跳一陣子，它們不會維持俐落分隔的狀態，最終一定會變成一個均勻（但無秩序）的混合體。你在特定位置找到氦而不是氫原子的可能性，將會是五十比五十。擴散的過程並非一瞬間爆發，而它也只朝一個方向。當你看著兩個元素的分布區域時，過去和未來非常好區分。「一個隨意元素，」愛丁頓說，「會為世界帶來不可挽回性。」如果沒有不可測性，時鐘搞不好就往後轉了。

「生命中的偶然」是費曼比較喜歡的描述方式。「眼下我們非常清楚，不可逆性是由生命中各種大小意外造成的。」如果你把一杯水丟進海裡，等一段時間，再把杯子撈回來，有辦法拿回同樣一份水嗎？有可能——可能性並非是零，只是微乎其微。十五顆撞球的確可能在桌上橫衝直撞，最後停止變成一個完美的三角形——可是當你看到這件事發生，你就會知道影片被倒轉。第二定律是一個或然性的法則（probabilistic law）。

「混合」（Mixing）是隨光陰之箭流動的進程之一。要將它分離，得花點功夫。「你無法把東西攪成各自分離的狀態，」史達帕筆下的托瑪西娜如此，她用一句話講完熵的概念。（家教塞普蒂繆斯則回答，「當然沒辦法。如果想這麼做，時間就得向後跑，而既然它不可能向後，我們就得持續向前，持續攪動，以無秩序脫出無秩序然後再進入無秩序，直到獲得最佳狀態，再也不會改變、無法改變，然後我們的任務就此完成。」）麥斯威爾則寫道：

> 這當中是有**寓意**（Moral）的。熱力學第二定律就等同以下陳述：如果你把一杯水丟進海中，無法再拿回同樣的一杯水。

但麥斯威爾的年代早於愛因斯坦。對他來說，時間不需要什麼正當的理由。他「早就知道」過去必會過去、未來仍然會來，現在可沒有那麼單純。一九四九年，里昂・布里淵（Léon Brillouin）寫了一篇叫做〈人生，熱力學和控制論〉（Life, Thermodynamics and Cybernetics）的論文，其中提出：

> 時間持續流逝，不會回頭。當物理學家面對這個事實，心中慌亂難以言喻。

對物理學家來說，感覺就像一條橫在微觀法則之間的惱人鴻溝。在那個領域，時間沒有特定方向，因為法則是可以逆轉的。然而在巨觀世界，光陰之箭從過去指向未來。有些人僅此滿足於基礎過程可以逆轉、宏觀過程僅是統計數字的說法。這道鴻溝是斷層——是釋義中的一道間隔。到底該怎麼從一邊跳到另一邊呢？這條鴻溝甚至還有名字呢！光陰之箭兩難理論（arrow of time dilemma），或洛施密特悖論（Loschmidt's paradox）。

愛因斯坦承認，在他正要領悟世上最偉大理論的瞬間、在他創造廣義相對論（general theory of relativity）的當下，這個問題深深困擾著他——「我解釋不了這件事。」在四維的時空連續體圖表中，我們暫且將P當作位於另外兩個世界點（A和B）之間的世界點，「我們來畫一條『就像』『時間』的世界線來穿過P，」愛因斯坦建議道：「給世界線一個箭頭，然後斷定B是在P之前、A是在P之後，這樣是合理的嗎？」只有牽涉到熱力學時才是，他如此結論。但他同時也說，任何信息的轉移都會牽涉到熱力學。溝通和記憶是熵的過程。「如果能從B寄出一個訊號（或拍電報）到A，而不是從A到B，時間的不均等（非對稱）特質就可確認無疑。換言之，箭頭的方向並不存在所謂自由選擇。這件事情的基本事實就是，寄送訊號在熱力學的概念下是不可逆的。它是一個與熵的增長息息相關的過程。」

因此，在一開始，宇宙擁有的必定是低熵值。非常非常低。宇宙一定曾經處於非常高秩序的狀態，同時也是一個極度不可能出現的狀態。這是宇宙之謎。自從開天闢地那一刻起，熵值就不斷成長。「這就是走向未來之路。」多年之後，費曼這麼說。此時他已經赫赫有名，並將所有關於物理的知識匯集成教科書。

> 那是不可逆性的源頭，就是這個東西造成成長與衰敗。它讓我們記得過去，而非未來。它讓我們記得宇宙秩序較高時的近代發生了什麼歷史事件。它解釋了我們為何無法記得比現在更無秩序時發生的一切——我們將那個時期稱為「未來」。

而最後怎麼樣了呢？

*

宇宙趨向最大熵值，偏向終極無秩序的狀態，而且無法回頭。蛋全會炒熟，沙堡會被吹倒，太陽和星星會消逝黯淡、變得幾乎一模一樣。H．G．威爾斯已經知道熵和熱寂（heat death）了。這是時間旅人慢慢趨近的命運。當他拋棄韋娜、離開八十萬兩千七百〇一年那些原始天真的埃洛伊人（Eloi）跟粗壯如牛的莫洛克人（Morlocks）[63]，以及傾毀的青瓷皇宮、荒廢已久的古生物學長廊、裝滿一堆爛紙且荒廢雜亂的圖書館。他駕著他的時間機器繼續前進，搖搖晃晃、巍巍顫顫地穿過數百萬年的灰色地帶，進入籠罩在地球上方的最後一道暮光。如果你在年輕時讀了《時間機器》，我想，這應該會是嵌在你記憶或夢裡的一幕光景，這最後的一幕動人場景——什麼都沒發生。在某篇草稿中，威爾斯將它稱為「遠未來」（The Further Vision）。如果伊甸園是開端，那麼這就是結尾。是給有遠見者的來世論。不是地獄，不是啟示錄，不是轟天巨響，只有悉窣耳語。

這樣的遲暮淺灘在科幻小說中一次又一次再現。我們來到這領域的盡頭——J．G．巴拉德（J.G. Ballard）的「末日荒原」，終末的岸邊。最後一個人在那裡出聲道別：「若以這種方式辭別，他得在宇宙中的每一顆粒子牢牢印上專屬於他的記號。」在威爾斯令人印象深刻的最後幾頁中，時間旅人渾身顫抖地坐在他的座椅上觀望「古老地球的生命之光漸漸衰敗」。沒有任何動靜。他只在漸漸死去的太陽發出的幽暗光芒中看見髒髒的紅色、淺淺的桃紅、一大片腥紅。他覺得好像有什麼黑色的東西噗通落下，但那只是顆石頭。

> 我驚恐地望著那鬼鬼祟祟吞沒白晝的黑影……一陣冷風開始吹起……靜默？我實在

難以用筆墨形容這片靜寂……黑暗越來越濃重……一切事物朦朧黯淡……這片巨大黑暗帶來的恐懼襲向我。冷意侵襲我的骨髓。

世界就是這樣結束的。

63 譯注：《時間機器》中未來演化出的兩個人類種族。埃洛伊人住在地面，體型嬌小，智力退化，過著追求安逸的生活。莫洛克人生活在地底，只有夜晚可到地上活動。他們為埃洛伊人生產物品，但主食便是埃洛伊人。

7
河流，小徑，迷宮

時間是載我前行的河，但我便是那條河。它是撕咬我的一頭老虎，
但我亦是老虎。它是吞吃我的一簇火焰，然而我亦是火焰。

——阿根廷作家豪爾赫·路易斯·波赫士（Jorge Luis Borges，1899-1986）

時間是條河。這麼老套的說法還需要多加解釋嗎？

在一八五〇年，這是需要的。舉個例子：有一本美國小說《一輩子的錯誤，亦萊茵谷大盜：海濱之謎與海之滄茫的故事》（*The Mistake of a Life-Time; or, The Robber of the Rhine Valley. A Story of the Mysteries of the Shore, and the Vicissitudes of the Sea*）。作者沃爾多·霍華（Waldo Howard）表示他會「忠實且一字不漏，呈現出動盪不安的浪漫期間內所發生的各種事件」。所以，就讓我們跳到第十三章〈賈斯汀小姐與猶太人〉。

賈斯汀小姐是一位高貴美麗、芳齡十八一朵花的美女。當晚陪同她的人（很明顯並不是猶太人），是一位同等高貴、面貌俊秀的二十歲男子。他們剛剛跳完舞，她非常疲累。「我憂心您身體欠安，」這位紳士如是說。

「『噢，不會的，』淑女則這麼回答，並一面喘著氣，慢慢恢復適才跳華爾滋時耗費的氣力。」

無巧不巧，他們的陽臺可以俯瞰一條河。兩人往下注視了一會兒，不久就展開對話：

「你在做夢嗎？」

「噢不，我的女士。我——我只是在思考遠處的小船。它們跟我們這些航行在時間浪潮上的生命之船，實在很相似。」

「這話怎麼說？」

「妳有沒有看到船身是如何安靜無聲、讓水流帶領著往前走？……（之類之類）」

「嗯哼。」（她覺得他很無趣。）

「因此，我的女士，那代表我們現在正在移動——速度很快，無聲無息，非常穩定，而且從未停下。我們順著湍急的時間之河，行過生命之谷。在這過程中，我們都是無意識的，就跟那個打瞌睡的舵手一樣。當我們以飛快的速度抵達永恆的海洋，手中緊握著引導命運方向的舵，卻又那麼漠不關心。」

諸如此類。沒過多久，他就開始「大肆描述她雙峰之美麗」，但我們不需要跟到那段。第一個譬喻就已經夠蹩腳了。

時間＝河流。自己＝船。永恆＝海洋。

若時間是一條河，那麼時間旅行似乎就變得合理。也許你可以離開那條河，來回於岸上和河上。

人們時常拿時間跟河來比較。至少這個傳統始於被柏拉圖不小心錯誤引用的赫拉克利特（Heraclitus）：「你無法涉入同樣的河水中兩次。」又或者「我們涉入了河水，同時也沒有涉入河水。」或是「我們在同時間涉入（或沒涉入）同樣的（或不同的）一條河。」[64]大家都無法確定赫拉克利特到底說了什麼，因為他的書寫缺乏技巧可言（他的作品以《殘篇》（*The Complete Fragments*）為名出版，但這並非刻意諷刺）。可是，根據柏拉圖的說法：

> 我深深相信赫拉克利特所說的話。所有事物都會消逝，沒有東西能夠留下。若將現存的事物與河水之流動相比，他自然會說你無法重複踏入同樣的河水中。

赫拉克利特提出了一些重要意見——亦即，事物必會改變。世界處於流動變遷的狀態。也許此事是不證自明，但與他同時代的帕米尼德斯（Parmenides）卻有不一樣的觀點：「改變」

64 若按赫拉克利特的確切用字，可以將之重組、並翻譯成英文。另一個版本則是：對這些涉入水中的人而言，己身並無改變，河水依舊流動。

是我們感官的一種幻象。在表象變化無常的世界背後，隱藏著真正的現實——那是穩定的、不受時間影響的——永恆的。這便是吸引著柏拉圖的觀點。

這裡要注意的是，目前為止，還沒有人說時間像一條河。但宇宙則像河，因為它會流動（如果你是柏拉圖，可能會說它不會流動）。

阿佛列德・賈里在一八九九年建造了他的時間機器。他說：「將時間拿來跟流動的小溪比較，已成了某種老調重彈的象徵。」[65]但即便是老調，也阻擋不了任何人。「時間，一條無形無體卻又致命的河流。」此句來自一九二四年巴黎天文學家查爾斯・諾第曼。「無論何處都有枯葉點綴，我們所留戀的時光順水流去。」在這個畫面中，我們這些意識清醒的旁觀者，究竟身在何處？我們僅是某黏稠物質中的障礙。荒謬主義者（absurdist）賈里如此說道。基督教的讚美詩如是說：「時間，像一條不斷翻湧的溪流／乘載著它每一個子民遠去。」河流載著我們向永恆奔去，也就是說甚至能越過死亡。米格爾・德・烏納穆諾（Miguel de Unamuno）寫道：「夜晚的時間如河流動。」他想像這條河是從未來流過來的。「永恆的明日。」，斯多葛派（Stoic）的哲學家和帝王馬可・奧理略（Marcus Aurelius），時間是一條河，因為當我們在旁觀看，一切事物都會隨之奔去。「不要多久，先前一切都會成為過去。當下不斷在消逝，遙遠的未來很快就會降臨。」

如果時間是一條河，我們可以要它流快一點嗎？如果對象是河，問這種問題似乎也是很理所當然。但如果問的是時間，這就不是個很好的問題。時間流動的速度有多快？要怎麼測量？

我們會一頭栽進這個跳針的問句。但就算問的是：在時間之中我們可以前進得多快？其實也沒有比較好。

河流說複雜也是可以很複雜的。暫存的事物能夠流動嗎？「有這樣一個理論，」在著名科幻影集《星際爭霸戰》經典的一集中，史巴克解釋道：「關於時間類似液體的想法——像河一樣有水流、漩渦和反流——的確是可能合乎邏輯的。」

如果時間是一條河，那它有支流嗎？支流是從何處分出來的？從大霹靂的時候？還是說，我們把譬喻混淆在一起了？如果時間是一條河，那河水兩邊的河岸在哪？W．G．謝柏德（W.G.Sebald）在他最後一本小說《奧斯特里茨》（*Austerlitz*）中問了這個問題：

> 在各式各樣的形容之中，時間的河岸在何處？這條河有什麼特性？也許跟水的特性相似、與液體相關？也許它波濤洶湧、並且透明清澈？

謝柏德同時也問：「浸淫在時間中的物體，與那些完全沒有接觸到時間的物體，兩者在各

---

65 一個世紀之後，納博科夫也戴上同樣一副有色眼鏡來審視：「我們將時間當作類似河流的事物，如假包換的山中洪流，在黑色山壁衝撞出白色水花，又或是在風勢強烈的山谷中顏色晦暗的大河，在依照時間順序的地景中如常奔湧向前。我們是如此習慣那個杜撰出來的景象，熱中於將生命中的每一階段「液體化」。最終會變成要是不提及實際的動作，就無法談論時間。」

層面上有何不同？」這個意見挺不錯的：世界某個積滿灰塵的封閉房間也許獨立於時間之外、或與時間斷了聯繫，因此對這條河流免疫。

＊

實際上，時間不是一條河。我們擁有的是一個巨大的譬喻工具箱，裡面存放能在任何情況拿出來用的器具。我們會說時間流逝，光陰似箭、歲月如梭，這些都是一種比喻。「時間在譬喻的世界裡，是一種液體介質，」納博科夫以隱喻法寫道。我們同時也將時間當成介質，我們身在其中，而且它是一種可以擁有、浪費或是存起來的量。時間就像金錢，像一條路，像小徑，像迷宮（當然，這裡又挪用了波赫士的話語）。它是一條絲線、一波潮汐、一道梯子還有箭矢。以上皆是。

「時間『流動』（flow）的概念非常自然，就像蘋果『咚』一聲掉在花園的桌子上，不但暗示它是在某物之中流動，而且還行經其他物質，」納博科夫說，「如果我們把那個『其他物質』當作空間，那麼唯一的譬喻就只剩『流動』二字了。」

到底有沒有可能在不用譬喻的狀況下談論時間呢？例如：

現在的時間，過去的時間，
可能都存在於未來的時間，

而過去的時間，也包含了未來的時間

然而，如果那不是譬喻，又會是什麼樣的形容？以下用詞耐人尋味。「存在」、「包含」，甚至在T．S．艾略特同一首詩中，也有一些關於「用字」的用字。

言語有重負，
雖使足全力，破碎甚至迸裂，
仍在重壓之下失足、溜走、消亡，
在表達不當中腐朽衰敗，
不會停留，不會靜止。[66]

所有跟時間有關的東西都是浮動不定的。哲學家、物理學家、詩人與通俗作家全都在拚命掙扎。他們使用的是同一個字詞庫。他們從裡面抽牌，並在臺面上把牌卡移來移去（失足、溜走、消亡、衰敗，皆因表達不當）。哲學家用的字眼永遠都會間接提到先前哲學家的用字。物理學家的用字則比較特別、定義更為精準。但話說回來，它們本來幾乎都是數字。大多物理學

66 譯注：上述出自T．S．艾略特《燒毀的諾頓》（*Burnt Norton*）。

家並不會說時間是條河，他們不太倚賴譬喻，至少他們不想承認。即使「光陰之箭」這樣眾人皆知的俗諺並不單純只是譬喻。

在二十世紀，物理學家在倫理上取得了領先——他們奪得力量，而哲學家對此主要的反應是反擊，或是抵死不從。在愛因斯坦的話被大家聽進去之後，形而上學家開始臉不紅氣不喘地說，時間和空間擁有同樣的「本體論立場」（ontological standing）。它們「以同樣方式」存在。而對詩人來說——他們生活在同一個世界，也從袋子裡抽出同樣的牌，並且深深明白不要太過相信那些字眼。普魯斯特追尋著消失的時間。吳爾芙延展、歪曲時間。當這個新資訊從科學最前沿傳來時，小說家喬伊斯加以消化並吸收。「時間的，或空間的，」在小說《一個青年藝術家的畫像》（*A Portrait of the Artist as a Young Man*）中，史蒂芬（Stephen）說道，「在一開始，因無法測量空間或時間，美感給人的印象顯然完全出於自我、無須藉助外力。但說實話，它們並非不能測量。」沒錯，並不是不能。之後出現的是《尤利西斯》，這本只描繪「一日之中」出征又復歸的書。「在這不算令人滿意的等式兩端，一端是在擁有可逆性的空間中，於時間軸出征又復歸；另一端是在擁有不可逆性的時間中，於空間軸出征又復歸。」書中主角布魯姆（Bloom）憂心於磁力學和時間、太陽和星星。處於誘惑以及受誘惑的狀態：「我的手錶有些怪異。它總是會出差錯。」噢，這可真叫人渾身不對勁。

並不是人人都喜歡英國詩人T．S．艾略特的最後一首長詩《四個四重奏》（*Four Quartets*），該作品發表於一九三六到一九四二年間。有些人譴責該作品充滿自我諷刺的晦澀文字，而且也不是所有人都認為這是一首跟時間有關的詩——但它的確是。在此，時空確實成為／不可思議的整體／在此，過去和未來／已被征服、已達和解。所有時間都是一體的嗎？未來之中是否早就包含過去？愛因斯坦不是早說過了嗎？

艾略特跟他不少當代同儕一樣，都稍稍受到一本狂想之書影響：《時間實驗》（*An Experiment with Time*）。作者是愛爾蘭航空的先驅，名叫約翰・威廉・鄧恩（John William Dunne）。鄧恩是威爾斯的一個熟人，在世紀交替之際，他開始建造飛行器的雛型，然後是滑翔機，接著是裝上動力裝置的雙翼飛機——全都沒有尾翼（這種設計會造成穩定性問題）。二十多歲時，他丟下航空事業，發現自己有時會在夢中預測到未來。他決定這就叫做「預知夢」（precognitive dream），這也叫做逆記憶（reverse memory）。他曾夢到一座火山造成法國某小島上四千人喪生。不久之後（又或是他「印象中」）讀到報紙報導，法屬馬堤尼克的培雷火山噴發，四萬人罹難。於是他開始把筆記本和鉛筆放在枕頭下。去訪問朋友，問他們做了什麼夢，然後把這些兩兩對照。一九二七年，他發展出一個理論，甚至還因此還寫了一本書。

鄧恩提議將知識論的基本原則換成他的新系統。「如果預知能力是真的，那就會摧毀人類過去對於宇宙所有的認知基礎。」過去和未來共存於「時間維度」。巧合的是，他寫道自己不小心發現「第一個討論長生不老的科學論點。」他提出的並非四維空間概念，而是空間和時間的五度觀點。為了解釋此事，他談及愛因斯坦和閔考斯基，同時也談到H・G・威爾斯大師（畢竟他也是一位權威）。他「透過小說角色的嘴巴，明確且簡潔地聲明——而且是很少有人能推翻的聲明（如果真的有人嘗試的話）。」

不過威爾斯本人是不同意的。他覺得鄧恩強調「預知能力」不過是譁眾取寵的噱頭，而時間旅行是一種裝腔作勢——「威爾斯說，我（鄧恩）從他認為沒有人會認真看待的事物中取經……而且花了太多時間苦思。」但是，艾略特和其他在文學事業中長久追尋的人，吸收鄧恩那些讓人靈感如泉湧的想法和意象，包含對某種形式永生的企盼。**未來是一首褪色的曲子**，艾略特寫道，**向上即向下**（又是來自赫拉克利特的殘篇），**向前即向後**。他感到所有時間都是永恆，但並不確定。[67]**假使所有時間都是永恆／所有時間便皆無可贖回**。

那宇宙的剛性呢？可是，艾略特在《四個四重奏》中並不是要嘗試說服我們接受某種世界系統。他深受悖論和自我質疑所苦。「我只能說，我們曾存在於某處：然而我說不出確切地點／亦說不出時間多久，只因某處位於時間之中。」他使用了各種隱喻。重點在於，不只是因為言語難以掌握，使用言語來描述時間，當中最大的問題，就是這些言語本就屬於時間。一連串的字詞是有頭、有中間也有尾的。「文字行進，音樂流動／唯在時間之中。」永恆的國度是動態還是靜態？是動作，或固定的套路？這兩者可以並存嗎？**在轉動的世界中不動的點上**？當他說中國瓷瓶在靜止之中不停地動，你就會知道那是一種換喻（metonym）。真正在靜止中不停移動的，是詩。[68]

你不該認為「**過去的已經過去**」或「**未來尚不可觸及**」。時間不屬於我們。我們抓不定，也無法定義，僅能勉強計數。**鐘響隆隆**，艾略特告訴我們，

計量著不是我們的時間，由不急不徐的狂潮
操縱，一個
比計時器計量的時間更古老，比起
那些焦慮憂愁的女人計算的時間更古老，
她們不眠不休，算著未來，
試圖拆散、解開、弄清，
又重新拼合過去與未來，

---

67 他在一九一七年看到一本相簿，寫信給母親，「這給人的感覺就是時間沒有之前，沒有之後，是全部一起呈現。現在、未來以及過去所有段落，就跟這本相簿一模一樣。」

68 唯倚靠形式，倚靠模式，
文字或音樂才得以
靜止。一如中國瓷瓶
在靜止之中仍不停移動，
提琴並未靜止，當音符依舊繞梁，
不是兩者擇一，而是兩者共存，
終末也並非在開始之前到來。
終末與開始一直都在，
在世界開始之前，當中，與之後，
一切都是當下。

在午夜與黎明之間，過去成了謊言，
未來則沒有未來。

當波赫士這位等同哲學家的詩人寫下「時間就像一條河」，他指的大概是完全相反的意思。時間不是一條河，不是老虎，更不是火。吹毛求疵的波赫士少用了一點悖論，也少了一點誤導。他描繪時間的用字看起來都清楚易懂。一九四〇年，他同時也針對鄧恩和他的《時間實驗》寫了點東西，並暗示其論點的荒謬。鄧恩有部分主張是針對意識的反思——為什麼我們沒辦法在不陷入無限循環的狀況下思考這件事？（「一個意識清醒的對象之所以清醒，不只是因為它觀察到了什麼，而是因為對象A在觀察的同時，也觀察到對象B意識到A的存在，然後……」諸如此類的）。他的確講出了一些重要的癥結。循環是意識中相當不可或缺的特性。但接著他這麼總結：「這些細心的觀察者並不適用空間的三個維度，但在（維度也不會比較少的）時間中就沒問題。」波赫士知道這全是在亂講，而且是他一貫的那種胡說八道。但他看出了一些什麼：也就是，一個思考時間感為什麼必須建立在記憶上的方法。「初始主體的連續漸進（或想像）狀態。」他想起一個由哥特佛萊德．威廉．萊布尼茲（Gottfried Wilhelm Leibniz）做過的觀察：「如果你的心靈必須仔細考量每一個念頭，只要稍微接收到一點，就會使它聯想到那個感覺，然後你又會想到那個念頭，接著想到讓你想到那個想法的念頭——無窮無盡、無限延伸。」我們創造記憶，又或是說我們的記憶創造記憶。去記憶中尋找線索，會將它轉變成記憶的記憶。回憶的回憶、想法的想法，一個個相互混雜，直到再也無法拆分。記憶是無限循環而且自我參照的。是鏡子，是迷宮。[69]

鄧恩的預知夢和雜亂無章的邏輯讓他篤信，未來是早就存在的東西，是位於人類觸手可及位置的永恆。波赫士說，鄧恩犯下「那些漫不經心的詩人」盲信自己的譬喻時會犯下的錯。這裡所謂漫不經心的詩人，似乎指的是物理學家。一九四〇年，新的物理學將第四維度和時空連續體當真，但波赫士毅然決然地持反對意見：

> 在那些為了追求知識發展出的陋習（伯格森如此譴責）下有許多犧牲者，其中最知名的就是鄧恩。他們慣於將時間想像成空間中的第四維度，假定我們未來一定要前進的方向早就存在。（同時也把未來想成一種空間性的形體，如一條線，或一條河。）[70]

在二十世紀，波赫士對時間的意見比誰都多。對他來說，悖論不是問題，而是一種策略。

---

69 還有走廊。「當我們想起之前的自己，總會看到一個小小的身影，拖著長長的影子停在那兒，像個看不清楚面貌的遲來訪客，站在漸漸縮小、完美無瑕的走廊盡頭的光亮門邊。」納博科夫，《愛達或愛欲》（Ada, or Ardor）。

70 另外，波赫士對於艾略特也沒有多大好感。「你總是忍不住會想——至少我是這麼覺得——他好像同意一些教授的說法，或是有點不贊同另外一些教授的意見。」他有意無意指控艾略特其實是個騙子：「刻意操弄年代、給人錯覺，製造出一個永恆的假象。」

他相信時間——時間的真實性、時間的核心特質——然而，他將自己一篇極為重要的論文命名為〈時間的再駁斥〉（A New Refutation of Time）。他不那麼喜歡的其實是永恆。在另一篇論文〈永恆史〉（A History of Eternity）中，他提出：「對我們來說，時間是一個惱人且急迫的問題，也許是形而上學中最至關重要的問題——儘管永恆已成了某種遊戲，或早已失效的希望。」（波赫士說，）所有人都「認為」永恆是一種原型，而我們的時間只是它轉瞬即逝的一道影像。他提出相反意見：先有時間，永恆才在我們心中成形。時間是一種資產，永恆是肖像般的存在。與柏拉圖相反，也與教會相反，永恆是「比世界更貧瘠的。」如果你是科學家，也許可以代換為無窮。畢竟，這是你創造的東西。

而他對時間的再駁斥，其基礎概念是他已經「瞥見」或「預見」的主張，而他自己並不相信——又或者他其實是相信的。這個念頭在某晚出現，在所謂普魯斯特式的時刻。當你醒來，在夢與夢之間，意識到自己聽見沙沙響聲，看到黑影幢幢的牆壁——時間對你來說是什麼？又或者你也可以是馬克吐溫的《哈克歷險記》（*Adventures of Huckleberry Finn*）中的哈克，只要順著河流而下……

他漫不經心地睜開眼睛：他看見了無以計數的繁星，模模糊糊一整列樹林。然後，他沉入一個沒有任何記憶的夢，一如沉入黑水裡。

波赫士表示，這是一個「文學性、非歷史性」的例子，他也歡迎每個多疑的讀者代入個人的記憶。回想一下你從前的某起事件。那段記憶是在什麼時候？好像什麼時候都不是——好像根本不在任何精確的時間點上。那個瞬間屬於它自己，懸浮於半空，不屬於任何特定的時空連續體——先「時」再「空」嗎？「我個人傾向於先想到時間，而不是空間，」波赫士這麼寫道。「當我聽到『時間』和『空間』兩個詞被放在一起用，總覺得像是聽別人談論歌德（Johann Wolfgang von Goethe）[71]和席勒（Johann Christoph Friedrich von Schiller）[72]的尼采——多少有些褻瀆之意。」

他也否認同時性，就像愛因斯坦一樣。只是波赫士不太在意訊號速度（光速），因為我們的自然狀態是獨立且自主的，訊號也比較少，而且比物理學家還不可靠。

> 當一個戀人想著「一想到我的愛人是何等忠貞，我就滿心歡喜，然而，她正在我背後偷吃」，他便是在自欺欺人。如果我們經歷的每個狀態都那麼絕對，那麼歡喜就不是一種能與背叛並存的情緒。

71 譯注：德國知名詩人、劇作家、科學家和政治家。

72 譯注：德國知名詩人，哲學家，歷史學家。

這個戀人的認知並不能修改過去，但可以修改回憶。波赫士拋掉同時性，並且否認了連續性。時間之連續——時間的整體——是另一種幻覺。更甚，這個幻覺、這個問題、這分辛苦——為了從連續瞬間拼湊出一個整體，實在是太艱辛了！——同時也為身分認同打下一個大問號：你跟之前是同一個人嗎？你怎麼能確定？每起事件都各自獨立，計算所有事件是不切實際的。它非常空虛，就像去計算所有馬匹一樣：「宇宙，一切事物的加總，就連計算所有馬匹都沒那麼不切實際——到底是一個，很多個？還是連一個都沒有？——一五九二到一五九四年間，莎士比亞如此夢想著。」喔，拉普拉斯侯爵呀。

我們向來會將自己說出口的話看得太認真，在我們沒有意識到這些話的時候更是如此（真是自相矛盾）。語言提供我們表達自我的選項之貧乏，甚至到了令人悲哀的程度。來看看這個句子：「我已經○○時間沒見到你了。」中間少掉的字一定要放好長[73]嗎？如果是這樣，那麼時間就是像一條線或一段距離——是一個可測量的空間。語言逼我們接受這件事。第一個說時光「飛逝」或者時間「流動」的人是誰？在我們選擇譬喻的事物時，很少會意識到語言的影響力。這個影響力左右了我們感受現實時採取的譬喻。一般而言，我們對於用字是完全不會多想的。但只要我們多想一下，可能就會好奇自己到底都說了些什麼。「對於『時間正在流逝』的念頭（又或者這個說法代表的其他意思），我感到非常惶恐——不管我『現在』做了什麼，或沒做什麼。」菲利普・拉金（Philip Larkin）寫信給愛人莫妮卡・瓊斯（Monica Jones）。他選用的字詞帶著我們前往特定的方向。

在英文和大多西方語言裡，未來在前方，它在我們的前面，是往前走的。而過去則在我們後方，而當我們趕不上時間，我們會說「落後」了。然而，表達「在前—在後」的方位不但不夠清楚，也並非舉世皆然。即便在英文，我們似乎也無法在「把會議往後移一天」是什麼意思（to move a meeting back one day）上取得共識。有些人非常確定「後」指的是早一點，其他人則同樣肯定地認為，那表示的是晚一些。對周二而言，移到周三是「往前」，雖然周三之於周二是「往後一天」。其他的文化則有不同的幾何理論（geometry）。在安地斯山脈說艾瑪拉語（Aymara）的民族若要談過去，他們會指著前方（眼前看到什麼就指什麼）；談到未來，手勢則指向身後。其他語言也是。昨天指的是「前一天」，明天是「後一天」；認知科學家萊拉·博洛迪斯基（Lera Boroditsky），她學的是時空隱喻（spatiotemporal metaphor）和概念綱要（conceptual schema）。她提出，有些澳洲原住民社會進行自我訓練，熟悉基本方位的使用（亦即北、南、東、西），而非相對方向（亦即左和右），並且將時間想像成由東奔流到西。（比起其餘更都市、更偏向室內生活的文化，他們的方向感發展得非常完善。）使用中文的人在時間上經常使用垂直式的譬喻法：「上」不只代表上面，也代表「上回」、「上次」，而「下」代表下方，同時也是下一回。所謂「上個月」，指的是剛結束的那個月，而下個月正在

73 在英文裡，好長（long）幾乎已經成了某種強迫的習慣用語；可是在其他語言裡，這形容聽起來可能很詭異。他們說不定用的是好大（big）。

來的路上。

又或者，我們也是在我們自己的路上？博洛迪斯基和其他人談起「自主動作」（ego-moving）與「時間動作」（time-moving）的譬喻之比較。在某人的感覺裡，可能是截稿期限向他逼近，另一個人可能是覺得自己在靠近截稿時間。而這兩個人也可能是同一個人。你可以往前游，但也可以說是河水朝你聚攏。

如果時間是一條河，我們會是站在岸邊，還是隨之起伏？「說時間流逝得更快，或說時間正在流動，其實都是在想像某物流動的畫面。」哲學家維根斯坦（Ludwig Josef Johann Wittgenstein）寫道。

> 於是我們再擴大譬喻，並談論時間的方向。當人們說起時間的方向，眼前出現的必定是一條類似河流的東西。當然，河可以改變水流的方向，但當你要談論逆轉方向的時間，一定會產生暈眩的感覺。

這便是時間旅行會感受到的暈眩——就像注視著艾雪（Escher）[74]式的樓梯。時間經過（Time *passes.*）。「時間慢慢經過」或「時間迅速經過」。在完全不自相矛盾的狀況下，我們也經過時間。我們總把這些話掛在嘴邊，而且沒有一絲不解。

時間不是河，那麼時間旅行該何去何從？

*

在一間上鎖的房間裡，有個人仰躺在鐵條床上，反覆思索著自己漸漸逼近的死期。透過窗戶，他可以看到屋頂和被雲遮蔽的太陽。他意識到外頭現在掛著是「六點左右的太陽」。他的名字可能是、也可能不是波赫士短篇小說〈歧路花園〉（*El jardin de senderos que se bifurcan*）裡的于尊（Yu Tsun）。在此，我們推測，他是一位德國間諜，手上握有一個祕密，而所謂的祕密只是一個地點，一個名稱，比如「英國砲臺公園在安克黑河的確切位置。」但他行蹤暴露了，並且被列為暗殺對象。後來我們卻發現，他其實是個很哲學的人。

> 對我來說似乎有些難以置信，但那毫無預警或徵兆的一天，卻是我無法逃脫的赴死之日……接著我反思：這一切的一切，偏偏在「現在」發生在我身上。一世紀又一世紀無風無浪，「現在」卻出了狀況。空中、陸地和海洋表面有數不清的人，當事情發生，竟不偏不倚落到我的頭上。

這出自波赫士寫的第一篇故事選集《歧路花園》，八個故事、六十頁中的同名短篇——

74 二十世紀版畫家，擅長以圖畫造成錯覺，創造出充滿悖論的空間與建築。

一九四一年由布宜諾艾利斯的現代主義期刊《南方》（*Sur*）發行。波赫士在年輕時充滿熱誠地讀了《時間機器》，後來出版了一些詩作和評論。他是個多產的譯者，翻譯英文、法文和德文，包含愛倫坡、卡夫卡、惠特曼和吳爾芙。為了支付生活開銷，他在一間又小又破的圖書館分部當助理，做些整理書本、編書目的工作。

七年後，〈歧路花園〉變成波赫士外譯成英文的第一個故事。他在美國的出版社並不是文學機構或期刊，而是《艾勒里．昆恩推理雜誌》（*Ellery Queen's Mystery Magazine*）——一九四八年八月出版，而他的確喜愛懸疑故事。現在他的名聲響亮，但卻直到六十歲都沒在英語國家獲得什麼名聲。（等到六十歲時他跟貝克特同獲第一個國際文學獎。）那時他已經又老又瞎了。

雖然出版一本與偵探小說八竿子扯不上關係的故事，艾勒里．昆恩依舊十分開心。艾勒里．昆恩是布魯克林一對表兄弟共同使用的筆名。這個故事裡沒有偵探，但的確有間諜之間的糾葛、有追擊、只裝了一顆子彈的左輪手槍，有對峙，還有謀殺。這不僅僅是懸疑故事，更是有著哲學性的懸疑故事——至少大家都是這麼說的。于尊見多識廣，「哲學爭論從小說中盜用了不少。」而這爭論究竟源自哪裡呢？

> 我很清楚，在所有的問題中，沒有任何一個像時間那樣令他煩躁；時間的問題根本深不見底。是說，時間問題是〈歧路花園〉中唯一沒解釋清楚的……

〈歧路花園〉是個巨大的謎題，或寓言。它的主題是時間；這樣晦澀艱深的題材使它的普及性遇到阻礙。

這個故事自己就折疊來折疊去的：〈歧路花園〉是本書中書（現在則又成為低廉雜誌中的書中書）。〈歧路花園〉是一本曲折蜿蜒的小說，其中主述者和作者是「個性迂迴的崔本」。它是一本書，同時也是一座迷宮，是一本雜亂無章的手稿，是「語焉不詳、有許多矛盾的草稿」。是符號的巨大迷宮，時間的巨大迷宮，它是無邊無際的——但一本書或一座迷宮要怎樣無邊無際呢？書裡是這麼說的，「我將歧路花園留給各種各樣（但並非全部）的未來。」

而那條路是在時間中分歧，而非空間。

> 〈歧路花園〉是一本未完之作，但並非虛假，這是崔本接收到的宇宙畫面。與牛頓和叔本華相反的是，你的前人並不認為時間具有同一性與絕對性。他認為時間的連續性無窮盡，認為時間是一張不斷成長、令人眼花撩亂的歧異網絡，會相交於一點，或平行而進，會相互趨近，或相互分歧，或突然中斷，或好幾世紀都沒意識到另一方的存在，同時涵蓋時間的**每一種**可能性。

波赫士在此事（以及其他事件）上的遠見似乎超越一般人。[75] 其後，與時間旅行有關的文學會擴展到架空歷史（alternative history）[76]、平行宇宙（parallel universe），還有時間線的分支。平行世界冒險是與物理學並行的。由於物理學家鑽入原子的深處（這個地方的粒子體積小得難以想像，其動作有時像是粒子，有時又像波段），便在事物的最核心遇到避無可避的不可預測性。他們持續進行一個計畫，該計畫根據特定初始條件為時間$t = 0$，用以計算未來狀態，只是現在他們使用的是波函數（wave function）。他們正在嘗試解出薛丁格方程式（Schrödinger equation）。使用薛丁格方程式解出的波函數並不是一個明確的答案，而是機率分布。你應該記得薛丁格的貓吧：非死即生，或必死必生。又或者，如果你覺得以下這樣比較好（這是個人喜好的問題）：是生，也同時是死。牠的命運便是一種機率分布。

波赫士四十歲時，寫下〈歧路花園〉。與此同時，一個叫做休．艾佛雷特三世（Hugh Everett III）的男孩在華盛頓特區長大，並狼吞虎嚥地閱讀科幻小說，如《驚奇科幻》以及其他雜誌。十五年後，他去了普林斯頓，成為一名物理學研究生，跟著一個新來的論文指導教授一起工作——沒錯，又是約翰．惠勒。在時間旅行的歷史中，這位仁兄必定會像變色龍一樣不斷出現。時值一九五五年，對於只是做出一個測量結果就能改變物理系統的命運這種想法，艾佛雷特三世感到惴惴不安。他針對愛因斯坦在普林斯頓的一次談話做了筆記，愛因斯坦說，「我不敢置信，僅是只因為一隻老鼠看了它一眼，就使宇宙發生劇烈的改變。」[77]他同時也聽見各種不滿的聲音，個個都是針對量子理論的不同詮釋。對於尼爾斯．波耳的詮釋，他覺得「過分謹慎」。是的，那的確有用，但沒有回答到更艱深的問題。「我們並不相信理論物理的基本目的是要建構出一個『安全的』（safe）理論。」

萬一（what if）——他如此問道，而惠勒對他鼓勵有加。此人對於詭異且矛盾的事物向來是敞開心胸——萬一，所有的測量結果實際上都是一條分支呢？假使一個量子態（quantum state）可以非A或B，那麼這兩個可能性就都可以存在：現在有兩個版本的宇宙，各有各的觀察者。世界真的是一座歧路花園。與其說我們擁有一個宇宙，不如說我們有的是許多宇宙加起來的一個整體。在一個宇宙中，貓絕對是活著的；而在另一個宇宙，貓則是死的。「從該理論的觀點來看，」他寫道，「所有疊加性質中的元素（亦即所有『分支』〔branch〕）都是『事實』（actual），但說到『真實性』（real），則是誰也不下於誰。」然而，用來打預防針的問

---

75 即便在波赫士之前，一九三五年，一個住在科羅拉多，名叫大衛．丹尼爾（David Daniel）的二十歲青年為《科學奇觀》寫了一個故事叫〈時間的分支〉（The Branches of Time）：一個擁有時間機器的人發現他只要回到過去，宇宙就會分裂成為平行兩條世界線，各有各的歷史。隔年，丹尼爾舉槍自殺。

76 編注：架空歷史大約可分為兩類，一類是以實際歷史背景為基礎所衍生出來的虛構故事，另一類則是完全的架空背景中置入歷史元素。常見於小說、影視作品。本書所用的 alternate history 是架空歷史的其中一類，強調在歷史中實際存在的人事物，因發生某事件而出現「分歧點」，進而衍生出不同於現實歷史的發展。

77 順帶一提，為什麼要限於老鼠這個物種？難道機器不能當觀察者嗎？「觀察者僅限人類或動物。換言之，就是假設所有機械儀器都服從常識法則。但它們有時對於活著的觀察者會失去效用，並破壞所謂的心物平行說*原則。」他這麼寫道。

＊（譯注）心物平行說（Psychophysical Parallelism），引申自心物二元論，由笛卡兒提出。他認為心靈的作用在於思想，身體只有機械性的作用。兩者是單獨系統，互不干涉。

號用得太多，對艾佛雷特而言，「真實」這個字眼比結在陰暗水池上的冰還要不靠譜。

當某人使用某個理論，自然會假設這個理論的架構是「真實的」或「存在的」。如果這理論非常成功（換言之，就是正確預測使用該理論的人的感覺），那麼，對於該理論的自信就能建立，該架構也更可以被認為是「在真實物理世界中的元素」（elements of the real physical world）。無論如何，這純粹是一種心理學的問題。

但是，艾佛雷特有一個理論，這個理論顯示：只要是能發生的事，就一定會發生；要不是在這個宇宙，就是在另一個宇宙。肇因於此，新的宇宙是因為有需求才被建立的。當一個放射性粒子可能會或可能不會衰敗，蓋格計數器（Geiger counter）[78]就可能會或可能不會發出「喀」一聲，宇宙再次分歧。他的論文本身走的是一條困難的道路，並且有無數種版本。一份草稿去了哥本哈根（波耳一點也不喜歡那地方），另一份改短，並且重新修改過，在惠勒的幫助下變成一篇可以在《現代物理評論》（*Reviews of Modern Physics*）發表的論文——儘管其中的缺陷很明顯。艾佛雷特在附錄中抱怨，「有些對照指出，經驗證明，宇宙根本沒有分支，因為我們只有一個現實。」而他說，「如果這個論證預測出實際情況就跟我們的經驗一樣，那麼它就失敗了。」——亦即，在自己的小小宇宙裡，我們處於一個完全沒意識到有任何分歧的狀態。當哥白尼將地球運轉理論化，各方批評起而反對，宣稱我們沒感覺到什麼運轉。但就是因為如此，才證明了他們大錯特錯。

話說回來，假定有無窮無盡的宇宙的理論，就像是對奧卡姆剃刀理論（Occam's razor）的一大的侮辱：**若無必要，勿增實體**。

艾佛雷特的論文當時沒有什麼人注意，而且那還是他發表的最後作品。他沒有繼續物理志業，並於五十一歲過世——而且是個老菸槍外加老酒鬼。但說不定這件事只發生在這個宇宙。總而言之，他的理論比他本人更加長壽。該理論獲得命名，叫做量子力學的多世界詮釋（many-worlds interpretation），縮寫為MWI，追隨者為數可觀。在究極的形式中，這個詮釋完全排除了時間。「時間不會流動，」理論家大衛・德意志（David Deutsch）說。「其他的時間只是其他宇宙中的特例。」在當代，當平行世界或是無限宇宙被拉進來用做譬喻，它們比較像是半正式的背景知識。當某人談起架空歷史，可以是文學上的，也可以是物理上的。**未竟之路或如果當初我沒有……**成為英文中常用的表示法是始於一九五〇、六〇年代——更早之前沒人這樣講，儘管那是美國詩人羅伯・佛洛斯特（Robert Frost）最知名的一首詩。現在，任何假設的情景都可以用類似說法來引介，**從前從前在某個遙遠地方……**要記得這只是一種「說法」可是越來越困難了。

如果我們只有一個宇宙——如果就只有這麼「一個」宇宙——那麼時間就謀殺了可能性。

78 可用來探測輻射的粒子探測器。

它抹煞了我們可能擁有的人生。波赫士很清楚自己致力耕耘的是奇幻故事。但話說回來，當休．艾佛雷特還是個十歲小男孩時，波赫士早已用精準的一個句子預測了多世界詮釋：「時間永無止盡地分歧，前往數不盡的未來。」

8
永恆

當聖彼得開口，他極為謙遜。一千年之於上帝，不過如一日；
若以哲學家的說法，對祂來說，持續不斷的時間片刻即便來到數千年，
也不過是一瞬間。之於我們是未來，之於不朽的祂，只是當下。

——英國作家湯瑪斯．布朗（Thomas Browne，1605-1682）

要是時間根本不存在呢？那怎麼辦？

一般來說，時間旅行不會引發生理症狀——不會感到不適或不舒服。這就跟空中旅行不同了。空中旅行時常因時差引發身體不適。但威爾斯創造的時間旅行的確提及頭暈想吐：

我恐怕無法傳達時間旅行帶來的奇異感受。它們令人極度不適。就跟開在九彎十八拐的山路上一模一樣——你完全無能為力、只能向前狂衝！另外，我總有一股可怕的預感——彷彿下一秒就要撞牆。

文學之中到處都能找到這樣的共鳴，但也許，我們不會希望這樣強大而且重要的魔法掙脫綑綁、獲得自由。

美國科幻作家娥蘇拉．勒瑰恩（Ursula Kroeber Le Guin）在〈另一遭故事，或是內陸之洋的漁民〉

（Another Story; or, A Fisherman of the Inland Sea）中則走得更遠。在這個地方，旅人服從物理法則，即我們這些牛頓主義者與愛因斯坦的子民熟知的基本知識。他們的太空船衝得之快，近似光速。一趟四光年的旅程只要花四年多一些。相較於被拋在身後的人，旅人們幾乎沒有增加歲數。如果他們馬上來個大轉彎、即刻返鄉，就會像是跳躍整整八個光年、進入未來。那會是什麼感覺呢？

「就旅程本身而言，」秀夫在第一次經驗後寫道，「我一點記憶都沒有。我想我記得進入太空船的時候，但腦中卻沒有任何相關細節，無論靜態畫面或動態都沒有。我無法回想在船上發生了什麼事。對於離開船的記憶，只剩下一個壓倒性的生理感受：暈眩。我腳步踉蹌，而且非常想吐。」

但秀夫的第二次旅行就不同了。他在第二次旅程中有比較「正常」的體驗。感覺就像時間停止——好像時間根本不存在。整趟旅程彷彿一瞬間——或一小段時間？一個暫停？——在這個區段中，時間不存在；

> ……像是令人驚惶不安的中場休息時間。身在其中時，你無法連貫地想一件事。你無法讀懂鐘面，或是聽人敘述事情。談話與動作變得困難，或者根本做不到。其他人彷彿成為不真實的半存在體，莫名其妙地出現在那裡（或根本不在那裡）。我沒有出現幻覺，但每樣東西都像幻覺。我覺得很像發高燒——非常困惑，又無聊到不行，彷彿看不見盡

頭。然而，在這一切結束後，要回想一切卻又非常困難，好像那是你人生之外的一首插曲，被打包密封起來。

我們已將科學實存論（scientific realism）丟在路邊。根據相對論，以接近光速移動的人，他的時間感會很正常（如果時間感有所謂的「正常」的話）。勒瑰恩想要探索的是別的事，別種更難以想像的事——時間的「不存在」。當理查．費曼遇見一群學生，其中一人問他「時間是什麼？」他則用另一個問題來回答：「要是時間根本不存在呢？怎麼辦？」

「老天」才知道。據稱祂位於時間之外。祂是永恆的存在。

＊

某人踏入時間機器——現在我們再也不需要前情提要了。這個機器有控制桿、操控裝置，還有啟動杆。這個叫做「時空壺」（kettle）的玩意兒，它的外觀長得沒那麼像腳踏車，比較像電梯。這人感到一道閃光、一片「看不見的薄霧」，「黯淡的一片空無，但卻有著可以觸摸的實體——可是又是非物質的。」他感到一股暈眩湧上。「胃裡像是起了一陣小漣漪，（身體和心靈）微微出現頭昏眼花的症狀。」時空壺在垂直的電梯井裡上下。所以他是要往上嗎？當然不是。「不是上也不是下，不是左也不是右，不是前也不是後。」他是要往未時（upwhen）[79]去。

是說——怎麼又是男性角色？怎麼都沒有女性呢？規則在此：時間旅人與作者的時代緊緊相繫。我們眼前的主角，技師安德魯．哈蘭進入時空壺，他認為自己來自九十五世紀，但我們卻認為他來自一九五五年，當時艾西莫夫甫出版（全四十本著作中）第十二本小說《永恆的終結》（*The End of Eternity*）。而今，我們再讀這本作品，便能推斷出一些屬於一九五五年的事實：

- 儘管有H．G．威爾斯留給後人的一切，外加三十年低廉雜誌的薰陶，時間旅行對於主流讀者仍是陌生而且少見的概念。（《紐約時報》戒慎恐懼地將這類書籍的書評下標為「在天外來客（spaceman）的國度裡」。天外來客是大家比較熟悉的概念，寫書評的維爾利斯．葛森（Villiers Gerson）提出一個他自認未有先例的問題：「如果時間旅人能夠回到一九一五年，在一戰槍殺希特勒，我們的現實世界會改變嗎？」這樣想的人，他不是第一個，也不會是最後一個。）
- 「計算機」（computer）是負責計算的人。是計算者，算數家。可用做數學計算的機器叫做「電子計算機」（computing machine）——在這個故事裡，一個「電算機」能夠「累加數以千計個變數」。而輸入或輸出數值的方式，是利用打了洞的金屬薄片。
- 女性是要生孩子的，同時具有性誘惑的功能性任務。[80]

艾西莫夫的科幻小說作家生涯才開始沒多久。他的第一本小說《蒼穹一粟》（*Pebble in the Sky*）於一九五〇年出版。那時他是波士頓大學醫學院的生物化學講師。故事始於一名退休的芝加哥裁縫師，單純的他走在街上，口中自顧自的背誦著一些詩句，突然之間「砰」一聲，附近實驗室發生的核爆意外將他傳送到五萬年之後的未來。在這個時代，地球已成為川陀銀河帝國中無足輕重的小行星。當時（也就是一九五〇年），艾西莫夫已將一大堆故事賣給了《驚奇科幻》。自從孩提時代在父親位於布魯克林的糖果店發現這份廉價雜誌，他就一直讀到現在。但他自己的過往歷史（對他而言）則十分灰暗。他知道自己原本應該叫**Исаак Ю́дович Ози́мов**，但他從不曉得自己的生日是什麼時候。

身為一名研究生，他卻對於逃不了的畢業論文感到索然無趣。於是他「發明」了一篇化學報告，題名〈昇華產物硫羥肟酸有機胺的內涵時間特性〉（The Endochronic Properties of Resublimated Thiotimoline），還貼心配上圖表、圖解以及根本不存在的期刊引用舉證。[81]

---

79 審訂注：此段是節錄出現在下面提到艾西莫夫在小說《永恆的終結》中的描述。未時（upwhen）是小說中所創的一個詞。（卜宏毅）

80 哈蘭曾在穿越時間的旅程中看過非常多女人，但在時間之中，她們之於他只是一個物體，像是籃球或足球、挖土鏟或挖地耙、貓貓或狗狗。

81 牛津英文字典有許多字都出自艾西莫夫，包含「機器人學」（robotics），但「內涵時間特性」（endochronic）並不在其中。它還沒跟上潮流。

這份報告講的是一種編造出來的物質「硫羥肟酸有機胺」，是從一種虛構的灌木樹皮提煉出來的。這種物質有引發幻覺的特性，並且堂而皇之地命名為「內涵時間特性」（endochronicity）：當你把它放進水裡，晶體會在碰觸到水**之前**溶解。按量子力學的運作模式，這其實不算多荒謬。艾西莫夫的解釋是這個分子在時空中擁有古怪的幾何結構：它有部分化學鍵位於普通的空間維度，有的延伸到未來，有的則延伸到過去。你應該可以想像到這詭異的晶體擁有多少可能性。之後，艾西莫夫又寫了另一篇關於微精神病學應用法（microphsychiatric applications）的報告。[82]

沒有多久，他平均每年可以出三到四本書，但除了《蒼穹一粟》的背景設定是瞬間爆衝到未來之外，他沒嘗試過時間旅行。他獲得《永恆的終結》的靈感來自於一九五三年。他找到好幾期《時代》雜誌，全綁成一疊放在波士頓大學圖書館的書架上。他開始詳讀——系統式地從一九二八年開始往前。在非常早的幾期中，他驚訝地看到一張廣告——雖然以簡單的幾筆線條繪製、但絕對不會認錯——是核爆蕈狀雲。那是一九五〇年代大多數人熟悉的影像，但一九二〇或一九三〇年代則絕無可能。等他再次細看，就發現自己看到的其實是老忠實間歇泉（Old Faithful Geyser）[83]。但是，在那瞬間，他的想法已經瞬間跳躍到唯一可能的答案：時間旅行。也許那個跑錯時代的蕈狀雲圖是某種訊息，傳訊來的是一個狗急跳牆的時間旅人。

艾西莫夫一面發想他的第一本時間旅行小說，一邊將這個類型帶往新方向。故事已經不再是一個普通的主角踏上冒險旅程，把自己發射到未來或回到過去。現在要重新建構整個宇宙。

《永恆的終結》開始於某種程度的玩弄詞藻。因為大家都很清楚，永恆的定義就是沒有終結。永恆是永遠的。傳統上來說，永恆不朽指的是神，又或者是神的管轄範圍。（至少在猶太基督徒和伊斯蘭教的傳統中，祂不僅僅是永恆，更是唯一的、陽性的，甚至必須挪抬以示尊敬。）「能有不經祢建立的時間嗎？既不存在，何謂過去？」奧古斯丁在他的《懺悔錄》（*The Confessions*）中問主。「祢是在永遠現在的永恆高峰上超越一切過去，也超越一切將來。因為將來的，來到後就成過去。」我們這些凡人活在時間之中，但神超越這一切。祂最強大的力量之一，便是能夠超然時外。

時間是宇宙萬物的特性，而造物主一直維持在時間之外、超然其上。那麼，是否代表我們這些凡人的時間和歷史對神而言，不過是一瞬間，而且完全沒有別的可能？對於處於時間之外、永恆之中的神，時間沒有所謂流逝。事件不會一個接一個發生，因果關係毫無意義。祂不是連續體，而是同時現身。祂的「當下」就包含所有時間。宇宙萬物像條織毯，又或是如愛因斯坦學派的塊體宇宙。但不管是哪一個，你都可以相信神或許能看見一切。對祂而言，這個故事沒有開頭、中間和結尾。

82　很蠢嗎？但是在遙遠的未來——二〇一五年松下電器推出一款相機，對錄影功能的宣傳口號是「按下按鍵，每一秒都比前一秒更精采。」

83　位於美國黃石公園。

但如果你相信的是奉行干涉主義的神，這樣的神會做出什麼事？永遠不變的存在對我們這些凡人來說挺難想像的。祂會有什麼舉動嗎？祂會思考嗎？沒有連續的時間與思想——沒有過程——就使祂變得難以預測。意識似乎是需要時間的。它得存在於時間之中。當我們思考時，思緒應該前後連貫，一個念頭導向下一個念頭，按時間順序，一直持續形成記憶。身在時間之外的神不會有記憶。全知的上帝不需要那種東西。

又或許，這個不朽的神其實在時間中與我們同在，享受著各種經歷，行使祂的能力。祂將瘟疫降給法老，讓狂風吹往海的方向，有需要時就送出天使（或大黃蜂）。猶太人和基督徒說，「過了多年，埃及王死了。以色列人因做苦工……神聽見他們的哀聲，就紀念他與亞伯拉罕所立的約。」有些神學家會這樣講，當奧古斯丁懺悔時，神在聆聽，而直到現在祂都還記得。他們會說，過去是過去，不管對我們或對神來說都一樣。如果神跟我們的世界互動，互動的方式也會與我們對過去的記憶和未來的期待相同。也許，當我們發現時間旅行，祂心中還覺得挺樂的。

這些論述就像幽深不明的水域，即便在亞伯拉罕諸教裡，神學家談論神的有時與無時，其方式也五花八門。所有宗教或多或少都會想像某個存在，它與時間的關係是超越我們的。「有兩種形式的梵（Brahman），有時（time），與無時（timeless）。」某本奧義書（Upanishad）[84]如是說。雖然比起其他宗教，佛教更能接受永恆實為幻覺的概念：

時間耗盡一切存在
包含其自身；
存在亦耗盡時間，
兩者相互消耗。

就目前看來，永恆一詞又回到了起頭，回到我們這個種族的記憶中，回到書寫語言的開端。永恆的拉丁文Aeternus，希臘語寫作αιών，這字也轉變為eon。人們需要為永恆或無窮想個代名詞。有時，這些字似乎代表了一個沒有開頭也沒有結尾的過程。又或者，其實是有開頭和結尾的，只是大家都不知道。

無怪乎現代哲學家（他們已經適應了這個科學的世界）不斷拿這些問題來折磨自己。複雜度不斷倍增。也許永恆就像某種很不一樣的參考架構，就某種意義來說，它把相對論變得通俗大眾。我們有屬於自己的當下瞬間，而神有一個明顯與我們不同的時間刻度，而且的的確確超越了我們的想像。波愛修斯（Boethius）好像在六世紀時說了一段大家聽到有點膩的話：「我們的『現在』一如不斷流動的時間，製造出『永久』，但神的『現在』堅定不移、沒有絲毫動搖，創造出的則是『永恆』。」永久只是接近無窮——是沒有結尾的一段經過時間。如果要完

84 印度古文獻吠陀的最後一部分。

完全超然時外，你得動真格的。「所謂永恆不只是一段非常長的時間，」神話學家喬瑟夫．坎伯（Joseph Campbell）解釋道。「永恆跟時間一點關係也沒有……在此時此刻所體驗到的永恆，是人生的作用之一。」又或者一如《啟示錄》：「不再有時日。」

也許，我們是想把超然時外這種說法當成一種語言陷阱。時間是一種可以「逃脫」的東西嗎？像箱子或房間，或國家——是一個凡人看不見的地方嗎？在《哥林多後書》中寫道：「原來我們不是顧念所見的，乃是顧念所不見的。因為所見的是暫時的，所不見的是永遠的。」

最後這段約略成了艾西莫夫《永恆的終結》的前提。一方面而言，那是純然屬於人類的，是在時間之中的。另一方面，那又是一個看不見的地方，稱為永恆。（這裡我們以粗體處理。）只不過，除了神之外，這個版本的永恆是屬於一群男性志願者的。（沒錯，又沒有女人能加入這個社團了。女人是要生小孩的，雖然這個地方並非作為此用。）這些人自稱永恆者，雖然他們並不永恆。接著，當我們慢慢讀下去，就會發現這些人其實也不甚明智。他們汲汲營營於中傷誹謗與辦公室政治。他們抽菸，他們會死。但就某方面而言，他們的行為與神無異。他們擁有改變歷史進程的力量，而且一次又一次地使用這股力量。他們是一群強制改變歷史型態的人。

永恆者組織了一個不公開的階級制度團體，菁英導向，但又走獨裁路線。他們照階級分成不同職等：計算師、時間技師、社會學家、統計師等等。新加入永恆管理局組織的人，往往是從普通的時間中抽選出來的年輕人，稱為新手。如果他們在訓練中失敗，最終會進入後勤局，穿上暗灰褐色的制服，負責處理從時間中進口食物和飲水的工作（很顯然，就算你是永恆者，也得吃東西），以及處理廢棄物。換句話說，後勤人員就等於賤民。說到底，我們要如何想像這個地方呢？這個領域——這個存在於時間之外的國境非常無趣，它神似辦公大樓，有走廊、地板和天花板，有坡道，還有前廳。辦公室裡頭的裝飾風格取決於使用這個空間的人。若這個人愛收藏古物，可能會有個書架。（「『貨真價實的書呀！』他大笑。『也有一頁頁的紙纖維嗎？』」）大部分的時代喜歡創新的資料儲存技術「影像書」（book-film）或「微縮書」（micro-film），可以在便利的袖珍看圖器上賞讀。

「永恆」被分隔成一段一段，每一段都牽涉到人類歷史中的特定世紀。若想從一個區段前往另一段，永恆者需搭乘時空壺：這個配置就像高樓大廈中一層層堆滿東西的樓層，但最好還是不要細看它的運作方式。「總之，普通世界的法則在時空升降井（kettle shaft）裡是完全行不通的！」在時間與永恆之間有一條分界線，或一道障礙（某種「非物質的」隔板）。同樣地，這裡也最好不要檢視得太仔細：「在非時間、非空間的無限薄膜前，他又停了下來。這裡就是永恆時空與一般時空的分界線。」無論在哪，永恆似乎都與「真實的」宇宙比鄰而居。總而言之，從一個地方移動到另一個地方好像從來不是問題。那麼，永恆是在第四維度中嗎？艾西莫夫沒有浪費時間講第四維度。那已經不算什麼新知了。然而他的確致敬了一下量子力學的不確定法則：

將永恆與一般時間隔開的那道黑暗障礙，是遠古時代的混沌，它那天鵝絨般的非光線（non-light）閃動著飛掠的光點，極為獨特。這些光點是布料上連顯微鏡都照不出的瑕疵，而且只要不確定法則存在，它就不會消失。

一如威爾斯不太描述時間機器，艾西莫夫則使用文學技巧來幫助讀者，讓他們認為自己想像出某種無法具象化的東西，畢竟那全是胡扯出來的。「天鵝絨般的非光線」——真是個狡猾的託詞[85]——但也是一個不錯的小技巧。不確定法則以點點光芒妝點了遠古時代的黑暗。

現在來到敘述法的問題。人們活在永恆中，但也有工作要做，而且一件接著一件——畢竟情節還是要繼續走。但不要多久，大家就不可能不從這個敘述法中注意到：他們（也就是永恆者）其實也在**時間中**執行任務。他們記得過去，也會憂心未來——就跟所有人一樣。他們不知道接下來會發生什麼。暫且不管要是你真的**超然時外**會怎樣，這種奇異的狀態對於引導故事前進沒有效用。在這個地方，時間一樣流逝。「人的身體變老，這是無法逃避的計時法。」他們將年稱為「物理年」，小時稱為「物理時」。他們會對彼此說「明天見」。即便他們在永恆中也戴手錶，但那根本沒有用。

既然這個永恆不是由神學家而是由技術人員所創造，就會有開始與結尾。它開始於二十七世紀，當時一臺不可或缺的機械裝置被發明出來（「時間力場」〔temporal field〕之類的玩意兒），結束於「不可預測的熵之消亡」。同時，這些人還要扮演上帝（也太忙了）！觀測師會以數據圖表分析該社會，並建議進行「現實變更」來使他們的歷史產生分支。生命規劃師以圖解表示各個受到影響的人生。計算師分析「精神數據」（psycho-mathematic）。觀測師進入時間獲取數據，然後由時間技師一手攬下所有骯髒活兒——例如，讓某輛車的離合器故障，促使一連串能阻止戰爭的事件發生。當時間技師開始執行任務，一個全新的分支就從「可能」變成「真實」。舊的分支彷彿從未存在，變成只存在於永恆歸檔室的另一個可能性。

他們堅信自己是在做好事。

> 我們要描繪出千萬年來每時每刻的細緻畫面（時間技師哈蘭解釋道），從永恆時空的誕生，到人類消亡。我們要探索無窮無盡的現實可能性，從中找到最好的一個，然後再決定如何鎖定一般時空中某個確定的節點，微調一下，將「已發生」的事件變成「可能會發生」，然後我們就會得到全新的狀態，接著再進行下一次流程。循環往復，永不停息。

所以，打個比方，哈蘭從時空壺出來，進入時間，然後將一個容器從一架移往另一架（他顯然找到了他要用的辦公用品）。這引發的結果是：某人沒看到自己需要的東西——火氣上來——做出錯誤決定——取消會議——死期獲得延緩——變動的漣漪向外擴散，幾年之後，原

85 這一段落出現在初次發表的《永恆的終結》，但在集結成書時就刪掉了。

本該處可能會是一座繁忙的太空中心——現在則沒了。任務完成。如果有些人一定得在其他人死去的狀況下才能活命，那就這麼做吧。要是不打蛋，就做不成蛋捲。永恆者早就學到了這一課。要一肩扛下「古往今來所有人類的幸福快樂」，實在不容易。

對這些專精宇宙事務的達人而言，最重要的到底是什麼？他們要用什麼方式拿一個可能的現實跟另一個做比較？這個方式一直都很模糊。核戰：不好。毒癮：不好。快樂：好。但要怎麼評估？永恆者似乎不喜歡太極端激烈的東西。某一世紀因為蘊含了過度的享樂主義，哈蘭便仔細思考該如何加以改善：「一個全然不同的分支世界將會成真，在這個世界裡，成千上萬喜愛尋歡做樂的女性會發現，自己搖身一變成了心地純厚、充滿母性的女子。」（不要忘記：他們都是一九五〇年代的美國男性。）最主要的是，為了消滅「核能技術」，他們發現自己持續不斷卻徒勞無功地在修補現實。這個反戰措施的副作用是會讓人類無法發展星際旅行。讀者可能會想，如果問到這個宇宙真正的大師艾西莫夫，他應該會無條件選擇星際旅行。

艾西莫夫在沒讀過波赫士的情況下，創造了一個由搞文書和搞官僚的人運作的歧路花園。某個世界分支遭到抹煞，可能表示莎士比亞或巴哈根本從未出生。但時間技師無所謂。他們將這些戲劇和樂曲從時間中抽除，並儲存在檔案室裡。

> 此時此刻，哈蘭站在五七五五世紀最偉大的作家——艾力克・林克萊爾的小說架前，心中千頭萬緒。他數出十五種不同的《艾力克全集》，毫無疑問，每一種都來自一個不同

的現實，每一種都多少有些差異，這點他能肯定。

然而這全是白費心機。政黨官僚有他們自己的波赫士巴別圖書館，而且不過一個儲物間那麼大。

既然面前大大展開了一幅歷史全景，永恆者沒什麼理由還思考過去。全都只有未來、未來、未來——又或者那就等於是現在？在這裡談論「現在」，到底又有什麼意義？我們一直都弄不清楚。徒勞修補現實的工作只是一昧繼續，成為一個永遠都在進行中的任務。

但還是有些怪咖，我們的主角哈蘭就是怪咖。他把業餘嗜好花在「時間力場」發明以及永恆管理局建立前的時代。他們將這些古老的時代稱為「遠古時代」，而且在所有世紀中，沒有一個比二十世紀更令他們著迷。哈蘭收集的是遠古時代的書籍：

基本上都是白紙黑字的實物。他有成卷的H．G．威爾斯著作，還有莎士比亞的選集，一些殘破的歷史書。而最棒的收藏是一套完整的古代新聞雜誌合訂本。這套雜誌幾乎塞滿了他的倉庫，但出於感情層面，他無論如何都捨不得把它們壓縮到縮微膠卷裡。

遠古時代的歷史被鎖了起來，那裡是永恆者不可更動的。「像是看著歷史靜止不動，好像凍結了似的！」哈蘭非常喜歡一首詩裡的句子，詩中說「書寫的手移動著」寫下文句，沒有停留，只是繼續往前。滑鐵盧之戰只有一個結果，永遠不會改變。「那是它最美的部分。不管我們這些人做了什麼，它都堅毅不移，就好像一直以來都在。」這感覺實在太妙不可言，該處的科技也一樣：「在遠古時代，自然產成的石油分餾物是主要動力來源，而同樣也是來自大自然的橡膠則拿來包覆車輪。」最迷人（也最可笑的）就是古老先祖看待時間的角度。他們怎麼可能期待當時的哲學家理解這一切？某位資深計算師與哈蘭進行了一次哲學上的討論：

「我們這些身處永恆時空的人早就知道時間旅行的奧祕，不會受到這些問題困擾。但你那些身處遠古時代的人卻對時間旅行一無所知。」

「遠古時代的人其實對時間旅行沒什麼概念，計算師。」

「所以認為時間旅行不可能，是嗎？」

想像一下——世上竟然有對時間旅行完全沒概念的人！真是夠遠古的了。這少之又少的例外狀況是披著「推測」的外皮現身的。不是來自認真的思想家或藝術家，而是「某種類型的逃避文學」，哈蘭如此解釋道。「我對這些還不夠熟，但我相信有個反覆出現的主題，主要講一個回到過去、殺死自己年幼祖父的人。」沒錯，又來了。

永恆者熟知一切悖論。他們有句老話：「時間之中沒有所謂悖論，但那只是因為時間會自發性避開悖論。」只有在你還太天真、還會預設「符合常理的現實」真的存在，並把時間旅行當成後來才出現的事物，然後擺進時間之中，這個祖父悖論才會出現。「我敢肯定，」計算師說，「你那些遠古時代的人一直都把現實當成永恆不變的。我說得對嗎？」

哈蘭並不確定，以下又是逃避現實的文學作品。「我沒有十足的把握回答您的問題。我相信那些人曾經提出過許多猜測，或許也包括了現實中演化的路徑可以調整，或是平行時空的概念。」

呿，計算師說。那是不可能的。「不可能，要是沒有經歷過真正的時間旅行，那些跟現實有關又難以理解的複雜哲學理論，根本超出人類可理解的範圍。」

他說得有理。但也低估了我們這些遠古時代的人。我們有充足的時間旅行經驗——整整一個世紀。時間旅行打開了我們的眼界。

*

也許艾西莫夫是以樂觀角度動手寫下這篇寓言的。他想像著一群睿智的督導者齊聚一堂，可以將人類左一點、右一點地輕推到好的道路上，並且引導我們遠離核子危機——這個存在一九五〇年所有人心底的陰影。一如威爾斯，他是一名理性主義者，是閱讀歷史的人，是社會進步的信徒。他似乎與主角——時間技師哈蘭——共享著這份滿足感，感覺到「現實是某種具有彈性、質地纖細的東西，是像他這樣的人可以握在自己掌中、塑造成更好形貌的物品。如果真是這樣，艾西莫夫的樂觀主義其實無法維持太久。故事很快急轉直下。我們開始看到這些永恆者不只是狹隘庸俗，甚至可稱得上是禽獸。

言而總之，還是有個女人。差不多就跟威爾斯的時間機器中那位來自未來的女孩韋娜一樣，哈蘭遇見了諾伊，「來自四百八十二世紀的女孩。」（「哈蘭也不是從沒在永恆時空裡見過女孩。不至於如此，雖然少，但畢竟是見過的。可是他從來沒有見過這樣的女孩！」）她有柔亮的頭髮，「曼妙的身材」，牛奶般白皙的皮膚，和一些會發出叮噹聲響的首飾，讓人忍不住注意到的好看胸型。她被指派到永恆管理局擔任某種約聘祕書，很明顯腦袋不靈光。哈蘭發現自己不得不對她解釋許多最基本的時間概念。而她，則試圖教導他性方面的一切——對於這點，他非常無知，因為他本人對這件事帶有偏見。

有段時間，諾伊似乎是整個劇情中微不足道的小配角，只是引發某些爭端的源頭，是永恆管理局權謀鬥爭的一環。痴迷於她的哈蘭失控了，急匆匆地把她帶進時空壺，他們一同疾速上升。「諾伊，我們要去未時。」「那個意思就是未來，是不是？」他把她藏進文學史中最詭異的祕密愛巢裡：一一一三九四年某條荒蕪走廊上的一個空房間。他在那裡花了非常多時間解釋一切。他得解釋現實變更，他得解釋計算師、「物理時間」與真正時間的相互對照。她求知若渴地聽著。「我覺得我永遠沒辦法弄懂。」諾伊嘆口氣，雙眼閃現「純然的渴慕」。

最終，他向她解釋自己為何要帶著她一起回到過去，回到永恆管理局創建之前——也就是遠古時代。他們發現自己來到一個人口稀少、位於美國西南的地方。「……來到一片寂靜無人的崎嶇山區，迎面而來的是午後的燦爛陽光。一陣微風吹過，有些涼，不過最顯著的感受還是寂靜……光禿禿的岩石……黯淡的彩虹色光芒……周圍一個人都沒有，連一點有生命的景象都沒有。」

哈蘭認為自己是在保護永恆的存在：關閉這個迴圈，才能保證迴圈的建立。但有個意料外的事情發生了：諾伊自己也身負重任。她不是韋娜，她是間諜——來自連永恆者都想像不到的未來——那是一個他們還沒有辦法刺探的時代，也就是所謂的「隱藏世紀」。

現在換成諾伊要解釋了。她的同胞（也就是隱藏世紀的人）看見人類歷史的全景——更甚，他們看見一張融合了各種可能性的織毯。這些人彷彿親眼見到了另一種現實：「某種不可能存在的幻影世界。那裡有許許多多潛在事件，玩弄著各種『如果』（might-have-been）和『萬一』（if）。」至於哈蘭非常尊敬的那些永恆者，她認為這些多管閒事的傢伙不過是一群瘋子。

「瘋子！」哈蘭忍不住爆發。

「難道不是嗎？你不是跟他們很熟？你自己想想！」

根據那些來自隱藏世紀的未來智者，永恆者不斷進行的瑣碎修補毀了一切。他們的「手動微調方式把世界弄得很不正常。」由於要搶在災禍發生之前先發制人，這樣一來，只能在危機與不安中獲取的成就就永遠不會出現。永恆管理局尤其堅定地要避免核子武器技術的發展，但付出的代價則是遏止了任何星際旅行的可能性。

所以，諾伊是一個肩負改變歷史任務的時間旅人，而哈蘭是她棋盤上對真相毫不知情的小卒。她領著兩人踏上一趟前往遠古時代的單程旅行，為的是要影響現實變更的情況，以終結所有的現實變更。她會讓人類製造第一次的核子爆炸——就在一九四五年。她會阻止永恆管理局的創立。

但時間技師哈蘭還是擁有快樂結局：儘管諾伊不像外表裝出來的是個天真少女，但她真的愛他。他們將會幸福快樂地生活下去，並且「子孫滿堂，而人類將會持續存在，直到飛入星空的那日到來。」那麼，現在我們就只剩下一個疑問：為什麼一個來自隱藏世紀的超人類女性，明明成功地將人類導向能夠前進浩瀚銀河的路徑，卻要跟這個倒楣的安德魯．哈蘭安度餘生？

關於永恆的疑問還是太多。那是一個神聖不可侵犯的概念，是一種神恩浩瀚的狀態，而且超然時外。在短短幾百頁中，艾西莫夫將這個狀態轉化成一個**地方**——在「時間」之外，但配置了電梯井和儲藏室，以及一批身穿制服的後勤工作人員。初來乍到的人是受邀前來，別無其他可能。突然之間，這變得很不入流。然而，對不信神的人來說那裡還會有什麼呢？誰有駕馭時間的能力？當然是魔鬼了。

若我們的行為能跳脫時間，我們便能將永恆塞入一小時中，或將一小時延展成永恆。

根據拜倫和他那非常有公信力的來源，那便是路西法了。《路加福音》第四章第五節：「魔鬼又領他上了高山，霎時間把天下的萬國都指給他看。」美國黑色幽默作家馮內果（Kurt Vonnegut）在創造《第五號屠宰場》的特拉法馬鐸人（Tralfamadorian）時一定對這句很有印象。可愛的綠色小外星人在第四維度體驗了現實：「所有瞬間——過去，現在和未來。過去一直都在，未來也會一直在。特拉法馬鐸人可以看見所有不同的瞬間，就如同我們可以看到洛磯山脈延伸的山勢。」永恆跟我們處於不同世界。我們可以渴求永恆、可以想像永恆，但無法擁有永恆。

如果我們要以文學的方式來談論，那麼就沒有什麼東西是**超然時外**的。艾西莫夫結束故事的方式就是讓這件事失去效力。誰有特權改變歷史？時間技師不行，只有作者可以。在前述內容的最後一頁——我們所遇見的人，一路走來慢慢開展的故事——都被大筆一揮、全數抹去。重寫歷史之人自身也被刪去，毫無影蹤。

9 被埋藏的時間

因此，在未來（它是過去的姊妹），我可以看到目前坐在這裡的我，
但其中反映的卻是未來的我。

——愛爾蘭作家詹姆斯．喬伊斯（James Joyce，1882-1941）

《科學人雜誌》一九三六年十一月號將讀者帶到了未來：

時間是西元八一一三年，一項重大宣布讓所有廣播頻道和全世界的電視放送系統都暫時停下……這是一條對全世界都很重要、非常值得關注的報導。

（很顯然，全世界所有互通的頻道「想暫停就可以暫停」，不成問題。）

全世界每家每戶電視的影像聲音接收系統都播放著整起新聞的來龍去脈。在北美大陸東岸，阿帕拉契山脈附近，有一個自西元一九三六年起就封起來的地下室。其中的內容物都被小心翼翼地看守著，而今日就是打開封印的日子。來自四面八方的重要人士都聚集在

此，等著親眼目睹打開封條的一刻，對屏息以待的世界揭露那古老且幾乎遭到遺忘的人類文明。

所謂古老且幾乎遭到遺忘的，就是一九三六年的美國文明。這段浮誇的短文所下的大標為「從今日，到明日」，寫的人叫湯威爾・雅各斯（Thornwell Jacobs）。他是一位前神職人員和廣告媒體人，時任奧格爾紹普大學（Oglethorpe University）校長。這是一所位於喬治亞州亞特蘭大的長老教派學院。奧格爾紹普大學於內戰時期一度關閉。雅各斯與這一代的土地開發業者合夥，重新創校。而現在，他正大力宣揚自己的想法（《科學人雜誌》「大力贊同」）：他要造一個文明的地窖（Crypt of Civilization）。地窖必須防水，並且要蓋在他校園中的行政大樓地下室，而且完全封死。雅各斯同時也是一名老師：他的宇宙史課程是奧格爾紹普大四生的必修課。由於他不認為奧格爾紹普大學會永遠存在，所以提議地窖應該「與聯邦政府立下契約，委託其繼承者、受讓人及後繼者負責保存」。那內容物是什麼呢？是記載了這個時代所有「科學與文明」的紀錄，鉅細靡遺，一點細節都不能漏掉。要包含一些特定書籍——尤其是百科全書，還有保存在真空、惰性氣體，甚至是微縮膠片（「縮小尺寸保存在電影膠卷上」）的報章雜誌。要有日用物品，例如食物，「最好還要有口香糖」。縮小的汽車模型，「也要有完整的美國首都模型——畢竟這地方很可能在六、七個世紀後就會完全消失了」。

《時代》雜誌和《讀者文摘》相中這報導，而華特・溫契爾（Walter Winchell）在他某回的廣播節目中大肆宣傳。隨後，這個地窖在一九四〇年五月的一場儀式中竣工。不知怎麼，這個把東西「埋起來」的動作吸引了大眾。美國無線電公司的大衛．沙諾夫（David Sarnoff）表示，「從現在開始，全世界都會開始把文明埋進土裡。我們把東西放在這地窖，留給你們。」合眾社（The United Press）旗下的刊物如此報導：

> **喬治亞州，亞特蘭大，五月二十五日**——今日，他們將二十世紀埋入土中。米老鼠、一瓶啤酒、一本百科全書以及一本電影雜誌。隨著數以千計足以描繪我們現今生活型態的物品，一同沉睡於六尺之下。

把文明埋起來？把二十世紀埋起來？這個世紀仍繼續在前進，一九四〇年過後，依舊不停地創造出新東西。雅各斯真正想要埋的，是各式各樣的小擺飾。裡頭包含一組兒童木屋玩具、一張錫箔紙、一些女用絲襪、火車模型、一臺烤麵包機，還有收錄了法蘭克林．羅斯福、阿道夫．希特勒、愛德華八世以及其他世界領袖的留聲機唱片。但有些物品必定會引發困惑：「分電器的蓋子」、「煙斗泥的樣本」、「女性胸部模型」全都整整齊齊放在架上，外加一扇焊起來的不銹鋼門，這一切就這樣靜靜擺在安靜的房間，位於現稱菲比．赫斯特紀念廳（Phoebe Hearst Memorial Hall）[86]的地下室裡。

想像一下，等到八一一三年的五月二十八日終於到來，全世界該有多興奮呢？[87]

＊

同時間，喬治亞州的盛事被上北部地區另一個地方搶了風采——一個叫做G·愛德華·潘德里（G. Edward Pendray）的人——此人熱愛火箭，有時還身兼科幻小說家。他在西屋電器公關部工作，並且提出勝過地窖的大絕招——他準備了一個更便捷、外型更光滑閃亮的包裹要送給未來，並在一九三九年紐約世界博覽會（該次博覽會名稱為「明日的世界」）埋入皇后區的法拉盛地底。西屋公司沒有使用一整個房間，而是設計了一顆半噸重的閃亮魚雷，共七英尺長，內部有一根玻璃管，以及銅鉻合金的外殼——那是一種特別的新合金，是可以防生鏽並且經過強化的銅。潘德里一開始想要叫這個裝置「時間炸彈」（time bomb），但在當時，這名字的意義有點不一樣。

所以，他轉念一想，想到了「時間膠囊」（time capsule）這名稱。被膠囊封存起來的時間。在膠囊裡的時間。一個永垂不朽的膠囊。

新聞媒體熱情地包裝這一切——「舉世聞名的『時間膠

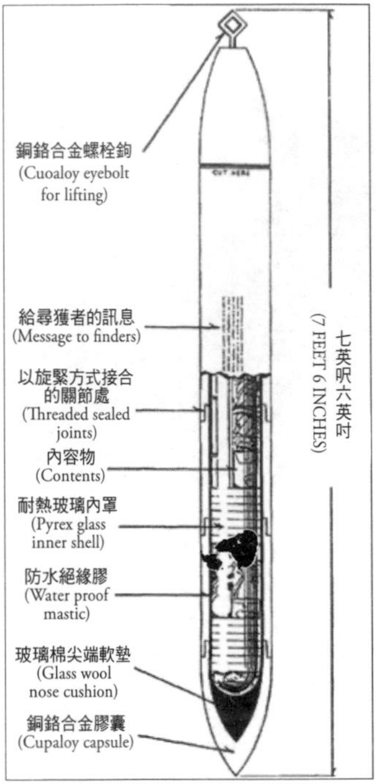

圖10 時間膠囊構造示意圖。

囊』！」在膠囊於一九三八年夏天公開後幾天，《紐約時報》如此稱呼它，「無庸置疑，它的內容物對於西元六九三九年[88]的科學家來說，一定非常難理解——古怪程度可能就跟圖坦卡門墓穴裡的擺飾給我們的感覺一樣。」拿圖坦卡門出來當對照其實挺適合的。第十八王朝的法老墓穴是在一九二二年被人發現，還造成一股旋風：皇室石棺完好無缺。英國的挖掘者在當中發現了珍貴的綠松石、大理石、天青石還有乾燥花（花只要一碰就立刻碎成粉末）。內室找到了小雕像、雙輪戰車、模型船隻和酒瓶。法老那副死亡面具上貨真價實的黃金及藍色玻璃條紋，這形象現在十分具有代表性——另外，還有將過去埋藏起來的想法。

考古學幫助人們去思考未來與過去。楔形文字的石板在黃沙滾滾的沙漠中隱然現身，承載諸多祕密。另一個代表性物品為羅塞塔石碑（The Rosetta Stone）[89]，它正端坐在大英博物館中，數十年來，無人能夠解讀上頭的意義——大家都說那是給未來的訊息，但它的原意不是這

86 以威廉・藍道夫・赫斯特（William Randolph Hearst）的母親命名，用以紀念。

87 為什麼是八一一三年？雅各斯進行了一些命理學的卜算。他認為，目前為止過去的時間是六千一百一十七年——從有歷史記載的第一年開始算起（根據古埃及祭司的曆法，他認為那是西元前四二四一年）。因此，他將一九三六年設定為中間點進行計算，得出八一一三。就一個埋下時間膠囊的人而言，將自己所處的時代想像成歷史的「中間點」是很常見的。

88 一九三九＋五千年。

89 於西元一九六年前製成，刻有古埃及法老王的詔書。

樣的。它的作用像某種速報，是君主下給臣民的法令，也可能是特赦，或減免稅金。別忘了，古代人從沒想過什麼未來，他們顯然不像我們在意八一一三年的人一樣在意我們。埃及人保存寶物與遺體都是為了通往來世的道路，但他們沒有打算等未來降臨面前。存在他們心中的是個不太一樣的地方。然而，不管他們的目的是什麼，最終收下這些遺產的是考古學家。因此，在一九三〇年，美國人開始埋下寶物，並自覺自己是在進行一個「逆．考古學」（archeology in reverse）的過程。「我們是第一個有能力負起未來考古學責任的世代。」雅各斯說。

在世界博覽會上，西屋公司將一千萬個字收入微縮膠卷，用以節省空間。（他們還放了如何做出可閱讀微縮膠卷的工具製作指南。因為時間膠囊已經沒有空間放這工具，所以就先用小型顯微鏡湊合一下。）西屋公司的官方手冊《銅鉻合金時間膠囊紀錄大全》[90]中說，這是「一封寄給未來的信，它的史詩旅程即將開始。」這本冊子經印刷裝訂、成書之後，分配給各大圖書館與修道院保存。這本冊子的文體非常詭異，像是某種仿聖經的散文體，簡直就像在對中世紀的僧侶說話，而不是未來的歷史學家。這本冊子講的全是現代科技有怎樣了不起的成就：

> 透過鋪天蓋地的電線，可傳送肉眼看不見的電力，我們將之馴服、駕馭，拿來照亮我們的房屋、烹煮食物、降低溫度，並潔淨我們的空氣。另外，更能操控家裡及工廠的機器，減輕每日勞動的重擔，更擴大範圍、捕捉空氣中的聲音與樂曲，同時也在大部分的日常工作中施展各種複雜的魔法。

> 我們任意奴役金屬，並且學會該如何按照需求改變它們的特性。我們使用纏繞整個地球的電線和輻射能網絡，得以彼此溝通，並且能夠聽見數千英里外的聲音，彷彿只有數英尺之隔……
>
> 這些事物與祕密、我們這個時代及先前那些天賦異秉的奇才發明了這些神奇魔法，這一切都收在時間膠囊裡。

由於技術上的限制，時間膠囊只能裝下少數悉心挑選的物品：一把滑尺、面額一元的美金硬幣，還有一盒駱駝牌香菸，以及一頂帽子：

> 一如每個世紀的人，我們深信我們的女性是最美麗、最有智慧的，放眼各個時代，亦是最能登大雅之堂的。我們已在時間膠囊中封入現代化妝品的樣品，以及這個時代可單獨穿戴的一件衣飾：一頂女用帽。

90 完整書名為《銅鋁合金時間膠囊紀錄大全，不受五千年時間的影響，完善保存世上所有偉大成就》，一九三九年於紐約世界博覽會埋進土中。

這裡面也有電影膠卷——紀錄大全非常盡心盡力解釋：「會動、會說話的照片，封在這條塗了銀液的帶狀纖維裡。」

有幾位名人受邀要寫點東西給未來的人——不管他們會是誰、不管來自什麼時代——而這些名人的脾氣其實不太好。德國作家湯瑪斯・曼給遙遠未來後代子孫的忠告是：「我們現在知道，所謂『明天會更好』的想法是進步主義中的一大謬誤。」愛因斯坦選擇用以下方式描述二十世紀的人類：「不同國家的人互相殺來殺去，殺戮的間隔不規律，也就是因為這樣，但凡思考未來者，必定活在憂患與恐懼之中。」但是他又帶著希望補充說：「我相信，後世一定會帶著某種驕傲又心有戚戚焉的優越感，閱讀著這些文字。」

當然，雖然被稱為第一個時間膠囊，但這並不是第一次有人想到要把紀念品藏起來。這些很像松鼠的人是天生的囤積者、蒐集者和埋藏者。十九世紀末處於逐漸高漲的未來意識中，「百年紀念」的集會誘發了某種製作類時間膠囊的衝動。一八七六年，安娜・丁恩（Anna Diehm），一位富有的紐約出版人及內戰遺孀，她在費城的百年紀念博覽會上擺了一本精裝皮革相簿，要給數以千計的來訪者簽名。然後，她將簽名用的金製鋼筆、她自己和其他人的照片與相簿一同鎖進鐵製保險箱，題了一段文字留給後世：「這是丁恩夫人之心願：希望這個保險箱能夠保持關閉狀態，直到一九七六年七月四日，再由美國地方治安官開啟。」[91]但是，在這一波為了假想未來所進行的全體文化保存行動（亦稱逆・考古學）中，西屋公司的時間膠囊和奧格爾紹普的地窖的確是第一個。他們成為學者專家口中時間膠囊「黃金時代」的起點里程碑：這個世紀，人類——全世界的人類，而且數量迅速增加中——在土裡埋下上千個膠囊，用意是要將資訊和學養送給未來的未知生物。在威廉·E·賈維斯（William E. Jarvis）的研究報告《時間膠囊：文化史》（*Time Capsules: A Cultural History*）裡，他把這稱為「時間資訊之傳承經驗」。這代表了一種較與眾不同的時間旅行——而愚蠢程度也是與眾不同的。

*

時間膠囊是二十世紀非常具代表性的發明——一臺可悲又可笑的時間機器。它缺少了引擎，哪兒也去不了，只能坐在那兒乾瞪眼。它能夠以龜速將我們的文化一點一滴地傳送到未來——所謂龜速，就是跟我們一樣的速度。它們跟我們一起並肩在時間中前進，同我們的標準速率，一秒抵一秒、一天抵一天。只是我們還要忙著好死賴活、慢慢枯萎。同時間，時間膠囊則是像鴕鳥一樣努力躲避著熵。

製造時間膠囊的人覺得自己把某些東西送往未來，但那充其量只是他們的想像。一如那些買了樂透彩券、寄望能一夕致富的人。他們的確可以夢想那日的來臨，而且一定會成為眾所矚目的焦點。（雖然到時他們早就死了。）「具有國際意義的重要報導。」、「全世界知名人士

91 這浮誇的詭異願望得到了應許：她說服國會大廈將保險箱放到東側樓梯下方的一個儲藏室。一九七六年，一位地方治安官，傑若·R·福特（Gerald R. Ford）收下丁恩夫人的謝禮時，開開心心地擺了姿勢讓攝影師拍照。

齊聚一堂。」廣播頻道全都清空，因為西元一九三六年奧格爾紹普大學的湯威爾・雅各斯博士有重要的事情要宣布。

只要稍微回顧，就會發現他們誤解了祖先的意圖。由於前路不明，他們因此處於不利位置。長久以來，新建大樓的基石下方向來是碑文、硬幣和聖物的存放處。現在，當拆除大隊偶然碰到類似的物品時，就會誤認是時間膠囊，並且找來新聞記者和博物館館長檢驗。例如二〇一五年一月，美、英諸多新聞組織都報導了所謂「美國最古老的時間膠囊」將要被「打開」的事。據說那是保羅・里維爾（Paul Revere）和山姆・亞當斯（Sam Adams）留給後世的。但其實那只是一七九五年亞當斯（後來他成了州長）、里維爾和威廉・斯克利（William Scollay）（他是不動產開發商）出席麻塞諸塞省議會大廈落成典禮，當時捐出的一顆基石。這個紀念物用皮革包裹著——後來皮革當然腐朽了。一八五五年地基修繕時發現了這小東西，後來又再把它埋了回去。這回是放在一個跟一本小書差不多大的黃銅盒子裡，還新加了一些求好運的硬幣。而在二〇一四年，議會大廈的工人發現了這盒子。當時他們正在尋找淹水毀損處。這一次，它被誤認是時間膠囊，而「廣播頻道和全世界電視放送系統」並沒有空出放送時段，但還是來了幾個記者，在博物館文物管理員檢查內容物時錄影：裡面有幾張報紙、一把硬幣、麻塞諸塞州的封條還有一塊題字匾額。從這些東西中可以推斷出什麼呢？美聯社這樣解讀：

如果這個可追溯到獨立戰爭結束不久的時間膠囊算得上某種指引，那麼我們可以得知，古早的波士頓居民認為，發展蓬勃的報業就跟歷史與貨幣一樣重要。

「這難道不厲害嗎？」這是某位檔案保管員說的話。說實話，還真的是一點也不厲害。Boston.com的特派記者路克·歐尼爾（Luke O'Neil）罕見地加了一段語帶質疑的註解：**「最好小心這些來自過去的神奇物品！今天的報紙上這麼說了：例如一張雙面印刷的報紙，還有用金屬做成的貨幣。」**我們無法透過這些物品認識保羅·里維爾、山姆·亞當斯、後獨立戰爭時期的波士頓日常生活，甚至是當時的家具擺飾。但它們本來就沒這打算。總之，館長決定再次用灰泥把它們封起來。

基石的沉澱物跟基石的年歲相去不遠。它們不是要給未來的訊息，而是某種還願奉獻的東西，是某種形式的魔法，或一次性的神聖儀式。丟進噴泉或許願井的硬幣也是某種獻祭。新石器時代的人會把斧幣和黏土偶一起埋進墳墓；美索不達米亞人會將護身符藏進薩貢宮殿（Sargon's Palace）[92]的地基，而早期的基督徒會把紀念品和護身符丟到河裡面，或是嵌進教堂牆壁。他們相信魔法，所以很顯然的，我們也相信。

永恆或天堂（也就是所謂超然時外的死後世界）到底是在何時被未來取代？這不是發生在轉眼之間，有一段時間它們是並存的。一八九七年，維多利亞皇后即位六十周年，米爾班克監

92 亞述王朝的國王薩貢二世在兩河流域建造其宮殿，壯闊宏偉，以彰顯帝國的富裕。

獄（Millbank Prison）舊址上要建新的國立英國美術館（National Gallery of British Art），五個水泥匠用鉛筆在牆壁上寫字：

> 一八九七年鑽禧年六月四日，此建築物由一群辛勤工作的水泥匠建成，希望這個訊息被發現時，水泥匠公會仍欣欣向榮。若您看到此訊息，請告知身處另一個世界的我們，好讓我們向您致敬。

一九八五年，此處變成泰特美術館（Tate Britain），重建時人們找到了這些訊息。它們目前依舊保存在美術館檔案室的膠卷裡。

如果製作時間膠囊的人是想執行逆・考古的過程，那麼他們同時也引發了一種倒錯的懷舊感。對於過往時光的甜蜜懷想——只要在心理上稍微重新調適，我們也可以在自己的時代裡感受這些心情，不需要等待。例如，我們可以用速成的方式製造復古汽車。一九五七年，奧克拉荷馬州五十周年紀念，一輛普利茅斯出品的全新貝爾維迪汽車（它的擋泥板甚至還閃閃發亮）被埋進土爾沙議會大廈附近的一座混凝土地窖。連帶還有一桶五加侖的汽油、一些施麗茲啤酒以及前座置物箱裡一些挺有用的小東西。它預定五十年後出土，並將成為競賽勝利者的獎品——而且大家也真的這麼做了。只不過，要珍藏古董車其實有更好的辦法。畢竟水還是會滲進去。當九十三歲的凱薩琳・強森（Catherine Johnson）和她八十八歲的妹妹莉瓦達・卡尼（Levada Carney）收到車時，拿到的是一團生鏽的鐵殼。但土爾沙市不會認輸，一九九八年，他們又埋下一輛普利茅斯的敞篷跑車，打算再等個五十年。

這波狂熱（也就是「給未來的包裹」產業）逐漸變得煞有其事。公司提供各種樣式、顏色、材質和價格的時間膠囊，簡直跟殯葬業的棺材差不了多少。如果要在上面刻字或是焊起來，則要加收錢。時間膠囊與保管這行業推出個人用膠囊—女性、個人用膠囊—男性、未來一號以及未來圓筒號。「預算不足嗎？我們的**圓筒形時間膠囊**是您最實惠的選擇。永遠都有現貨，膠囊以不銹鋼製作，並預先磨亮、於底部標記『時間膠囊』的字樣。」史密森尼學會（Smithsonian Institution）[93]提供了一份製造商清單，並且給予大家專業提醒：氬氣和矽膠可以，PVC和軟焊劑不可以。而針對電子設備——「電子設備非常棘手。」當然，這是因為跟史密森尼學會的商業模式有關。為了未來，博物館會儲藏並保管這些很有價值和很沒價值的物品。兩者當然有著差別：跟人類文化密切互動的博物館，他們才不會把好東西埋到地裡面。

比起被發現的時間膠囊，埋下去的膠囊數量還要更多。儘管這些人的努力有點難以理解（而且並不存在所謂「官方」資料）。但在一九九〇年，一個熱中於時間膠囊的團隊組織了「國際時間膠囊協會」（Time Capsule Society），冀望弄個登記處，寄件地址和官網都設在奧格爾紹普大學的名下。一九九九年，他們估計全世界大約有一萬個時間膠囊被埋起來，其中

93 美國博物館與研究機構的組織，旗下包含十九座博物館，九座研究中心、美術館、動物園等。

有九千個都「無人認領」——但到底都是哪些人埋的？沒有辦法，相關資訊都成了過往軼事。該組織列出一個地基沉積物，據信是在英國蘭開夏郡黑池塔底下，而且他們表示無論是「遙控探測裝置」或「千里眼特異功能」都找不到，同時佛蒙特的林登鎮好像在一八九一年百年紀念慶典時埋了一個鐵盒，一百年後，林登鎮的官員翻遍鎮上的地窖和其他地方，卻徒勞無功。當《外科醫生》（*M*A*S*H*）這個電視劇完結時，演員想要用「時間膠囊」在好萊塢的二十世紀福斯停車場埋起一些道具和服裝，結果沒多久就被一個建築工人找到——而且他想拿去還給亞倫・艾達（Alan Alda）。做時間膠囊的人試圖把土地當作某種沒整理的超巨大檔案櫃——例如地下室、墓園和沼澤，但他們都沒搞清楚歸檔的第一法則：被拿去歸檔的東西大多再無重見天日的機會。

*

一個被傳送到幾千年前的紐約客，不可能了解他遇到的人說出的任何一個字。倫敦客也一樣不會懂的。那麼，我們怎麼能期待六九三九年的人理解我們呢？創造時間膠囊的人不想擔心語言上的變化（科幻小說作家還比較擔心這件事）。然而，這裡必須獎勵一下西屋公司的團隊，他們的確擔心過要怎麼讓難以想像的未來收件者清楚理解時間膠囊裡的訊息。但如果說他們真的解決了問題，是有點誇大其詞，不過至少他們認真想過。這些人知道，考古學家在羅賽塔石碑有了幸運突破後，整整一個世紀都不斷與埃及象形文字奮鬥。黏土石板和石雕的平靜表面布滿現已失落的文字，而且它們似乎拒絕被翻譯——如「原始埃蘭」（Proto-Elamite）[94]、「朗格朗格」（Rongorongo）[95]以及其他甚至沒有名稱的文字系統。

因此，《銅銘合金時間膠囊紀錄大全》的作者把「通曉英語之關鍵」放了進去，製作者是約翰·P·哈靈頓（John P. Harrington）博士，華盛頓特區史密森尼學會民族學局的一位民族學家，其中包含可幫助發出「一九三八年時的英語的三十三種聲調」的發音口腔圖、一張一千個最常用英文單字的清單，以及涵蓋英文文

圖11 常用英文單字清單的範例。

94 譯注：約出現於西元前兩千五百年的美索不達米亞平原。

95 譯注：於復活節島發現，現已失傳的象形文字。

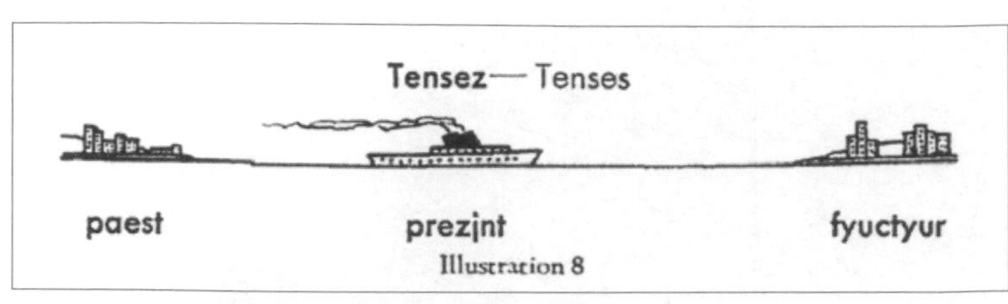

圖12 英文時態示意圖。

法所有重點的圖表。

另外一同收錄其中的是一段謎樣極短篇〈北風與太陽〉，以二十五種不同語言寫成——基本上，這就是讓六九三九年的考古學家能理解我們的小型羅塞塔石碑。裡面還有一幅解釋用的圖畫，標題叫「時態」（Tenses），上面畫了一艘標了「現在」的蒸汽船，它從左側的城市（標註**過去**）開往右側城市（標註**未來**）。

不過，這樣看下來，無論如何都會遭遇「鞋帶問題」（bootstrap problem）。「通曉英語之關鍵」免不了是用英文寫的，並使用印刷字體來解釋發音，更必須透過人體解剖學發出精確的音。那麼，我們想像中的未來友人會怎麼理解以下句子呢？「英語有八個母音（又稱僅靠唇型和口腔共振空間發出來的音）」？

或者這個：「發母音u時，舌頭後根最靠近上顎，近似於子音k。而發i時則是舌頭中間部位靠近上顎，與子音y的位置最像」？誰曉得他們的聲門在哪兒？搞不好根本像鰓一樣，已經退化到完全消失了？

西屋的作者群心中想像的是圖書館員會持續重譯書本，跟上語言進化的腳步。有何不可呢？我們現在不是還在讀《貝武夫》（*Beowulf*）嗎？他們發出誠心的請託（不管這個請託對象是誰）：

「我們請求您，不管是誰讀到這本書，我們都希望您好好珍惜，並且將這本書世世代代保存下去，時時使用在我們之後隨時代演進的全新語言翻譯此書，好讓《銅鉻合金時間膠囊紀錄大全》能履行它的使命，傳遞給之後的人。」他們要是知道這本書在二十一世紀的現在不但再版了，而且還成為公版書，一定會很高興。只要大概十美金就可以從自費出版的出版社買到，亞馬遜電子書則只要九十九美分，網路上更是免費。另一方面，圖書館因為空間不夠，選擇「出售」他們的館藏。我手上的這本一度屬於哥倫比亞大學，後來一路來到俄亥俄州克里夫蘭的二手書商手裡。你說圖書館員是否背棄了身上背負的未來重任？並不是。他們反而是在履行這份責任：他們持續進行去蕪存菁的動作。「我們一面拾起，一面丟棄，像個必須把所有東西抱在懷裡的旅人，」湯姆．史達帕《阿卡迪亞》中的塞普蒂繆斯說：「而我們決定從懷中捨掉的物品，將會被後方的人撿起。這是條非常長的隊列，而生命極為短暫。我們會在行進中途死去，但沒有人或物會落在這條隊伍之外，也就是說，無論落下什麼，都不會消失。索福克勒斯的失落劇本將會一點一點浮現，又或者再次被另一個語言書寫出來。」

然而，到底該如何跟遙遠未來的生物溝通呢？（這些生物無論是外貌或語言，都是未知數。）該專業領域持續關注這個問題。一九七七年，當我們將訊息裝在如航海家一號、二號的膠囊中，由卡那維爾角（Cape Canaveral）[96]送入深太空時，這個問題再次浮上檯面。這些飛行器同時是空間與時間的旅人，路程以光年來計算。它們身上都載有一張金唱片：一片十二英寸的唱盤，以現今已不再使用的技術（「留聲技術」（phonograph），用於一八七七到一九八七年）刻錄上類比訊號。其中包含數十種以密碼編譯的圖片、地球的各種聲音，內容由卡爾・薩根（Carl Sagan）和他的團隊挑選，預計用每分鐘16⅔的轉速播放。但是，就像西屋公司的時間膠囊不夠空間放微縮膠卷閱讀器，航海家飛行器也無法帶上留聲機播放器——但他們倒是丟了根雷射唱針進去，然後在唱盤刻上使用教學圖解。然而，同樣的難題也出現在處理核子廢料的情況中：我們有辦法設計出一個歷經數千年後還能被看懂的警告訊息嗎？加拿大溝通專家彼得・C・范維克（Peter C. van Wyck）如此描述這個問題：「有些推論是心領神會即可。設計出來的符號必須傳達指示、同時也是這個物品的定義——一部教你如何使用影片播放器的影片，一張示範如何發音的發音口腔圖，還有教你組裝、使用雷射唱針和唱盤的聲音教學檔。」假使他們可以成功聽到藏在零點五公釐厚的金屬圓盤那圈長長溝槽裡面，化為聲波的訊息——一定能搞懂DNA結構和細胞分裂的圖示、從世界百科全書（The World Book Ency clopedia）中選出標號一到八的彩色人體解剖圖片、人類生殖器官及受精示意圖，外加美國攝影師安塞爾・亞當斯（Ansel Adams）拍攝的懷俄明州蛇河。同時，他們也可以「聆聽」由五十五個語言念出的問候語（「shalom」、「bonjour tout le monde」、「Namaste」[97]），也有蟋蟀叫和打雷聲、摩斯密碼範例檔還有音樂精選集——例如由加拿大鋼琴家顧爾德（Glenn Herbert Gould）演奏的巴哈C大調前奏曲；保加利亞歌手維爾亞・巴克斯卡（Valya Balkanska）演唱的家鄉民俗歌謠[98]。

總而言之，這便是我們送到深太空和遙遠未來的訊息。

*

人們製作時間膠囊時，忽視了人類歷史中至關重要的一個事實。千百年來，我們集體發展出一種方式——最初比較緩慢，之後速度漸漸加快——用來保存我們的生活與時代的相關資訊，並將這些東西帶到未來。這個方法，我們簡稱為「文化」。

一開始是歌謠、陶土壺及洞穴牆壁上的畫，然後有石板和卷軸、畫作與書本。羊駝毛線的繩結記下印加曆法的數字，另外還有稅金收條。這些都是外部記憶，是生物學層面以上的延伸，像是一種精神上的義肢。接下來，出現了可以保存這些物件的空間：圖書館、修道院、博物館還有劇團和管絃樂團。他們可能會認為自己的任務屬於娛樂面或精神層面的修煉，又或是對美的讚頌，但在同時，他們將我們最具代表的記憶一代又一代地傳遞下去。我們很清楚，這些文化團體便是某種可分類存取的系統。這種機制不算可靠——既無組織又斷斷續續，易失敗、易缺漏。它們必須使用某種密碼，而密碼需要人來破譯。但話又說回來，不管是材料是石頭、紙還是矽，文化這個東西在技術層面就是有耐久性，而這是有機生物怎麼也做不到的。我們就是用這樣的方式讓後代子孫了解我們。相較之下，近代那些膚淺的時間膠囊完全像是不知

96 譯注：位於美國佛羅里達，是知名空軍基地與太空中心。

97 譯注：依序為：希伯來語的「你好」，法語的「各位好」，印地語的「你好」。

98 譯注：比如〈Izlel je Delyo Haydutin〉，又名為〈Delyo the Hajduk Has Gone Outside〉。

哪兒冒出來的詭異餘興節目。

做時間膠囊的人認為，靠著高風險又曇花一現的人類機構（如博物館和圖書館）太天真了——在我們的時代，使用晶片和雲端資料庫更是虛無縹緲的方式。如果世界陷入一片黑暗，維基百科，甚至大都會美術館能有什麼用？他們相信自己的眼光才更長遠。人類文明崛起又衰落——這裡的重點要放在**衰落**（fall）二字。從青銅時代的米諾斯（Minoan）[99]和邁錫尼（Mycenaean）[100]文明，再到我們所生存的現代人類文明，它們之間沒有太直接的相互影響力——沒有連貫性，沒有集體記憶，只是時間之海上的幾座小島。於是我們轉而尋求在墓坑中的箭頭、碎骨和破掉的陶土壺。他們建造自己的宮殿、繪製壁畫，最後這些都消逝、隱匿。黑暗再次降臨。我們挖出他們的遺骨，但考古學家發現的歷史碎片都是意外所致。若非天降災禍，也無法將龐貝日常生活凝結、保存成一幅栩栩如生又帶著悲劇色彩的「真人」畫像，容後世瞻仰。製作時間膠囊的人們則希望別弄到天降火山灰與浮石的地步。

儘管經歷了千年，跟那些不會留存記憶的生物相比，人類發展成完全不同的種族。那些生物散於各處群居，也沒有文字系統。我們可是一群相親相愛又熱愛蒐集資訊的動物。大多紀念物都被保存在博物館，而非基石底下，硬幣蒐藏家和其他收藏者也不斷挖掘更多古物。如果要保存舊車，古董車蒐藏家的車庫比起水泥地窖好得太多了。那玩具、陳年啤酒呢？這些東西有特別的博物館可去。

而知識，那就是我們可以掌握的資源了。亞歷山大圖書館（Library of Alexandria）[101]燒毀時，真的是嚴重到不行的大事，但現今這樣的地方成千上百，每座都擠得快滿出來了。我們發展出人類種族的記憶，到處留下自己的足跡。也許末日的確會來——當大規模流行病、核子大毀滅，或者我們自作自受造成全球生態系統大崩壞，我們自滿的科技治國論將一敗塗地——到時，我們所留下的遺跡將會龐大得驚人。

人們把東西存到時間膠囊，是試圖要停住時間——清點現有物品、凍結此刻、阻止頭也不回、衝往未來的驚人態勢。過去似乎已成定數，但記憶、造成記憶的事實或過程，則永遠都是動態的。這個生物論（biological version）也可以實際套用在我們的集體記憶上：當國會圖書館承諾要歸檔儲存每一則推特訊息，究竟是在真實的時間軸中創造出波赫士式的悖論，還是一座持續建造中的巨大陵寢？

*

「但唯有在灰燼中，故事才能延續，」熱那亞詩人艾烏格尼歐・蒙塔萊（Eugenio Montale）寫道。「除了消逝的事物外，其餘皆無法長存。」當未來的考古學家在堆積大量謬

99 譯注：發源於愛琴海地區，主要集中於克里特島。

100 譯注：發源於希臘，大多古希臘文學與神話皆是在此時期誕生。

101 譯注：位於埃及亞歷山大，曾是世上最大的圖書館，但因發生火災，全數摧毀。由於沒有任何遺跡實物留下，已經無法了解圖書館原貌。

語的史料中讀到我們留下的一切，並不會把希望放在奧格爾紹普大學的地窖，或之前埋在皇后區法拉盛泥土裡的時間膠囊。總而言之，我們會用盡全力，不斷改版留下來的這一切。史坦尼斯勞・萊姆（Stanis aw Lem）在一九六一年於波蘭出版的末日後圖像小說《浴缸中的記憶》（*Memoirs Found in a Bathtub*）裡，對此有著非常清晰的想像。在這故事中，浴缸等於某種時間膠囊。它是大理石材質，「像座大理石棺，」位於深深的地底下，那裡有著許多錯綜複雜的走廊（很顯然是卡夫卡設計的）。[102]它被埋在地底的設定多少有點預言意味。大概一千多年後，未來的考古學家把它挖出來，在裡面找到一對人類骸骨及一張手稿：「世紀與世紀間的深淵彼端有個聲音。它對我們說話，它是失落的安默卡大地最後的居民之一。」

然後，這些未來的考古學家（或「歷史學人」〔histognostor〕）做了個虛構的學術介紹，解釋了整個情況。所有人都知道，地球歷史的轉捩點被稱做「大崩壞」（Great Collapse）：「這起持續數周的災難將數世紀以來的文化成就破壞殆盡。」引發大崩壞的原因是一連串的化學效應，幾乎在轉瞬間消滅了一種非常特別的物質，而且這起災害是全球性的——「一種鬆軟的白色物體，是由植物纖維造出的東西，會先捲在筒狀物上，然後切成四四方方的一片片」——稱為「滓」（papyr）。滓差不多算是唯一能記錄知識的方法：「各種資訊都使用深色染劑壓印其上。」當然（歷史學人好心提醒讀者），現在我們有超記憶和數據具象化技術，但原始文化對於這些現代技術完全一竅不通。

沒錯，人造記憶總有最開始的時候。但這些機器非常巨大、笨重，不管是操作或維護都非常麻煩，而且使用的途徑非常限縮、狹隘。它們被稱為「電子腦」（electronic brain）。這個名字太浮誇，只有以歷史角度去檢視才得以理解。

全世界的經濟體系完全是靠「滓」來管控。不管是教育、工作、旅行或金融——當滓化為灰燼，上述一切全陷入無秩序狀態。「城市陷入恐慌，人們的身分被剝奪，失去生存的意義。」大崩壞後，人稱「混亂紀元」（Chaotic）的黑暗時代來臨。四處流浪的人們拋棄都市，各種建設都暫停了（因為沒有藍圖）。文盲與迷信變成世界常態。「人類文明越複雜，」考古學家在此註記，「維持資訊流動一事對文明而言越不可或缺。因此，要是資訊的流動受到任何干擾，文明就更加不堪一擊。」現在，乃至於未來的數個世紀，無政府狀態大行其道。

這個遠未來的宇宙考古觀點採用的是稍微近未來的敘述口吻，所以我們一定能心領神會。這些訊息是在滓快要用盡的最後時刻寫成的。這名敘事者似乎是個充滿困惑的一般人，擔任一團偏執軍人的嚮導。我們這些讀者心中一清二楚，這些寫下的文字將帶讀者走向何等悲哀的

102 「我再次獨自走在這無盡的走廊上。這些走廊不斷分支又聚合：走廊有令人眼花的牆壁，一整排發光閃耀的白門……前方不知何處埋伏著一座看不見盡頭的迷宮——這我很清楚——而且我漫無目的地遊走也同樣沒有盡頭。走廊、大廳和隔音的房間織成網，個個都準備著要把我吞吃入腹……這念頭令我整個人倏地冷汗直流。」

命運。當我們看到以下畫面時，必然會露出冷笑：辦事員在索引卡上蓋下「機密文件」字樣、文件滾下郵件輸送槽、信封衝過氣送管、折了頁角的資料夾消失在金屬保險箱、紙帶（Paper tape）[103]像蛇一樣不斷從電腦爬出。我們不可能認不出自己的世界。

這個敘事者在迷宮中漫無目的、越走越深入，不小心撞見一個塞滿書的房間：「蒼白無色、就要化成粉末」的書擺在滿布灰塵又下陷的架上。這是圖書館。有個走路拖著腳、臉上戴著眼鏡的禿頭鬥雞眼老人，他似乎是這裡的老大。他有一疊綠色、粉紅色和白色目錄卡（看不出排序），塞在「一列列看不見盡頭的抽屜上，標籤以黃銅框架框起來。」在某張桌子上，敘述者找到一冊厚重的黑色百科全書，書是翻開的——「原罪——分支為知識與誤識的世界」（*ORIGINAL SIN–the division of the world into Information and Misinformation*）。這裡只有寥寥幾顆沒有燈罩的電燈泡劃破黑暗，敘述者搖搖晃晃、頭暈目眩。他完全被書的發霉惡臭擊潰。「好幾世紀的衰敗散發出濃厚且令人做嘔的氣息。」老圖書館員不斷把蓋滿灰塵的巨冊遞給他：《基礎解碼》（*Basic Cryptology*）、《自我犧牲》（*Automated Self-Immolation*）。「啊，是《人類犯行》（*Homo Sapiens As a Corpus Delicti*），了不起的作品，了不起啊……」等他終於逃出這座簡直像是存在於妄想世界的夢魘圖書館，他覺得自己如同剛從一座屠宰場走出來。

他茫茫然疲累不堪，不斷尋找一些命令或指示，但眼下什麼也沒有。「也因此，未來之於我仍不可知，」他自嘲地說，「還沒被寫出來，沒在任何一本筆記本上。」但我們知道，他的終點站（也就是浴缸）正在靜靜等待著他。他本人就要成為一個時間膠囊了。

103 早期電腦會使用打孔的紙帶傳輸資訊。

10
倒轉

在時間的旅途上並無羅盤。我們的方向感只要來到無法畫出地圖的維度裡，就等同迷失在沙漠的旅人。

——英國作家格拉罕．史威福特（Graham Swift，1949-）

如果你有機會搭一次時間機器，你會往哪個方向走？

是未來？還是過去？想要往前還是轉身往後？（「羅絲．泰勒，妳告訴我，」超時空博士說：「妳想往哪邊走？在時間之中，想要往後還是往前？妳來選擇。想選哪個方向？」）你會比較想去一身古裝的歷史時代劇場景，還是超高科技的未來世界？我想應該會分成兩大類，各個陣營裡都有樂觀主義和悲觀主義。疾病是頗需要注意的問題，如果你要去一個對黑人或女性而言特別危險的時代亦是如此。但話又說回來，有些人能在樂透彩券、股市和賽馬場中看見商機，有些人只想重新感受過往美好。許多選擇轉身向後的旅人則是受到悔意驅使——因為過去犯下的錯，或曾錯失機會。

你可能會想知道一下遊戲規則。有安全保障嗎？可以帶任何東西回來嗎？104在最後的最後，如果對你來說不只是換換衣服而已，大概可以帶回體悟和記憶。你會是被動的觀察者，還是有能力改變歷史行進的道路？如果你改變歷史，歷史也會改變你嗎？「是歷史讓你成為了你，」二〇一六年，德斯特・帕莫（Dexter Palmer）的小說《版本控制》（*Version Control*），有個坐在扶手椅上的哲學家說了這句話。「如果你透過時間旅行回到過去，就再也沒辦法成為現在的你了。你將會擁有不一樣的歷史，而且會變成另外一個人。」這麼看來，規則似乎不斷在變動。

雖然後來威爾斯不只出版一本世界歷史題材的書籍，而是兩本，但他卻完全沒有興趣將時間旅人往後送。他只是一路向前衝——然後再向前，直到時間的盡頭。但其他作家沒花費太久時間，立刻看到其他可能性。伊迪絲・尼斯比特（Edith Nesbit）是威爾斯的一個英國朋友，也是一位思想前瞻且自由的社會主義者。然而，在她有機會寫作時，她想一探究竟的地方則是過去。她用了一個不會讓性別成為問題的筆名：「E・尼斯比特」（E. Nesbit）。這位作者往往被歸類為童書作家。而在好幾代之後，美國小說家戈爾・維達爾（Gore Vidal）對這個分類提出異議：她書中的主角也許是小孩，但不要被騙了，小孩並非她想像中的讀者。他將她與路易斯・卡羅爾拿來比較：「一如卡羅爾，她有能力刻畫出充滿魔法的世界與倒轉的邏輯，而且完全原創。」他認為她的名氣應該要更大才對。

威爾斯時常前去她和丈夫修伯特・布蘭（Hubert Bland）的家中。他在心中認為她是所謂「喜怒無常的妻子」，在她身邊的則是「八股好辯的頑固丈夫」。他認為修伯特是個騙子，沒有伊迪絲那麼聰慧，撐不起一個家（她用寫作來支撐家計），而且還是個拈花惹草的人：「心

圖13 E．尼斯比特照片。

中震驚的訪客漸漸明白，這家中大多的孩子並不屬於E．尼斯比特，而是布蘭四處採花後的結果……」[105] E．尼斯比特成為最早探索時間旅行新可能性的幾位英國作家之一。她沒有把時間花在科學理論上，因為她不搞機械，只用魔法。而當威爾斯往前看，她則回顧後方。

她的《護身符的故事》（*The Story of the Amulet*）是部相當奇妙的作品，寫於一九〇六年，故事始於四個孩子——瑟瑞兒、羅伯、安西亞和珍——他們正沒精打采地度過一段漫長的夏日假期。四個孩子跟著老保母一起被留在倫敦，父親人在中國東北的滿州，母親則在非洲的馬

104 意見真的是各式各樣。美國編劇、導演詹姆斯．岡恩（James E. Gunn）說：「你是赤裸的，因為你什麼都帶不走，就像你什麼都留不下。這是時間旅行原本就有的兩項守則。」

105 「……負責管理這個家的好朋友、好伴侶，是這兒一個孩子的母親。那麼年輕的小姐，總是全神貫注地打著羽毛球，她是臣服於修伯特天生魅力的最後一個俘虜。這一切，E．尼斯比特不僅憎惡，還隱忍退讓，但是……我卻覺得實在非常有意思。」話說回來，威爾斯除了自己的太太之外，也跟許多女人生下小孩，而且可能與布蘭的其中一個私生女發生過關係。自由戀愛啊，自由戀愛。

德拉。他們被剝奪了自由，但準備要進行一場大冒險。

他們住在布魯姆斯伯里[106]，「恰好位於一個沙坑和一個白土坑中間，」也就是說，他們用走的就能到大英博物館[107]。在世紀交替時期的倫敦，大英博物館是世上絕無僅有的機構，它是一座寶庫，裡頭裝滿英國海上殖民者和海盜從各地奪來的古物。有埃爾金大理石雕塑（Elgin Marbles）——該名稱來自一位從雅典衛城偷走雕塑的蘇格蘭伯爵，也有唯一現存於世的貝武夫原版畫。參觀者可以走進長長的展示走廊，並詳細檢視放在基座上的羅塞塔石碑。這座博物館是通往過去的出入口，透過這扇時間之門，古老的藝術品因時光而磨損的身軀可延伸至現代：來自土耳其士麥那（Smyrna）的青銅頭像、埃及的木乃伊棺木、由沙岩雕成的人面獅身像還長了翅膀、從亞述陵墓洗劫來的飲酒容器，以及以失落語言寫成的象形文字祕密。

如果瑟瑞兒、羅伯、安西亞和珍能從這些時代全混在一起的物品學到一些什麼，那麼成年的英國人也可以——過去和現在以詭異的方式交雜糾纏，各個文化跨越世紀鴻溝相互曲解。除了博物館外，當然也有交易過往遺物的店鋪。例如「古玩」和「古董」——這些店大多分布在華多街（Wardour Street）、孟矛斯街（Monmouth Street）、老龐德街（Old Bond Street）和新龐德街（New Bond Street）。這些實際的物體因經歷時間洗禮變得毀損或破舊，它們裝了祖先的瓶中信，渴望告訴我們他們是誰。「古董就是蒙上汙痕的歷史——或說是歷史的殘餘碎片。它們因緣際會逃過了時間的魔爪。」培根這麼說道。一九〇〇年，倫敦已成為古董交易的世界中心，超越巴黎、羅馬、威尼斯和阿姆斯特丹。尼斯比特的那群孩子走過查令十字路附近的一家古玩店，並在那裡發現一個小小的紅色幸運符，那是閃亮石頭做的護身符。它想要告訴他們一些什麼，那東西上面有著魔力。在他們還來不及注意時，已踏上前往另一個國家，也就是**過去**的旅程。

但首先，有些聽起來很科學的資訊可以幫助他們理解：

> 「你沒搞懂嗎？那個東西存在於過去。如果你也在過去，那就可以找得到了。要說到讓你懂實在很難，但時間和空間只是一種思考的形式。」

尼斯比特當然讀過《時間機器》。在故事後段，她的主角的確短暫地探訪了一下未來（利用大英博物館當出入口）。他們發現了某種類型的社會主義烏托邦，到處都乾淨發亮、平安快樂、井然有序……但可能是有點過頭了。而且他們還遇到一個叫威爾斯的孩子，「名字取自那個偉大的改革者呀——你一定聽過**他**吧？他活在暗黑世紀。」就這麼短暫的一次例外。之後，真正的冒險歷程又將他們帶回**過去**（為求恭敬，這兩個字一定要加粗）。他們發現自己身在埃及，那裡的小孩穿的衣服不值一提，而且工具都是用燧石做成，因為此時沒人知道鐵是什麼。

106 譯注：大英博物館就在布魯姆斯伯里街上。

107 謹將本書獻給大英圖書館最頂尖的埃及古物學家，瓦歷斯・布奇（Wallis Budge）。

他們去了巴比倫，在皇后的宮殿中見到了她本人——那座宮殿以金銀打造，有一道道的大理石階，還有美麗的噴泉和有著刺繡花紋坐墊的王座。她暫且停下把人丟進監牢的指令，拿出冷飲招待這些時間旅人。「我非常非常想要跟你們聊聊，順便聽聽你們那個偉大國家的一切，以及你們到底怎麼來到這裡的——每一件事我都想聽。但我每天早上必須先主持一下公道。你們說，是不是很無聊呢？」隨後，他們又前往另一座古老大陸亞特蘭提斯：「巨大的陸塊就這麼消失在海中。你可以從柏拉圖作品裡面讀到。」他們發現藍色的大海在陽光下閃閃發亮，尖端白白的浪頭與大理石防波堤相疊，人們騎在巨大又毛茸茸的長毛象上四處走——這些大象跟他們以往在倫敦動物園看到的溫和品種不太一樣。

考古推動了想像文學。尼斯比特起先並不打算發明時間旅行這個次文類，因為她無法預知未來，但總之她是這麼做了。同時間，也是一九〇六年，印度裔英國作家吉卜齡（Joseph Rudyard Kipling）出版了一本歷史奇幻小說《普克山的小精靈》（*Puck of Pook's Hill*），裡面有刀劍、有寶物，還有藉著故事魔法穿越時間的小孩。奇幻作家C．S．路易斯（C.S. Lewis）還只是愛爾蘭一個普通的小男孩時，讀到了尼斯比特的《護身符的故事》。「它打開了我對古器物的視野——『黑暗的過去，時間的深淵』。」

從這時算起，五十年後便出現了《皮巴弟先生之不可思議大歷史》（*Peabody's Improbable History*），這個電視卡通最初是在《鹿兄鼠弟》亮相。皮巴弟先生是一隻能進行時間旅行的米格魯，他和他領養的男孩薛曼乘坐簡易時光機「WABAC」回到吉薩金字塔還在興建的時候，前去拜訪埃及豔后、亞瑟王、尼祿大帝、哥倫布和牛頓（而且就正好在他的蘋果樹底下）。時代錯得亂七八糟，但這種歷史教學超級好玩。[108]後來又出現一部邪典電影，《阿比阿弟的冒險》（*Bill and Ted's Excellent Adventure*）。歷史被兩個「連拼字都拼不好的傢伙『重寫』了」。有些穿越來的觀光客只是隨便逛逛，有的則是認真要去研究歷史的。

那些孩子（瑟瑞兒、羅伯、安西亞和珍——以及小男孩薛曼）想回到過去看看那些名人的知名事蹟。這些孩子就代表渴望知道過去發生什麼事的我們。當那分渴望只有部分得到滿足，似乎就燃燒得越發猛烈。進步的科技越是能留存、再現我們當下感受的一切，那道將我們與失落過往隔開的未知迷霧就越讓人痛苦。影音具象的過程讓我們知道自己錯失了什麼。在尼斯比特的時代，攝影取代了雕塑和肖像畫，影像被凝結在某一瞬間這件事，本身便散發出某種魔力。在那之後，狗狗皮巴弟先生的角色設定當然是新媒體（也就是電視）的專家。如今，每一個現代歷史學家和傳記作者都有股衝動：要不是現在還做不出真正的時間機器，否則好想把錄影機送回過去啊！送到牛頓的花園、亞瑟王的宮廷之類的……

「我一直對老照片充滿想像。」賽門．莫利（Simon Morley）說。他在紐約的廣告公司工作，是一位素描畫家，同時也是小說《一次又一次》（*Time and Again*）[109]中的敘事者。那是

108 例如劇中就曾胡謅歷史，皮巴弟先生一派正經地說：「牛頓有個兄弟叫費格比，他發明了餅乾。」

109 讀者想到的可能是完全不同的《一次又一次》。同名稱的作品至少有三本。時間旅行的特快車剛於二十世紀後半出發，

一九七〇年的一本小說（裡頭還配上素描與老照片）。作者傑克．芬利（Jack Finney）先前是紐約的廣告人。主角賽門對於難以觸及的過去有著深刻感觸。那些事物曾經鮮活，現已不存在，彷彿透過寥寥無幾的少數物件與圖像嘲弄著我們。

或許我也不須多做解釋。也許你本來就能理解。我想要說的是那種驚奇的感受。當你注視著奇裝異服和消逝褪色的背景，知道自己看見的東西真的存在過。那道光真的曾從這些已經不在的臉龐和物品映入鏡頭。這些人曾在那裡對鏡頭微笑。你彷彿可以就這麼走進那場景、觸摸到這些人，而且跟他們講話。你好像真的可以進入那棟詭異陳舊的老建築，看見現在絕對見不到的事物——就在那道門裡面。

不只照片。如果你跟賽門一樣多愁善感，就能看見過去的指尖奮力從實存物體的每條裂縫中穿出來。在紐約這種人口密集的老城市，過去就在石與磚之中。之後我們會發現，讓賽門想到時間旅行的古物是一棟住宅大樓——這可不是普通的公寓住家，而是知名的達科塔大樓（Dakota Apartments）110——「就像一座迷你小鎮。山形牆、塔樓、三角間塔、塔樓、屋頂尖……幾英畝的斜面貼了石板瓦，裝點著因歲月而發綠的銅，更布滿數不盡的窗戶、老虎窗和內嵌門。窗有方的圓的長方的大的小的寬的窄的——細得就像弓箭手從城堡內射箭的窄孔。」這將是專屬於他的時間門。

《一次又一次》中的概念，就是你不需要機器、魔法，只要靠著一點心靈上的小伎倆，再稍微來點自我催眠，就能穿越到過去。目標人選要是正確，比如像賽門一樣感性，就有能力擺脫記憶、甩開周遭所有過往時光留下的痕跡，靠著意志力將自己傳送到過去——例如一八八二年。首先，他要讓情緒到位：「世上沒有汽車……沒有飛機、沒有電腦、沒有電視，在那個世界中，這都是不可能的。地表每一本字典裡都沒有『核能』和『電力』兩個詞。你從來沒聽過尼克森或愛因斯坦或聯邦德國首任總理阿登納（Konrad Adenauer）、蘇聯獨裁者史達林（Ио́сиф Виссарио́нович Ста́лин）、西班牙法西斯獨裁者佛朗哥（Francisco Franco）或美國二戰名將巴頓（George Smith Patton, Jr.）。」

賽門（以及讀者）也先準備好那套我們早就習慣的威爾斯式偽理論，用來反駁常理認為時間旅行不可能的論調。我們再次發現自己對時間原先的認知都錯了。一九七〇年當時的行話已經更新，改以權威的愛因斯坦學說為依據。「你對愛因斯坦有多了解？」E．E．登齊格博士

讀者想到的可能是完全不同的《一次又一次》。同名稱的作品至少有三本。時間旅行的特快車剛於二十世紀後半出發，出版社必定驚慌地發現自己用掉了所有可以用的書名。他們都快要在腦子裡打起來了：《一次又一次》、《一回又一回》、《那時此時》、《最後時刻》、《時間的叛徒》、《時間的囚犯》、《時間度量》、《時間地圖》、《時間之廊》、《時間面具》、《我們還有時間》、《時間之眼》。至少有四本小說都叫《一次又一次》。

＊譯注：上述應該是要表達有很多書名中有時間。但沒有指出作者，只能大略按意思翻譯。

譯注：位於紐約。約翰・藍儂遭槍殺時住在此處。

問道。該計畫的領導人以博學多聞的紳士形象現身。「愛因斯坦發現的一切都非常重要，但我就直接跳到重點好了。現在，他說我們對於時間的概念完全是大錯特錯。」他如此解釋道：

「我們對過去、現在和未來的概念完全是錯的。我們認為過去『已經過去』，未來『還沒到來』，存在於現在的只是『現在』。因為我們也只能看得到這個。」

「這麼說吧，如果你把我固定在這兒動彈不得，我就只好承認真的是那樣了。」賽門說。

他露出微笑。「當然當然，我也是一樣。這樣想非常合情合理。一如愛因斯坦本人所說。他說，我們就像乘著一艘船，手中卻沒有槳，只能盲目地跟著蜿蜒河水漂流。舉目四望，的確只能看到現在。我們看不見過去，看不見身後的轉彎處與弧度。但那些東西的確存在。」

「他指的是字面上的意思呢，還是——」

好問題。他指的是字面上的意思，還是只創造了一個有效的數學模型？都無所謂，我們的腳步變快了，因為登齊格博士超越了愛因斯坦，發明了一個能夠下船往回走的方法。

讀者將會發現，這本書憑仗的是作者對歷史的盲目喜愛，而且是有特定時間和特定地點的：一八八〇年的紐約。《一次又一次》一書有著千迴百轉的情節。有黑函和謀殺，還有穿越時空的三角戀。但你一定能感覺到傑克．芬利真正想表達的是什麼——畢竟他嘔心瀝血地描寫景物——那便是時間的質地。矗立在中央公園、緊密層疊的石板牆，酒紅色的天鵝絨禮服，《紐約太陽晚報》和《法蘭克．萊斯里圖解新聞報》（*Frank Leslie's Illustrated Newspaper*），拴馬樁、煤氣噴嘴及馬車燈，頭戴絲質帽的紳士，拎著暖手筒、腳踏扣帶鞋的淑女，數量多得令人嘖嘖稱奇的電纜線，它們被捆成一束束，遮蔽了市中心天空的亮光。「這是最了不起也最有可能發生的冒險。」賽門這麼想，所以你應該可以猜到，芬利也是這樣想的。

> 我就像一個站在跳水板上的人，而且那個高度是我死也不敢嘗試的高……儘管非常小心，時間也很短暫，但我就要在這個時代生活了。

對於過去的渴望（或情結）稱為懷舊。最初，才剛開始意識到過去與未來等概念時，懷舊（nostalgia）的原意其實是思鄉：「也就是對家的渴望。醫師花費不少時間與精力評估這個被稱為『思鄉病』的疾病」（約瑟夫．班克斯，一七七〇年，《牛津英文字典》）。但一直要到十九世紀末，這個字才與時間扯上關係。但芬利和其他的作者不只是懷舊。他們的手指在歷史的編織中穿梭，與它過往的鬼魂談話。他們是在復甦亡者。早在芬利之前，美國小說家亨利．詹姆斯（Henry James）也用了一棟發人幽思的古屋當成時間門。世紀之書剛剛翻過新的一頁，他的兄弟威廉是一名心理學家，非常著迷普魯斯特和伯格森，而亨利正苦苦糾結於一本他沒有機會完成的小說。這本書在他死後才出版，名為《逝去的韶光》（*The Sense of the Past*）。故事說的是一個無父的年輕歷史學家，繼承了一棟在倫敦的房子（「一幢彷彿暗示著什麼的水泥老屋」），以及一扇門。詹姆斯的主角有點特別——雷夫．潘德爾。他是「逝去韶光的受害者」。

「我一直放不下，」他說：「關於過去，我想培養更好的品味，而非只是勉強及格。雖然，大多數進去的人都是想培養這種品味。」他在命運的門前暫停片刻，詹姆斯告訴我們——

> 也許，當下定決心跳入水中的跳水者慎重地停下腳步，也像現在他關上門之前一樣，懂得標記這重要的一刻，這扇門是如何再次將他置於對的一邊，而他原本知道的世界則放在錯的那邊。

雷夫發現自己被捲入跨世紀三角戀。他在現在有個未婚妻，在過去卻新認識了一個個性似乎比較單純的女人。他沒有自稱時間旅人——一九一七年還不會這麼說——但現在我們知道，他其實就是。

就某種文類的創意而言，要以神祕的方式將人送到其他時代，老屋是個很不錯的選擇。這些房子有閣樓、有地下室，可以把古物放在那裡不受侵擾好一段時間。它們有門，只要門打開，誰知道後面有什麼？T．S．艾略特大讚《逝去的韶光》，他的意見是這樣的：「我便是老屋／有著難聞氣味與晨起前的悲傷／屋中過往皆是現在。」但在達芬妮．杜茉莉兒（Daphne du Maurier）的小說《河濱之屋》（*The House on the Strand*）中，房屋已經不夠了。時間旅行需要某種藥物——一劑添加了各種胡言亂語和怪力亂神的藥：「那得用上DNA、酶催化作用、分子平衡之類的——親愛的孩子，這已經超出你的理解範圍，我就不詳述了啊。」下筆時，杜茉莉兒剛搬進一棟叫做科瑪斯（Kilmarth）的房屋，位於靠近康瓦爾海岸的山頂上。她一直住在那裡，大多時候都是一個人過，直到逝世。科瑪斯就是「河濱之屋」。在小說裡，據聞屋子的地基是十四世紀打下的，而十四世紀便是她小說主角的目的地。這位主角名叫迪克．楊（Dick Young），是個做出版的人。他的婚姻生活非常不愉快。他穿越了時空（過程有點暈眩反胃），降落到一個林木繁盛的沼澤地上。這片土壤感覺很新，但也貧瘠。他對這清新的景色驚艷不已——有戴著帽子在犁田的人、包頭巾的女子、穿長袍的僧侶以及騎在馬上的騎士。而且他發現自己捲入一場血腥的歷險：有通姦、背叛和謀殺。他知道的還不只如此，因為他老早查過《大英百科全書》：黑死病即將降臨。雖然如此，他從沒像身在過去時一樣生龍活虎。

《河濱之屋》於一九六九年出版，早《一次又一次》一年。迪克對自身心情的形容也可套在另一本書的主角身上。他說：「我在另一個世界晃盪，自由地像在夢裡，但我又有清楚的感知，就跟醒著的人一樣。」他們是闖入歷史的人，可以旁觀，但總要經歷一番掙扎後才會知道自己屬不屬於這裡，或能不能干涉、改變時間線上的事件。「時間能不能是屬於所有維度的呢？」迪克思忖，「——昨天、今天、明天，在不斷的重複中同步發生？」但我們就別管這話是什麼意思了。他畢竟是出版商，不是物理學家。

「有沒有可能，」德國作家W·G·澤巴爾德（W.G.Sebald）在小說《奧斯特里茨》（*Austerlitz*）中說：「我們在過去也有必須完成的約定——在那些早已過去和幾乎已經消滅殆盡的事件中，我們是否要無條件前往時間軸遙遠的另一端，尋找跟我們有著某種關聯的某人，或是某處呢？會不會是這樣呢？」過去——這個被許多時間旅人設為落腳處的地方——是個迷霧般的地點，搞不好比起未來還像是一團謎。它很難被記住，一定得用想像的。在資訊發達的現在，過去與我們的距離似乎縮得比以前更短。它越是清晰，似乎就越真實，而我們對它的渴望就越巨大。加深這個癮頭的是美國紀錄片導演肯·伯恩斯（Ken Burns）的紀錄片、文藝復興節（Renaissance Faires）[111]、美國內戰重演（Civil War Reenactment）[112]的活動、有線電視的歷史頻道，以及越來越擬真的應用程式——也就是任何能「讓過去起死回生」的東西。在這種態勢下，時間機器似乎顯得多餘了。然而，時間旅行的實踐者完全沒有減緩的跡象——小說沒有，電影也沒有。伍迪·艾倫曾經數次探索時間旅行題材——一九七三年的《傻瓜大鬧科學城》是前進未來，而在二〇一一年的《午夜巴黎》（*Midnight in Paris*），他按下的則是回到過去的控制桿。

他的主角蓋爾·潘德（Gil Pender）是個金髮的加州人，而且是典型迷戀過往時光的代表。他的朋友都嘲笑他的懷舊心態、「抗拒痛苦的現實」以及對《追憶似水年華》的迷戀。他在寫一本小說，開頭第一句就同時讚頌並嘲諷這部電影所設定的類型：

店的名字叫「離開過去」，裡頭的商品由回憶組成。對某個世代來說普通平凡，甚至粗鄙的東西，只是過了幾年，就立刻成了有著魔力、高端的物品。

他穿越時間的出入口不是機器或房屋，而是巴黎本身——就是那一整座城市。這座城市中隨處可見過往的歷史，無論在哪個街角或哪個跳蚤市場。他前往一九二〇年，那裡的現代主義者非常理解他的錯亂感。「我來自不同的時期——嚴格說起來，完全是另一個時代——是未來，」他解釋道：「我不知不覺就穿越時間了。」而超現實主義攝影師曼・雷（Man Ray）回答：「一點也沒錯——你說你同時存在於兩個世界——目前為止我是覺得沒什麼奇怪啦。」此時，你已漸漸看清這部電影核心的戲謔之處，而且它是遞迴的：時間在時間的長河中悄悄溜走。懷舊之情是沒有盡頭的。如果二十一世紀對爵士年代念念不忘，爵士年代又渴望著美好年代（Belle Époque）[113]——每個時代都哀嘆著另一個時代的逝去。然而，伍迪・艾倫不是第一個抱持這個想法的人，他也不會是最後一個。「我們對『現在』永遠都不會滿意，」蓋爾最後學

111 譯注：以園遊會形式呈現，工作人員會扮成文藝復興時代的人物，內部也有各個過往時代的建築與裝飾，遊客也可以租用中世紀的衣服扮裝。

112 譯注：對於內戰歷史感興趣者，會身著當時的衣服，重現戰時場景。原本是退役老兵為了讓親友理解戰時情況並分享經驗，現代則吸引許多觀眾觀賞。

113 譯注：十九世紀末至一戰爆發的歐洲時期，往往被認為是和平而且美好的黃金年代。

到了，「因為人生原本就不可能讓人滿意。」

穿越到過去彷彿極限運動版的觀光業。複雜程度很快就開始上升。觀光客開始幫倒忙。我們想要重寫歷史，但在這之前，我們卻連歷史都還沒開始讀。但悖論的問題很快就出現了——因與果展開無限迴圈。就連尼斯比特的小孩主角都猜到了。當他們在凱薩大帝的高盧營帳中見到他，他隔著海峽凝視著對面的大不列顛，孩子們實在壓抑不住衝動，出口勸他別派出軍隊。「我們想請你不要白費力氣去征服大不列顛。那裡只是個貧瘠的小地方，不值得你花心思。」這當然造成了反效果。他們的話最終變成讓他這麼做的原因，**因為你無法改變歷史**。而我們剛剛看見的，便是經典穿越笑話的誕生——之後它還會持續進化。因此，在尼斯比特之後的整整一世紀，伍迪．艾倫《午夜巴黎》的時間旅人見到年輕的路易斯．布紐爾（Luis Buñuel），當然忍不住想用路易斯未來拍的電影引發他的拍片靈感。

蓋爾：布紐爾先生，我有個超棒的點子要告訴你。

布紐爾：是什麼？

蓋爾：就是呢，一群人去參加一個非常正式的晚宴。晚宴結束時他們想離開那裡，卻離開不了。

布紐爾：為何？

蓋爾：他們就是沒辦法從門口出去。

布紐爾：但是……到底為什麼？

蓋爾：而且呢，因為他們被迫待在一起，虛假的文明外衣很快就剝落，剩下的只有

他們的本質——就是一群禽獸。

布紐爾：我沒搞懂。他們幹麼不走出去就好了？

當未來遇到過去，未來的確擁有資訊上的優勢，然而過去也不好唬弄。這裡提醒一下，我們現在討論的都是想像的事物——而且還是專業「想像者」的想像。「時間，」英國小說家伊恩・麥克尤恩（Ian McEwan）在他生涯早期寫道「它不必表裡如一——畢竟也無人知道它的模樣，但就像形成它的思緒一樣，它極為偏執，不容許第二次機會。」時間旅行的規則不是科學家定的，而是說故事的人寫的。

＊

當大家真心想改變歷史，有許多人想出了完美的計畫。他們試圖殺死希特勒——直至今日都還在試。原因為何倒是很清楚。的確也有其他人做出了可怕惡行，並造成大規模死亡（史達林、毛澤東……），但有一個人做出的事完全凌駕他人之上，他結合了醜陋的人性與非凡的領導力。「阿道夫・希特勒。希特勒、希特勒、希特勒、希特勒，」史蒂芬・佛萊（Stephen Fry）在他的時間旅行小說《創造歷史》（*Making History*）中如是說。假設真的可以消滅希特勒，那麼整

個二十世紀都能重新來過。這個想法甚至在美國加入戰爭之前就有了：一九四一年七月號的雜誌《詭麗幻譚》（*Weird Tales*），當期特輯是〈我殺了希特勒〉（I Killed Hitletr），作者是雷夫・米爾恩・法利（Ralph Milne Farley），他是麻塞諸塞一位政治人物兼廉價小說作者羅傑・薛曼・豪爾（Roger Sherman Hoar）的筆名。某位美國畫家出於幾個原因怨恨德國的獨裁者，因此穿越時空、回到過去扭斷十歲阿道夫的脖子。（你一定會很驚訝：因為，當他回到現在，一切似乎跟他想得不一樣。）一九四〇年末，希特勒被時間旅人殺死已經成了無人不知、無人不曉的題材。一九四八年，菲利普・克拉斯（Philip Klass）以筆名威廉・泰恩（William Tenn）發表了短篇小說〈布魯克林計畫〉（Brooklyn Project），這個概念在故事中已經是不用多做解釋的橋段。布魯克林計畫是政府針對時間旅行做的一項祕密實驗。「你也知道，」某位官員解釋道，「大家對穿越過去抱持的諸多恐懼之一，就是大部分看似無害的舉動，卻會對現在造成驚天動地的改變。關於大家最近很愛的幻想，你應該很熟悉吧──『如果希特勒在一九三〇年就被幹掉的話』？」那是不可能的，他說。科學家已經破除所有疑惑，證明了時間是「一種剛硬的物質。過去、現在和未來中的一切都是無法被更改的。」他堅持這樣的說法，即便這個時間旅行計畫的「定年聲納」成功來到史前時代，他和他的聽眾也沒發現到自己已成了黏軟又腫脹的無脊椎動物，正揮動著紫色的偽足。

《尤利西斯》中的角色史蒂芬發表了一段令人難忘的言談，他說歷史是他想要從中醒來的夢魘。難道真的無處可逃嗎？要是凱薩大帝沒有在元老院的階梯上遭謀殺，或皮洛士

（Pyrrhus）[114]沒有在阿爾戈斯被殺死？「時間給它們打上了烙印，」史蒂芬這麼想，「把他們束縛住，他們排擠出去的無限可能性，如今關著他們。但是，那些可能性既然從未實現，還算得上什麼可能？抑或，惟有發生的事才是可能的嗎？織吧，織風者。」

這些不擇手段的刺客到底有沒有辦法改變歷史？有短短一瞬間，每個新故事似乎都提供了新的理論。原本在紐約公關產業工作的阿爾弗雷德·貝斯特（Alfred Bester），轉行當科幻作家。他在一九五八年寫下的故事倒是發明了專屬的變體。這個變體叫你無法改變歷史。〈謀殺穆罕默德的人們〉（The Men Who Murdered Mohammed）說的是主角亨利·漢索（Henry Hassel），他很不爽地發現自己的太太「在另一個男人懷中」，還踏上穿越時空的旅程，正殺氣騰騰地要去執行一個謀殺任務。他滿腔憤怒，於是裝配了時間機器的設備和點四五手槍，到處亂殺歷史人物的父母和祖父母——哥倫布、拿破崙、穆罕默德（他誰都殺了，就是沒殺希特勒），但無論他做什麼都沒用，他的太太還是照樣逍遙愉快地走在這條刺客路上。為什麼呢？另一個悲傷的時間旅人終於解釋道：

> 「親愛的孩子，時間完全是一種主觀的東西。這是私人恩怨。我們都各自在自己的過去中旅行——而不是其他人的。世上並沒有共通共用的連續體啊，亨利。只有成千上萬

114 譯注：希臘化時代知名的將軍與政治家。

的單獨個體，每個人有屬於自己的時間線，一條時間線無法影響另一條。我們就像百萬條義大利麵，在同一個碗裡……每個人都必須單獨在自己的那條線上來回。」

現在又從分岔路講到義大利麵了。

在佛萊的變化版中，主角是個還是學生的歷史學家，名叫麥可·楊。（你可能會疑惑——為什麼這些很有想像力的時間旅行作家總幫角色取名「楊」（Young）[115]呢？）在這個作品中，他想要改變歷史，但不是刺殺希特勒來完成，而是閹了他父親：「歷史學家就像神，我知道非常多關於你的事，傳說中的『希特勒先生』，而且我可以讓你根本無法誕生在這世界。」但然後呢？二十世紀就可以平安幸福地過下去嗎？（「這當然是很瘋狂，我知道。成功的可能性微乎其微。你不能改變過去，不能系統重設現在。」）於是你只能問：「如果這樣做，會怎麼樣？」小說家可以創造世界觀。凱特·艾金森（Kate Atkinson）於二〇一三年出版的小說《娥蘇拉的生生世世》（*Life After Life*）又再次改變了規則。射殺希特勒的情節出現在開場第一幕：女主角娥蘇拉·陶德（這一回，她的中間名叫「死亡」）在一九三〇年慕尼黑一家咖啡廳，以父親的制式老左輪對著坐在桌子對面的元首（Führer）開槍，然後死去——她一次又一次，在不同年紀、以不同方式死去，並不斷重生，從中努力想找出正確的方式。她的多重人生就像鍋裡的義大利麵。「總而言之一句話，歷史就是千千萬萬個『如果』，」有人這麼告訴她，彷彿認為她對此一無所知。其他人則極力主張，「我們一定要有見證者……當我們安全地處於在未來之中，一定要記得這些人。」作者凱特・艾金森後來說，「現在的我就在那個未來裡，而我想，這本書就是我對過去的見證。」

希特勒成了穿越刺客最愛殺的人，造成的結果就是他不斷起死回生。在法裔美籍作家喬治・史坦納（George Steiner）的小說《審判希特勒》（*The Portage to San Cristobal of A.H.*）中，他活在亞馬遜叢林，已經九十好幾。又或者在英國大眾小說家羅伯特・哈里斯（Robert Harris）的《祖國》（*Fatherland*），他健健康康活在柏林，依舊是德意志帝國的元首，還贏了二次世界大戰。又或是美國科幻小說家菲利普・狄克（Philip K. Dick）的《高堡奇人》（*The Man in the High Castle*），他高齡感染梅毒——在這本書裡，德國贏了戰爭，因為在書中，被刺殺的人是小羅斯福。當時他還來不及出手操縱歷史的船舵。這個主題衍伸出了各種變體，而且數量持續增加中。作為文學的一個類型，這些與真實情況相反的故事被稱做「架空歷史」，又或是*ucronia*、*uchronie*[116]等等，或allohistory——另一段歷史。但是，二十世紀中期至晚期這段期間，時間旅行和分支宇宙餵養了這個類型，使作品數激增之後，這個類型才真正

115 譯注：意同「年輕」。

116 譯注：新造字，應來自烏托邦（utopia）加上時間的（chronos）。及法國小說家查爾斯・雷諾維葉（Charles Renouvier）一八七六年的小說《*Uchronie*》，意思是「歷史烏托邦」。

地興起。但詹姆斯・瑟伯（James Thurber）彷彿能預見未來，一九三〇年代就在《紐約客》（*New Yorker*）寫文章挖苦這件事：〈如果格蘭在阿波馬托克斯喝了酒〉（If Grant Had Been Drinking at Appomattox）（此文被認為是〈如果布斯[117]沒打中林肯〉〔If Booth Had Missed Lincoln〕、〈如果李[118]贏了蓋茲堡戰役〉〔If Lee Had Won the Battle of Gettysburg〕、〈如果拿破崙逃到美洲〉〔If Napoleon Had Escaped to America〕的系列續作。）這個時期，專家總會問些很類似的問題。這股幽默感也滲透到了歷史學界，我們對歷史的偶然性深深著迷，這並不是不可能的事。在研究觀點面面俱到的《希特勒未能締造的世界》（*The World Hitler Never Made*），蓋維爾・D・羅森菲德（Gavriel D. Rosenfeld）教授分析他能找到的所有納粹差異度，看最後有多少讓歷史「在希特勒不存在的狀況下變得更好——還是根本一樣？或是更糟？」[119]他發現，的確有些可以是快樂結局。科幻小說或者「推想小說」（speculative fiction）作者提供給我們的，不僅僅是奇想天外的虛構故事，往往也是嚴謹的歷史分析研究。

結果可能各式各樣。也許只是少顆釘子，整個王國就沒了。我也可能變成競爭者。悔意是餵養時間旅人的動力。假如……怎樣怎樣的話。當代每個作家都知道蝴蝶效應（Butterfly effect）——最最微弱的一次震翅，都可能改變大事件的行進路線。在氣象學家兼混沌理論學家愛德華・羅倫茲（Edward Lorenz）選擇蝴蝶做例證的十年前，雷・布萊伯利在一九五二年的《雷霆萬鈞》（*A Sound of Thunder*）中就設計了一隻改變歷史的蝴蝶。故事中，時間機器（但是關於它的形容非常曖昧不明）——帶有「金屬銀色光澤」、「閃亮而且轟轟作響」——

載著付了錢的觀光客進行時間遊歷，回到恐龍時代。先不管他們還加上氧氣面罩和對講機，這趟時間旅行完完全全是威爾斯風格：「機器發出怒嚎，時間像倒轉的影片，太陽瞬間消失，千萬月亮也消失在身後……然後機器慢了下來，原先的吼聲轉小，變成一陣低喃。」負責帶團的人非常小心不去影響到任何東西，因為他們是很在意歷史的。

在這裡只要出點小錯，就會在六千萬年後滾成一顆大雪球，而且放大的比例將會非常驚人……這頭的一隻死老鼠會讓那端的昆蟲數量不平均，不久後變成人口不均，接下來農作欠收、經濟蕭條、大量人口餓死……也許只是一個微不足道的破壞、一聲耳語、一根頭髮或空氣中的花粉。這如此渺小、除非細看不然根本看不到的改變……但誰知道呢？

在事件中，一個不負責任的時間觀光客踩死一隻蝴蝶。「真是個精緻的玩意兒，明明這麼小，卻可以打破平衡、推倒一整排小骨牌，然後是大骨牌，接著是巨大骨牌，讓他們在時間的長河中全倒下來。」

117 譯注：刺殺林肯的凶手。

118 譯注：羅伯特．李。南北戰爭時南軍統帥。

119 羅森菲德接著開了個部落格，「空想歷史回顧」（The Counterfactual History Review），並且著手發展一個命名為「假如我們死在埃及！猶太歷史的各種空想」（If Only We Had Died in Egypt!: What Ifs of Jewish History）的系列。

雖然，蝴蝶效應只是潛在可能性的問題。並不是空氣中每一次震動都會在時代留下爪痕。大多其實會消逝於無形，被時間的稠密度稀釋。這就是艾西莫夫在《永恆的終結》中的結論：竄改歷史的效應往往會慢慢消磨殆盡。好幾個世紀過去之後，引發混亂的事物在摩擦作用與消散作用中再無蹤影。他筆下的時間技師很有自信地解釋：「現實往往會緩慢地回流到最原始的位置。」但布萊伯利是對的，艾西莫夫是錯的。如果歷史是個動態系統，那當然不會是線性，而且一定適用於蝴蝶效應。在某時某地，只要一點小小的歧異就能改變歷史。關鍵時刻的確是存在的——也就是節點（nodal point）。如果要尋找施力點，找那裡準沒錯。假使我們有辨認出來的能力（在想像中，我們可以做到），那樣的時刻或人物在歷史中——我說的是真正的歷史——一定滿坑滿谷。誕生與謀殺、戰場上的勝利或失敗。我們可以專注在單獨個體，如擁有特大影響力的英雄或惡棍。也因此產生對希特勒的各種幻想。**假如只要殺那麼一個人……**雖然一般而言，創作這些幻想故事的人都極為聰明，不斷有意無意地嘲諷故事中諸多自大舉動。「有人能改變命運嗎？」菲利普．狄克在《高堡奇人》中發問。「算上我們所有的人……又或者只要一個關鍵人物……又或是按照計畫，被擺放到正確位置的人。有時是機會、有時是意外。我們的人生、我們的世界都取決於此。」當然，會有一些人、一些事或一些決定比其他重要得多。這樣的節點一定存在，只是不見得在我們以為的地方。

我們在自己的時間線中動彈不得，大多數人並不想創造歷史，更別說改變歷史。我們一次處理一天，然後看歷史慢慢成形。澳洲作家克里夫．詹姆斯（Clive James）說過，最偉大的詩人所嚮往的不是要改變文學史，而是豐富它。這裡再提一個大家對希特勒情有獨鍾的原因：他想扮演神。「元首是不一樣的，」凱特．艾金森筆下的娥蘇拉這麼想，「他很清楚自己是在為未來創造歷史。只有真正自戀的人才會那樣做。」碰到這種一心想創造歷史的政治人物，你千萬要小心。娥蘇拉活在屬於她自己的破碎時刻，一條時間線接著一條。「基本上，未來就跟過去一樣，令人摸不清頭緒。」

我們無法逃離另一個現實，那是個擁有無限變數的地方。

牛津英文字典很謹慎地告訴我們，「多重宇宙」（multiverse）[120]一字「來自科幻小說」，但現在——唉，竟然變成「物理」了：「量子力學的多世界詮釋，在這之中數量龐大的宇宙集合……會因應不同宇宙而有不同的結果。」同時，先撇開量子理論，我們也發現了虛擬世界的痛苦與快樂。在電腦和矩陣之中，我們被逼著思考自己會不會只是其他人虛擬現實中的角色——又或是反過來的狀況。時至今日，當有人說出「真實世界」（the real world）四字，要憋著別用上挖苦的引號就更難了。我們習慣、也熱愛待在虛擬世界，差不多就跟真實世界一樣。只是，在虛擬世界進行時間旅行也不會比較簡單。

120　審訂注：宇宙（universe）一詞中的「uni-」是指「單一」的意思。Multiverse用「multi-」（眾多）取代「uni-」來形容「不只一個宇宙」。（卜宏毅）

跟我一起跳下通往無限迴圈隧道的兔子洞吧。威廉・吉布森將會擔任我們的維吉爾[121]。他正在閱讀《變化》（*The Alteration*）一書，這是一九七六年的一本架空歷史小說，作者是金斯利・艾米斯（Kingsley Amis）。他最知名的作品是諷刺當代英國的漫畫。在這個世界，歐洲在獨裁主義面前屈膝——但希特勒先閃一邊——因為在這裡當家的是教皇。宗教改革沒有發生，天主教的神權緊緊掌握住世上大部分國家。當然，艾米斯也從側面研究他所身處的真實世界，一如菲利普・羅斯（Philip Roth）的《反美陰謀》（*The Plot Against America*）、佛萊的《創造歷史》。艾米斯的故事開場在英國柯佛里的聖喬治大教堂，「全英格蘭、包含大英帝國海外領地的第一座教堂。」因此，我們也順便觀察到了一些與藝術史稍有出入的狀況：很顯然，為了「紀念上帝的勝利」，天花板壁畫是浪漫主義風景畫家威廉・透納（William Tuner）畫的，其中一面牆上的裝飾是詩人、畫家威廉・布雷克（William Blake）的宗教壁畫。唱詩班唱的是莫札特的第二安魂曲《屆中年之王冠》。而科學受到壓迫。雖然時間是一九七六年，路上卻有馬車和油燈，而「跟電有關的玩意兒受眾人輕視」，此外還有更多錯綜複雜的情況。

因為缺乏科學，《變化》裡的文學圈無力產出科幻小說，但故事中的年輕主角非常喜歡閱讀一種不太受歡迎的文類——該文類被稱為「時間傳奇小說」（Time Romance）。時間傳奇小說「很吸引特定類型的人」。這種小說是違法的，但不可能完全遏止。這個類型甚至還進化出子類型，叫「虛構世界」（Counterfeit World）。這個子類型中的書想像了一個從未發生的歷史——也就是架空歷史。接下來就由吉布森解釋：

> 艾米斯巧妙地呈現出鏡廳效應（hall-of-mirrors effect），彷彿這東西就存放在他故事的閣樓之中。在我們的世界，菲利普・狄克寫了《高堡奇人》，軸心國在二戰中勝利。狄克的故事中有書中書《蝗蟲成災》（*The Grasshopper Lies Heavy*），那本書講述一個同盟國打贏的世界。雖然說，那個世界很明顯也不屬於我們。在艾米斯的虛構世界裡，有個叫菲利普・狄克的人寫了一本小說《高堡奇人》，講的是一個非天主教主政的世界。同樣地，那個世界也不屬於我們。

……也不屬於**他們**。要跟上這轉速有點難。艾米斯的男孩主角居住的地方沒有科學，他在那裡讀到虛構世界，並大感震驚，因為書裡說「他們使用電力……用電力把訊息傳送到世界各個角落，」而且莫札特在一七九九年就過世，貝多芬寫了二十首交響樂，而且還有一本非常知名的書，說人類是從某種跟猩猩很像的動物進化而來。「這個叫時間傳奇和虛界的東西太令我震驚了，」吉布森說：「它在整個故事中呈現得如此巧妙，簡直就像科幻版的波赫士筆下最棒的作品。」

書架持續擺上虛構世界的作品。未來變成現在，因此每個對於未來的幻想都成為一種架空歷史的可能。當傳說中的一九八四年來臨，歐威爾筆下那個異常的全民監控狀態從時間傳說變

121 審訂注：維吉爾指的應該是卡通人物兔寶寶（Bugs Bunny）的動畫師之一維吉爾・羅斯（Virgil Ross）。（難攻博士）

成虛構世界。然後二〇〇一年來了又走，沒發生什麼值得多留心的太空冒險。小心謹慎的未來學家學會了避開特定日期，而我們的文學、電影工作者一面朝想像中的未來前進，一面持續構思各種新過去。我們都是這樣的。每天每晚，在虛構世界中睡睡醒醒，衡量各種選項，後悔地想「那時要是如何如何就好了」。

＊

「雙重時軌、另類宇宙，」勒瑰恩一九七一年的小說《天堂的車床》（*The Lathe of Heaven*）裡，有個性格多疑的律師用嘲弄的語氣說：「你是看太多深夜懷舊節目嗎？」

她面前這個煩惱的病人叫喬治．歐爾（這是對喬治．歐威爾的致敬，因為這是屬於他特別的一年：一九八四年。此時勒瑰恩終於快要四十幾歲。她偏離了習慣的寫作路線，開始寫這本奇怪的書[122]。）當外星人出現，他們把他的名字念成喬爾喬爾。

喬治是個普通人——上班族，個性顯然溫馴、安靜、怯懦，而且墨守成規。但喬治是個「做夢者」。他十六歲時，夢到阿姨艾瑟兒在一場車禍中喪生。然而，他醒來後卻發現，艾瑟爾真的在一場車禍中喪生了——那是幾周以前的事。他的夢逆向改變了現實。他能夠做出「關鍵夢」——一個全新的科幻譬喻在此誕生。你或許可以說他有個內建的另類宇宙。除了他之外還有誰能辦到？大概只有作者了吧。

這個責任很大，而喬治並不想要。他就跟你我一樣無力控制自己的夢——總之他無法有意識地控制（他擔心自己是因為看到艾瑟兒在性方面太主動，因此心生憤怒）。由於心中絕望與日俱增，他吞下安眠藥巴比妥酸鹽和右旋安非他命，希望可以壓抑做夢的傾向，結果卻被送到精神醫師那裡（他是鑽研夢的專家）。醫師名叫威廉・哈博。哈博相信人為的努力與控制，相信理性與科學的力量。但他就跟那間辦公室的塑膠傢俱一樣虛假。他催眠可憐的喬治，試圖引導他的「關鍵夢」，一步一步重建現實世界。於是，醫生的辦公室裝潢似乎起了變化，不知怎麼，他還成了那所機構的領導人。

全世界都隨著喬治的夢一同遭到操弄，不過這過程一點也不簡單。就算是量子理論的專家，在這樣高度複雜卻無可約束的宇宙中，搞不好連條可穿越的合理路徑都找不到——費盡苦心的小說家可能也是這樣。而勒瑰恩沒打算讓讀者輕鬆一點，她沒給圖解[123]，我們無論如何一定得在她的意識流浮沉，仔細地聽她訴說。音樂改變、天氣改變。波特蘭是個雨下不停的城市，「這兒永遠都在下暴雨。」但現在它有澄澈的空氣及標準程度的陽光。你有沒有夢到甘迺迪總統和一把雨傘呢？哈博醫生鼓勵著喬治專注於他對人口過剩的擔憂。波特蘭是個擁擠的大都市，足足有三百萬人……還是說，其實波特蘭的人口自從黑死病和那回墜機後就掉到了十萬

122 此處有個非常偶然的巧合。勒瑰恩跟菲利普・狄克上的是同一所高中，而且她是後來才知道的。「大家都不認識菲爾，」她對《巴黎評論》（*The Paris Review*）說：「他就是班上那種隱形的同學。」

123 她對訪談人比爾・莫耶（Bill Moyers）表示，「書裡充滿夢境與實景，你永遠分不清哪個是哪個。」

呢？每個人的記憶中都有以下事件：空氣中的嚴重汙染，「化學反應之後就會形成致命致癌物」，第一波大疫情，「暴動、亂性、末日系樂團、維安義警。」只有喬治（現在還多了哈博醫生）記得多重現實。「他們現在處理完人口過剩的問題了，是吧？」喬治挖苦地說：「我們真的做到了呢。」畢竟，做夢是我們對思緒最沒有控制力的時候，不是嗎？

他不是時間旅人。他沒有在時間中穿越。他是在改變時間：過去和未來，兩者一起。再之後，科幻小說為這些手法發展了專門術語，又或者說是從物理那邊借了點過來：架空歷史也可以叫「時間線」，又或者，引自威廉．吉布森：「殘段」（stubs）。在任何殘段上的人必定認為自己的歷史是唯一的歷史。倒不是因為歐爾的夢會帶來新的流行病，只是他一旦做夢，疫情就是會發生。但在某種層面，他對這樣的矛盾心生感謝。他會想：「在昨天的**那個**人生，我夢到一個關鍵夢，那個夢抹去了六十億生靈，並改變了過去四分之一世紀全人類的歷史。但在這個人生——這個我後來才創造的人生，我**沒有**做關鍵夢。」流行病永遠都會在。假使你覺得這話聽起來很像喬治．歐威爾說的「我們永遠都與東亞國處於戰爭狀態，」也不是什麼偶然。極權主義政府同時也為架空歷史提供了養分。[124]

《天堂的車床》批判特定種族的傲慢——那是所有任性的生物或多或少共有的——政治人物與社交工程（social engineer）[125]上的傲慢。那些擁護進步的人認為我們有權重建世界。「這難道不是人類在地球最終的目的嗎？——去創造、去改變、去操縱——以成就一個更好的世界？」當歐爾表示遲疑，科學家哈博是這麼說的。改變是好事：「從這一刻到下一刻，沒有什麼會維持不變。你是沒辦法二維踏入同樣的水中的。」

喬治則抱持不同看法。「我們應該與世界共生，不是跟它對幹。」他說。「想要置身某個事物之外，又想要操控那個事物，這樣是不會成功的。不管你怎麼說，反正就是不會。那有違常理。」很明顯，他是個天生的道家主義者。「一定會有某種道理，但你要去遵循。這個世界本就如此——不管我們認為它應該要是怎麼樣。」

解決完人口過剩，哈博試著利用喬治為地球帶來和平。這樣做怎麼可能出錯？——結果外星人入侵。警報嗶嗶作響、傳來轟隆巨響、接著銀色太空梭來了。胡德山（Mount Hood）[126]還爆發了。歐爾夢到種族衝突（也就是「膚色問題」）終結，結果所有人的皮膚都變成灰的。

莊周有言：「夢飲酒者，旦而哭泣。」

看來似乎是逃不出這團混亂了——不管是有目的性的或試圖控制——但這時跑出來給點子的人倒是出乎意料：外星人。他們看起來像巨大的綠蠵龜。外星人感應到喬治的精神狀態與他們相似——這是當然的，畢竟外星人大概也是因為他的夢才存在。他們說的話神祕難懂：

124 的確是這樣沒錯，這是矛盾思考的本質。「我們必須持續不斷對過去進行修改。」逐字重寫歷史是《1984》主角溫斯頓．史密斯白天的工作。別忘了，他任職於真理部紀錄司。

125 譯注：利用人性弱點進行詐騙、欺瞞，透過人際關係互動來犯罪。

126 譯注：奧勒岡州一座活火山，上次噴發是在約一七九〇年。

我們也受到各種打擾。意念穿越迷霧而來。難以感受。火山噴火。我們提供幫助，但你們可以拒絕。蛇毒的血清並非適合所有人。在你們朝著錯誤方向之前，也許能召來輔助之力。

他們這番話也有點道教意味。「自身即宇宙。請諒解我們的干涉，且穿越迷霧而來。」真實與虛假相互爭戰。喬治不禁懷疑自己是不是瘋了。他懷疑他的自由意志。他夢到深海和交錯的洋流。到底他是做夢者，還是夢本身？

勒瑰恩引用雨果：「他墜下、他甦醒……在夢的另一端。」

外星人則說：「有時間，也有返回。啟程即是返回。」

＊

「大家只把時間當成某種概念，實在太令人困惑了，」E．尼斯比特筆下一個聰明的孩子說。他們才剛剛開始認識時間神祕的新面貌。「如果所有事情都在同一時間發生——」

「不可能！」安西亞毅然決然地說：「現在是現在、過去是過去！」

「不見得，」瑟瑞兒說：「當我們在過去的時候，現在就變成未來。不是嗎？」他意氣風發地補充道。

安西亞沒法回嘴。

這些問題我們一定得問，不是嗎？我們擁有的世界是唯一可能存在的世界嗎？所有結果可能會不一樣嗎？要是你不只能殺希特勒、看看結果如何，還可以一次又一次地回去，做點微調，把時間線扭扭擰擰，就像比爾・莫瑞（Bill Murray）飾演的氣象預報員（這是最棒的時間旅行的電影之一）重複度過土撥鼠日，直到終於把一切調好[127]。

這個世界，是可能存在的世界中最好的一個嗎？如果你有時間機器，你會去殺希特勒嗎？

127 譯注：《今天暫時停止》（*Groundhog Day*）。一九九三年比爾・莫瑞主演的電影。主角前往小鎮採訪，卻因風雪過大無法離開，但隔日醒來，卻發現自己又回到剛要進行採訪的昨天，而且除了他之外的人都渾然無覺。

11
悖論

雖然聽起來相當矛盾，但你絕對不能把悖論當成壞東西。因為悖論是思考熱情的體現，一個沒有悖論的思想家就像毫無熱情的愛人：什麼都無所謂。

——丹麥哲學家索倫·齊克果（Søren Kierkegaard，1813-1855）

論點：時間旅行是不可能的。因為如果可能，你就能回到過去、殺死你的祖父，依此邏輯，你——這個謀殺犯——永遠不可能出生。依此類推。

我們先前就談過這件事了。我們正處於邏輯的領域，也就是說，請不要忘記，這是一個與現實領域完全不一樣的國度。它裡頭的居民有自己的語言，跟自然語言（natural language）[128]有點像，大多時候非常好懂——不過這裡卻埋了滿滿的地雷。某件事情可以是**邏輯上可能**，**經驗上卻不可能**。例如，即使邏輯學家說我們可以製造出時間機器，不過我們可能還是造不出來。

我懷疑，不會有哪種真實的或想像出來的現象能引發比時間旅行更難解、更錯綜複雜，而且一點用都沒有的哲學解析。（反正決定論和自由意志這類

128 自然隨文化演進的語言。相對地，世界語是人工語言，是由人因特定目的刻意創造的語言。

候選人也在時間旅行的論述中扮演不可或缺的角色。）H．G．威爾斯在世時，這些爭論仍持續進行當中，而他對此大惑不解。約翰．哈斯博（John Hospers）最知名的教科書《哲學分析概論》（*An Introduction to Philosophical Analysis*）緊揪著一個問題：「回到過去在邏輯上是可能的嗎？打個比方好了，我們回到西元前三千年，幫埃及人建造金字塔。在這件事上，我們一定得非常小心。」要說明這個可能性挺容易的。談論空間的修辭已被我們用來談論時間，這其實不難想像。「事實上，H．G．威爾斯的確在《時間機器》裡想像過這件事，而且每個讀者都跟他一起想像了。」（不過哈斯博記錯了《時間機器》的內容：「一個來自一九〇〇年的人壓下某臺機器的控制桿，瞬間來到好幾世紀前的世界。」）哈斯博這人有點瘋，卻又卓越出眾。他是個與眾不同的哲學家，還拿過「一張」美國總統的選票[129]。他一九五三年出版的教科書不但改版了四次，甚至四十年後依舊是通用的權威書籍。

對於這個修辭問題，他的答案是強而有力的「不可能」。威爾斯的時間旅行不只是不可能，更是邏輯上的不可能。就某方面而言，它完全自相矛盾。這段論證花了哈斯博整整四頁的篇幅，展現理性論證的力量。

「我們怎麼可能**同時處在**西元二十世紀和史前三十世紀？光是這個就很矛盾了……邏輯上來說，你不可能同時處於一個世紀的時間線和另一個世紀的時間線上。」你也許會暫停思考一會兒（雖然哈斯博沒這麼做），「同時」這個修辭——是很常見（也很可疑）的表達方式，但當中是否埋藏著什麼陷阱呢？現在和過去是不同的時間，因此，它們當然不算同時，至少不是在同個時間點上。證明完畢。

這好像簡單到有點可疑了。然而，時間旅行奇幻小說的重點，在於幸運的時間旅人有自己的計時器。以廣義宇宙而言，就算他們來到過去的時間點，他們的時間依舊繼續往前走。哈斯博看出了這一點，卻刻意否認。「人們可以在空間中回頭，但『在時間中回頭』到底是啥意思？」他問道。

> 如果你一直活下去，除了每天變老一點點之外，還能做什麼呢？「每天都更年輕一點」這話，就某方面而言難道不矛盾嗎？當然，除非你只是比喻，例如「親愛的，你每天都變得更年輕了呢！」然而，即便你可以自然地接受他人的稱讚，說你「看起來」越來越年輕，我們還是每天都在變老，不是嗎？

（我們從這裡看不出他是否熟悉費茲傑羅〔Francis Fitzgerald〕的短篇〈班傑明的奇幻旅程〉〔The Curious Case of Benjamin Button〕。故事中的班傑明．巴頓的確是如此。班傑明出生時是七十歲，每天越來越年輕，直到他變成嬰兒，然後忘了一切。費茲傑羅承認這件事在邏

129 一九七二年，美國維吉尼亞州一個反骨的選民拒絕把票投給最終勝出的候選人——尼克森和艾格紐，於是轉投給自由意志黨的約翰．哈斯博。

輯上不可能。但這個故事衍生出許多類似作品。）

對哈斯博來說，時間沒那麼複雜。如果你想像自己某日身在二十世紀，第二天時間機器就馬上把你帶回古埃及，他在此反駁道：「這難道沒有矛盾嗎？因為一九六九年一月一日的第二天，應該是一九六九年一月二日，星期二的第二天應該是星期三（這是邏輯的必然性──「星期三」被定義為星期二後面的那天），」依此類推。他有一個最終論點，是推倒時間旅行邏輯問題之城牆的最後一擊攻城錘。金字塔是在你出生之前建的，你沒出手幫忙──甚至連一眼也沒看到。「這是改變不了的事實，」哈斯博說，然後又補充：「你不能改變過去，這是最關鍵的一點：過去就是『已發生的事』，而你無法把已發生的事變成還沒發生。」此時，我們仍在分析哲學的範疇中，但你簡直都要聽到作者的呼喊了：

不是說只要用上國王的所有人馬，就能讓**已發生**的事變成**還沒發生**，因為這在邏輯上是不可能的。如果你說，在邏輯上你有可能（就字面意義）「回到西元前三千年幫忙建造金字塔，」那麼，你要面對的是這個問題：所以你到底有沒有幫他們建金字塔？第一次蓋金字塔時你沒幫忙：因為你不在，你甚至還沒出生。在你加進來攪和之前，整座金字塔早就蓋完了。

承認吧：你沒有幫忙建造金字塔。這是事實，但這是邏輯上的事實嗎？並非每個邏輯學家都認為這種三段式演繹是不證自明的。有些東西無法以邏輯證明出「真」或者「偽」。哈斯博揀選的字詞比他以為的有著更多不確定性，最大的問題就是「時間」二字。最後，他針對自己試圖證明的事物做出直白的假設。「這個不牢靠的情況其實充滿矛盾與破綻。」他如此結論。「當我們說自己能夠想像，不過是說說而已。事實上，根本沒有邏輯上可行、又能以文字描述的狀況。」

庫爾克．哥德爾（Kurt Godel）則持不同意見。他是二十世紀奧匈帝國時期頂尖的邏輯學家，他的發現使得邏輯學整個改頭換面，不可同日而語。而他對於悖論非常有一套。

哈斯博對於邏輯的主張，在哥德爾聽來是這樣的——「一月一日只能接到同年的一月二日，邏輯上，不可能接到別的日子。」，但若哥德爾從不同的角度解構它，聽起來更像這樣：

> 即便位於四維空間的向量場v擁有充足必要的條件，也不可能因此產生任何一個與○×直角相交的三維空間參數系統——如果真的有與向量場的向量直角相交的三維空間系統的話。

他說的是愛因斯坦時空連續體的世界線（world lines）。這是一九四九年，哥德爾在十八年前出版了他最偉大的作品，那時他還只是維也納一個二十五歲的年輕人：數學證明曾一度沉寂，但後來又燃起希望，想在邏輯或數學上建構一個擁有完整性、一致性而且紮實的公理系統，足以證明自然運算的真偽。然而，「哥德爾不完備定理」是建立在悖論之上，這個悖論也帶給我們另一個更大的悖論。[130]我們都很清楚，所謂百分之百的確定性向來難以捉摸。只有這件事，我們是可以確定的。

於是哥德爾開始思索時間——「這神祕而自相矛盾的存在，就另一方面而言，似乎形塑了整個世界和我們自身存在的基礎。」一九三八年奧地利併入納粹德國後，他經西伯利亞鐵路逃出維也納，安身於普林斯頓高等研究院（Institute for Advanced Study）。他三十出頭就與愛因斯坦認識，兩人友情快速升溫。他們會一起從福爾德大樓走到老農莊，同事以羨慕的眼光注視著，兩人的交情甚至成為某種傳說。在生前最後幾年，愛因斯坦對某個人說，他會去研究院最主要的原因是——為了跟哥德爾一起走回家。一九四九年，愛因斯坦七十歲生日時，朋友給他的禮物是一個出人意料的計算結果：他的廣義相對論重力場方程式使得循環時間的「宇宙」有了存在的可能——更精確地說，這個宇宙的世界線如果繞一圈，最後會接回自己身上。這叫「封閉類時線」（closed timelike lines），或今日的物理學家說的封閉類時曲線（closed timelike curves，簡稱CTCs）。它們就像沒有交流道閘口可上下的循環高速公路。封閉類時曲線會繞回自己身上，因此這個假設能夠無視一般的因果概念：事件結果等同事件成因。（整個宇宙會不停輪轉，但天文學家找不到證據。經過哥德爾的計算，可知道封閉類時曲線非常巨大——足足幾十億光年——但人們很少提到這些細節。）[131]

如果大家認為封閉類時曲線的注目程度竟與它的重要性或可信度這麼不成比例，英國理論物理學家史蒂芬·霍金可以提供原因：「研究這個領域的科學家必須隱藏他們真正的興趣，所以才使用像是『封閉類時曲線』這種專有名詞，其實那根本就是時間旅行。」時間旅行太性感、太迷人了。即便對一個極度害羞、患有邊緣性人格障礙的奧地利邏輯學家也是如此。哥德爾將這些心意藏在一串串計算數值中，幾乎是以英文平鋪直述說出以下幾句話：

> 在此特別提出，假使P和Q是該世界線上的任意兩點，在這條線上，P位於Q之前。那麼，必定有一條連起P和Q的類時間線，是Q位於P之前的。換言之，在這樣的世界若想穿越過去，或對過去造成影響，理論上可以做到。

我想你應該注意到了，不知不覺間，情勢突然變成物理學家和數學家在討論另類宇宙。「在這樣的世界……」哥德爾如此寫道。當他在《現代物理評論》（*Reviews of Modern Physics*）發表文章，標題就叫〈愛因斯坦重力場方程式之解〉（Solutions of Einstein's Field Equations of Gravitation）。而所謂的「解」其實也不太算是一個可能存在的宇宙。「所有物

---

130 哥德爾的證明「比不朽的豐功偉業更加偉大。」美籍猶太數學家約翰·馮諾曼（John von Neumann）表示，「無論是在時間或空間之中這座里程碑都不會被抹滅……邏輯的本質與可能性完全被哥德爾的成就所改變。」

131 同時，哥德爾的宇宙是不會擴張的。但是大多宇宙論者都很確定我們的宇宙會擴張。

質密度為非零的宇宙論之解，」他寫道，指的是所有不是空無一物、而且真的可能存在的宇宙。「在這篇文章中，我要提出一個解答」也就是指這樣的宇宙真的可能存在。但這個可能存在的宇宙，真的存在嗎？它就是我們所居住的宇宙嗎？

哥德爾希望是這樣。當時在普林斯頓高等研究院的一位年輕物理學家費曼・戴森（Freeman Dyson），多年後告訴我，哥德爾老是問他「他們證明我的理論了嗎？」時至今日，物理學家會告訴你，如果有這樣一個宇宙，證實不與物理法則矛盾，那麼它就存在，是真的，是為先驗（Priori）[132]。時間旅行是有可能的。

讓我們把標準降到非常低的程度。沒錯，愛因斯坦更為謹慎。「這種重力方程式的宇宙論解……被哥德爾先生找出來了。」但是，他語帶保留地補充，「假如我們評估一下，就物理觀點它們是否真的不該被排除，我想應該會挺有意思的。」換句話說，別盲目跟隨根本不存在的數學。[133]然而，如果愛因斯坦的警語是想減低哥德爾封閉類時曲線在時間旅行粉絲中受歡迎的程度，那麼效果就非常之小——假使要算人數，我們一定得算上邏輯學家、哲學家和物理學家。這些人不會浪費時間去幫助假想的哥德爾火箭升空。

「假設，我們這些哥德爾派的時空旅人決定回到自己的過去，並且跟年輕的自己談話，」一九七三年，哲學家賴瑞・德維爾（Larry Dwyer）具體地指出：

在t_1，T與年輕的自己談話。

在 t_2，T進入他的火箭，要啓程前往過去。

那麼，設等於定 t_1 等於一九五〇年，t_2 等於一九七四年。

雖然這不是最原始的創意，但德維爾畢竟是在《哲學學報：分析傳統哲學的國際期刊》（*Philosophical Studies: An International Journal for Philosophy in the Analytic Tradition*）發表文章的哲學家，這個刊物跟《驚奇科幻》可是相差十萬八千里。德維爾有做足功課：

科幻小說包含大量故事元素，情節集中在特定某人。這個人操作複雜的機械設備，並發現自己被傳送到過去。

除去閱讀小說，他還閱讀富有哲理的文學作品，而且就從哈斯博對於時間旅行是不可能的證明開始。他認為哈斯博只是腦子轉不過來。萊辛巴赫也一樣（這裡說的應該是漢斯·萊辛巴赫〔Hans Reichenbach〕，《時間的方向》〔*The Direction of Time*〕的作者。）卡佩

132 譯注：拉丁詞。亞里斯多德認為先驗是指自然的先存秩序，是我們所發現的最基本基礎，或者可說是首先知道的。

133 哥德爾的傳記作家雷貝嘉·戈爾茨坦（Rebecca Goldstein）談到：「身為物理學家，同時也是一位高尚的紳士，愛因斯坦比較希望他的力場方程式，能排除這種恍若愛麗絲夢遊仙境的循環時間之可能。」

（米爾克・卡佩〔Milič Čapek〕，《相對論中的時間：哲學形成之主張》〔*Time in Relativity Theory: Arguments for a Philosophy of Becoming*〕）也是。萊辛巴赫認為「遇見自己」的人的可能性——意即「較年輕的自己」遇見「較年長的自己」——對他來說是「同一起事件發生兩次」。而且，儘管這看起來可能很矛盾，但卻不見得不符邏輯。德維爾則不這麼想：「就是這種言論引起文學創作上的各種混亂。」卡佩則畫出了哥德爾式「不可能的」世界線圖解，另外還有史文朋（Swinburne）、惠特洛（Whitrow）、史坦恩（Stein）、葛羅維茲（Gorovitz）（「當然，葛羅維茲的問題大多是他自己搞出來的」），還有哥德爾自己。他誤解了他自己的理論。

根據德維爾的說法，他們都犯了同樣的錯誤。在他們的想像之中，時間旅人「可以」改變過去。但這是不能發生的。德維爾可以容忍時間旅行捅出來的其他簍子：例如倒因為果（果在因之前發生）以及存在的增加（時間旅人和時間機器不小心撞見他們的分身）。但改變過去不行。「不管時間旅行還會導致什麼結果，」他說，「都不可以有改變過去這種事。」想想，要是年紀比較大的T使用哥德爾時空迴圈從一九七四年穿越到一九五〇年，見到年輕的T，那會是什麼情境。

> 在時間旅人腦中的記憶歷程，這個會面被記錄了兩次。年輕的T遇見T的反應也許帶點恐懼、一些質疑，或一些高興……之類的。而T可能記得，也可能忘了自身的感受——

他年輕時曾跟一個聲稱是長大後的自己的人面對面。現在，如果要來討論T對年輕的T做了什麼事，當然是自相矛盾。畢竟在T的記憶中，他很清楚地知道沒有這種事發生。

當然是這樣。

為什麼T不能回到過去殺死他的祖父呢？因為他沒這麼做。就這麼簡單。

*

但凡事皆有但書，事情可沒那麼簡單。

羅伯特・海萊因在一九三九年創作出好幾個鮑伯・威爾森，這些鮑伯在好好跟自己解釋時間旅行的奧祕之前就打了起來。二十年後，海萊因又帶來一個超越先前所有作品的故事，再探悖論的可能性。這個故事叫《行屍走肉》（*All You Zombies*）——而且是先被《花花公子》的雜誌編輯退稿後（因為裡面的情色橋段讓他想吐——可別忘了，這時是一九五九年），才刊載在《奇幻與科幻小說》（*Fantasy and Science Fiction*）雜誌上。[134]故事裡有跨性別元素，對那個時代而言稍嫌前衛，但是，如果要完成這等同時間旅行的四周花式跳躍，這個設定則不可或

134 海萊因的故事給了二〇一四年電影《超時空攔截》（*Predestination*）靈感，伊森・霍克和莎拉・史諾克演的角色就類似時間旅人。

缺，因為主角是他／她自己的母親、父親、兒子和女兒。書名也相當畫龍點睛：「我知道自己從哪裡來——但你們這些行屍走肉又是從哪裡來呢？」

有誰能超越這故事？如果單看數字的話——當然有。一九七三年，大衛．傑洛德（David Gerrold）這個年輕人曾為一個短命（但後來生生不息）影集《星際爭霸戰》撰寫劇本，他出版了一本小說《折疊自己的人》（*The Man Who Folded Himself*），裡面有個叫丹尼爾的大學生，他從神祕的「吉姆大叔」那裡獲得一條時間腰帶，還得到使用說明書。吉姆大叔鼓勵他寫日記——這個建議很不錯——因為人生很快就要變得超複雜了。我們很快就開始搞混各個角色，他們像拉開的手風琴一樣迅速膨脹，冒出唐恩、黛安、丹尼、唐娜、超．唐恩還有珍阿姨——而且（提醒你一下），上述角色都是同一個人，全都坐在這列循環的時間雲霄飛車上。

這個題材帶來了如此多的衍生作品，帶來的矛盾倍增得猶如時間旅人的人數。但如果你仔細觀察，會發現它們都是一樣的。這裡只有一個矛盾，只是配合故事情節而披上了不一樣的外衣，有時是鞋帶悖論——這是致敬海萊因，因為他的鮑伯．威爾森被「鞋帶」帶入他自己的未來。又或者叫本體悖論，當下存在體與未來存在體的無解謎題，又稱「你爸爸是誰？」人和物（懷錶、筆記本等等）存在於無因也無果的狀態。《行屍走肉》中的珍既是自己的母親，又是父親，她拚命想要問出自己的基因到底來自哪裡。又或者是一九三五年，有個美國證券經紀人在柬埔寨叢林（「一塊神祕的大地」）發現一臺威爾斯式的時間機器（「拋光的象牙白，還有閃閃發亮的黃銅」），就藏在棕櫚樹後面。他壓下控制桿、回到一九二五年，此時機器正被擦得閃閃亮亮、藏進棕櫚樹葉中。[135]那是它的生命周期，一個以十年為期的封閉類時曲線。「但它原來是從哪裡來的呢？」證券經紀人問了一個身穿黃袍的佛教徒。這位智者彷彿在對後段班學生解釋原理一般，這麼說道：「這世上從沒有『原來』二字！」[136]

有些最睿智的迴圈只牽涉到單純的資訊提供。「布紐爾先生，我有個超棒的點子要告訴你。」或一本時間機器的製造說明書從未來來到此處。另外也可參考命定悖論。試圖改變注定發生的事，不知怎麼卻促使了那件事發生。在一九八四年的電影《魔鬼終結者》中，一個半機械的生化人刺客（由帶有獨特奧地利口音、三十七歲的健美先生阿諾．史瓦辛格飾演）穿越到過去，意圖在某位女性生下未來革命領導人之前，先把她殺了。而生化人任務失敗留下的餘波，才是讓他得以被製造出來的原因。諸如此類。

當然，就某方面而言，命定悖論在日期上比時間旅行早了幾千年。雷厄斯想改寫自己遭到謀殺的預言，把還是嬰兒的伊底帕斯留在荒野中等死。不幸的是，他的計畫逆火反彈。這種自我應驗的預言年代久遠，儘管這名詞是近代由社會學家羅伯特．莫頓（Robert Merton）在一九四八年創造的新詞。當時他是要描述一個非常真實的現象：「針對一個情況創造出來的

135 威爾斯應該會很欣賞這些華麗詞藻。「這個裝置給大家的印象大多不很真實：各個以直角相接的橫槓，好像並不真的是九十度。透視圖明顯有點怪，不管你從哪邊看過去，越遠的那側看起來似乎就越大。」

136 雷夫．米爾恩．法利（Ralph Milne Farley），《遇見自己的人》（*The Man Who Met Himself*）（1935）。當然，這人也在為期十年的迴圈裡。他利用這段時間在股市大撈了一筆。

偽定義，反而引發不同的行為模式，假做時反而成真。」（例如：只是發布石油可能短缺的警訊，反而造成恐慌與大量購買，使得石油真的短缺）。人們總想知道自己到底能不能逃避命運。然而在時間旅行的時代，我們想知道的卻是能不能改變過去。

每個悖論都是時間迴圈，逼我們去思考因果關係。果可以放到因之前嗎？就定義來說——當然是不行的。「因之後，必有果。」英國哲學家大衛・休謨（David Hume）一再強調。如果有個小孩接受麻疹預防接種，卻又發病，那麼可能是、或可能不是接種造成病發。無論如何，我們只能確定，不是因為發病才有接種的行為。

但是，我們不太擅長理解因。有史以來第一個嘗試以演繹法分析因果的人，是希臘哲學家亞里斯多德。他分出更多複雜的層次，後人的困惑更甚以往。他清楚分出四種因：動力因（the efficient）、形式因（the formal）、質料因（the material）以及目的因（the final）。（由於已是千年前的事物，只能盡量摸清意思。）對我們來說，其中有些實在不太像是因。例如一座雕塑，動力因是雕刻家，但質料因是大理石。在雕塑能「存在」之前，這兩者都必須得具備。目的因是這座雕塑被創造的目的——我們假設它是因為美好才被創造出來。若按照時間順序考慮，目的因似乎是最晚出現的。又譬如，一場爆炸的因是什麼？炸藥？火花？強盜犯？還是撬開保險箱的動作？這樣的思路對現代人而言往往落於詭辯。（另一方面，有些專家發現亞里斯多德的詞彙實在粗糙得可憐。若是不提及神學內在〔immanence〕、超然存在〔transcendence〕、個性〔individuation〕、無畏〔adicity〕、混合因〔hybrid cause〕、概率因〔probabilistic cause〕和因果鏈〔causal chain〕，他們就不會想討論因果關係。）但無論是哪一種，我們絕對不會忘記：只要仔細觀察就會知道，沒有任何事物擁有一個清楚明白的因。

你會接受以下這種說法嗎？一顆石頭的成因就是稍早之前同樣的一顆石頭？

「所有與事實相關的論證，似乎都奠基在因果關係上。」休謨說。但他發現論證本身卻一點也不簡單，甚至沒那麼確切。太陽是石頭發熱的成因嗎？一個人之所以憤怒，是因為遭受侮辱嗎？只有一件事是可以確定的：「因之後，必有果。」如果果並**不一定**接在特定的因後面，那麼它還算不算是因呢？這個主張久久迴響在哲學長廊上而不見停歇，現在仍不見停止。儘管英國哲學家伯特蘭．羅素（Bertrand Russell）想在一九一三年訴諸現代科學的力量，把整件事確定下來。「但也真是夠怪的了。在像重力天文學這樣前衛的科學中，卻從未出現『因』這個字，」他這樣寫道。好的，該是哲學家發揮作用的時候了。「物理為什麼會忽略因？因為，實際上並沒有這樣的東西。我認為因果法則，就像很多受哲學家檢驗後合格的東西一樣，是過去時代的遺留物，它們就像君主政體，能存活下來只是大家誤以為它不會造成什麼傷害。」

羅素心中有個超．牛頓學說的科學觀點，在一世紀前由拉普拉斯提出——也就是剛性宇宙。由物理法則的機制扣緊其中所有存在的物體。在拉普拉斯的論調中，過去似乎就是未來的**因**，但如果這整個機制軋軋作響、穩定運作，我們為什麼會覺得有某個特定齒輪或控制桿，比其他的更能影響過去？我們也許可以將馬當成馬車前進的因，但那不過是種偏見。不管你怎麼想，馬其實也被因所控制。當物理學家以數學語言寫下屬於他們的法則，羅素便注意到了這件事：時間並沒有內建方向性。「這個法則無論對過去或未來都沒有差別，」他寫道，「未來『決定』過去走向的方式，基本上跟過去『決定』未來走向沒兩樣。」

「但是，」大家都說「你無法改變過去，但某種程度上可以改變未來。」對我來說，這個看法似乎是奠基在錯誤的因果關係之上，那一直是我亟欲移除的障礙。你的確是無法讓過去換個模樣……如果你已經知道過去的樣子，那麼，顯然寄望它會改變是沒有用的。但你同樣也無力改變未來……假使你碰巧知道了未來的模樣，例如即將到來的天體蝕缺（eclipse），那麼，改變未來就跟希望改變過去一樣，完全沒用。

儘管羅素這麼說，科學家卻再也不能跟一般人一樣無視因果關係。抽菸導致肺癌──無所謂特定的菸是否導致特定的癌；燃燒石油與煤炭後產生飄在空中的廢氣造成氣候變遷；單一基因異變造成苯酮尿毒症；恆星爆炸死亡的瞬間造成超新星。休謨說得沒錯：「所有與事實相關的論證，似乎都奠基在因果關係上。」有時就只是這樣。到處都有因果關係的線：有些短，有些長；有些堅固，有些纖細到看不見；它們錯綜交織，卻無可避免；它們走的方向都一樣：由過去到未來。

假設一八一一年某一天，在捷克一個叫特普利采的小鎮，該處位於波西米亞西北方，有個叫路德維希的人在素描本的五線譜用墨水點了個音符。二〇一一年某晚，一個在波士頓交響大廳吹小號、名叫瑞秋的女人受到了巨大影響：該空間的空氣隨著每秒四四四周期的主波長振動。誰能肯定那顆畫在紙上的音符不可能造成兩世紀後的空氣振動？至少一部分吧。若使用物理法則，這條影響的路徑從波西米亞的分子一路傳到波士頓的分子，即便擁有拉普拉斯神話般的「能夠理解所有力的智慧」，計算起來仍會是一大挑戰。但我們依舊能看見一條打不壞的因果鏈、資訊鏈——如果你不要太講究的話。

羅素宣稱因果關係是過往年代的遺留物時，並沒有就此喊停。哲學家和物理學家不但繼續爭執因果，還把新的可能性加進來攪和。逆因果論（Retrocausation）現在正式躍上舞臺：它也可以叫做倒序因果（backward causation）或是逆時因果（Retro-chronal causation）。麥可・達米特（Michael Dummett），一位赫赫有名的英國邏輯學家兼哲學家（同時也是科幻小說迷），以一九五四年的一紙論文起了頭——〈果能夠先於因嗎？〉（Can an Effect Precede Its Cause?）另外，還有十年後實驗性質較弱的〈導致過去者〉（Bring About the Past）。他提出的問題中有以下這些：假設他在收音機聽到兒子的船沉進大西洋，他對神祈禱，希望他的兒子在生還者名單之中——這個請神收回既定決定的舉動，是否算是褻瀆神？又或者，他的祈禱，在功能上等同預求兒子祈禱一路平安？

是什麼事物跳脫了一切先例與傳統、並啟發現代哲學家思考果被放在因前面的可能性？《史丹佛哲學百科全書》（*Stanford Encyclopedia of Philosophy*）提供了答案：「時間旅行」。的確如此。時間旅行的所有悖論——出生與謀殺——都是逆因果生出的枝幹。果回頭抹滅了它們的因。

駁斥因果關係順序必須按時間來的第一個主要論點，便是因為在時間旅行的例子中，逆時間的因果是可能發生的。時間旅人在時間點 t_1 進入時間機器，因此造成她在更早的時間點 t_0 離開時間機器，在形而上層面為可能。理論上似乎如此，畢竟哥德爾已經證實，容許循環式時間路徑存在的愛因斯坦重力場方程式是有解的。

但這不代表時間旅行已成既定事實。「還是可能找到各種邏輯不通之處，」百科全書諄諄告誡。「邏輯不通之處包含：改變已修補的事情（過去的成因），能夠或不能夠殺死某人的祖先，或是因果循環的產生。」勇敢的作家會甘願冒一、兩個邏輯不通的風險。菲利普・狄克在《逆時鐘世界》（*Counter-Clock World*）裡將時鐘向後轉（是真的向後轉）。馬丁・艾米斯（Martin Amis）在《時間箭》（*Time's Arrow*）中也這麼做了。

我們似乎真的不斷在輪迴、循環。

*

「近來，蛀孔物理學的再興起所導致的現象有些著實令人不安，」紐西蘭數學家、宇宙學家麥特・維瑟（Matt Visser），在一九九四年於《核子物理B》（*Nuclear Physics B*）期刊

（即《核子物理》〔*Nuclear Physics*〕的分支，專門刊登「理論性、現象學並且是實驗性的高能物理、量子力場理論和統計系統」等論文。）所謂蛀孔物理的「再興起」明顯已發展完備，儘管在過去，這些假設穿越時空的隧道也依舊是假設（其實現在也一樣）。而所謂令人不安的現象指的是：「如果這個可穿越的蛀孔真的存在，那麼，把這些蛀孔變成時間機器就相對容易多了。」這個想法不只令人不安，應該說是令人非常不安：「這樣令人極度不安的情況，促使霍金發表了他的時序保護假說（chronology protection conjecture）。」

這裡的霍金說的當然是史蒂芬・霍金。這位劍橋物理學者在當時已是世界知名，而且還在世的科學家。無庸置疑，這名氣有部分是因為他與令身體癱瘓、無法治癒的漸凍症[137]之間長達十年充滿戲劇性的搏鬥，另一部分是因為他擁有某種天賦，能讓極度複雜的宇宙學問題廣為大眾接受。無怪乎他會受到時間旅行的吸引。

「時序保護假說」是他在一九九一年為《物理評論D》（*Physical Review D*）寫的文章標題。為什麼呢？他的動機解釋如下：「有假設提出，某先進文明很可能擁有能彎折時空的科技，這樣一來就會出現類時曲線，使得穿越一說能夠成立。」這假設是誰提的？當然是科幻作家的鐵桿團體。但霍金引用了加州理工學院物理學家基普・索恩（Kip Thorne）[138]（又是另一位惠勒的門生）的說法。此人一直與他的研究生進行「蛀孔和時間機器」的研究。

137 譯注：正式名稱為運動神經元疾病(motor neuron disease)。

就某方面來說，「達到一定先進程度的文明」這種說詞成為某種比喻。就像即便我們人類做不到，難道那些夠先進的文明也做不到嗎？這不僅對科幻作家很有用，物理學家也是。因此，索恩和麥克．莫里斯（Mike Morris）及烏爾維．尤爾特塞韋爾（Ulvi Yurtsever）在一九八八年於《物理評論快報》（*Physical Review Letters*）中寫道，「我們的起始點是去叩問物理法則究竟允不允許任一先進文明建造，並維持一個可進行星際旅行的蛀孔？」無巧不巧，二十六年後，索恩成為二〇一四年票房大片《星際效應》的執行製作與科學顧問。「你們可以想像一下，某先進文明由量子泡沫中建構出蛀孔，」他們在一九八八年的文章中寫道，而且還加了一個圖說——「蛀孔轉換時間機器的時空圖解」。他們考量的是運作中的蛀孔開口：某太空梭可能由一個開口進去，但出口卻位於過去。而他們最後的結論也很切題——這是悖論。只不過，這次死的不是祖父：

> 先存在者是否可於事件 P（亦即「波函數塌陷」〔collapsing its wave function〕至「活著」的狀態）測出薛丁格的貓為活，然後透過蛀孔、回到過去，在來到 P 點之前殺死那隻貓（亦即波函數塌陷至「死亡」的狀態）？

這個問題懸而未決。

霍金則出手干預。他分析蛀孔物理及悖論（「如果你能改變歷史，這會有各種邏輯問題。」）他試圖修改「自由意志的概念」，從中考慮有無避開悖論的可能性。但自由意志之於物理學家是顆燙手山芋。然而，霍金仍看見了一個較好的研究方式：亦即他提出的「時序保護假說」。想這麼做得進行非常大量的計算，而當計算結束，霍金這麼認為：**物理法則會保護歷史不被所謂的時間旅人破壞**。儘管哥德爾之輩認為一定要禁止絕封閉類時曲線的出現。「感覺似乎有個『時序保護機構』的東西存在，」他以非常科幻小說的口吻說道，「這東西遏止了封閉類時曲線的出現，並為歷史學家保護了宇宙的安全。」他華麗地結束這回合——這能讓霍金在《物理評論》被鞭撻地小力一點。他有的不只理論，還有「證據」。

> 有一個非常強而有力的實驗證據支持這個假說。因為，目前為止我們還沒受到大舉入侵的未來旅客騷擾。

有些物理學家知道時間旅行根本不可能，但覺得談論這些挺好玩的——霍金就是其中之一。他指出，我們每個人都在時間中旅行，一次一秒。他將黑洞說成時間機器，並提醒我們地

138 審訂注：知名的物理學家及相對論專家，著有《黑洞與時間彎曲》（*Black holes and time warps*）等多本科普作品，並曾協助電影《接觸未來》（*Contact*）、《星際效應》（*Interstellar*）的劇本。基普因為對重力波研究的重要貢獻，獲得了二〇一七年的諾貝爾物理獎。（卜宏毅）

心引力會減慢部分時間的推移。而他也常提起自己為時間旅人辦的派對——邀請函事後才寄出的。「我坐在那兒非常久，沒有人來。」

事實上，時序保護假說在史蒂芬．霍金給它起名之前就流傳許久。例如雷．布萊伯利（Ray Bradbury）。他在一九五二年寫的一個恐龍獵人時間旅行的故事中說：「時間不允許這種亂來的行為——怎麼可能讓人遇見他自己呢？只要這種危險情況快發生，時間就會出面調停，就像飛機撞上氣阱（air pocket）一樣。」這裡要注意的是，在此，時間是有行動力的：時間**不允許**，時間**出面調停**。道格拉斯．亞當斯也提供了他的版本。「悖論只不過是某種傷疤。時間和空間會自我療癒，之後人們就只會記得一種版本——就是大家最可以理解、也最合理的那一個。」

這聽起來也許有點玄妙。科學家傾向於將功勞歸給物理法則。哥德爾認為剛硬且無悖論的宇宙其實就只是在邏輯問題上打轉。「時間旅行是可能的，但沒有人會想要回去殺死過去的自己，」一九七二年，他這麼告訴一位年輕的訪客[139]。「**先驗**受到嚴重忽略，但邏輯的力量是非常強大的。」就某種程度，時序保護假說變成基本規則的一部分，甚至成了陳腔濫調。在莉芙卡．葛茜（Rivka Galchen）二〇〇八年的故事《異國度》（*The Region of Unlikeness*）中，她可以理所當然地把舞臺上所有道具都拿來用：

> 科幻小說家在祖父悖論上發展出一個類似的解答方案：當心懷殺意的孫輩執行這個不可能的任務之前，將無可避免地遭到阻止——壞掉的手槍、滑溜溜的香蕉皮或他們自己

的良心。

《異國度》一書源自奧古斯丁：「我發覺我是遠離了你，飄流異地」。他並沒有完全理解，但其實我們也一樣，我們仍在時間與空間中緊縛。「我觀察在你座下的萬物，我以為它們既不是絕對『有』，也不是絕對『無』。」別忘了，神是永恆的，而不幸的地方在於我們不是神。

葛茜筆下的主角與兩個年紀較長的男子意外發展出友誼。這兩人可能是哲學家，也可能是科學家。這裡沒講得很清楚。他們的關係也不明不白，就連主角也不太確定。那兩個人說起話來彷彿在打啞謎。「時間會證明一切，」其中一人先說，然後又補充：「當我們想嘗試更靠近神的時候，時間是專屬於我們的悲劇，這便是我們必須花費心力去研讀的東西。」有段時間，他們消失在她生命裡。於是她去找報紙訃聞時，卻突然有個信封神祕地出現在她的信箱裡——是一張畫了圖解、撞球和方程式的紙張。她想起很久以前的一個笑話：「光陰似箭，歲月如太空梭。」一切突然清晰了起來：在這個故事裡，每個人都很熟悉時間旅行。命中注定的迴圈（常見的悖論又來了）自陰影中浮現。有些規則得以解釋：亦即「與那些受大眾歡迎的電影相違背，在於穿越過去並不會改變未來。或這麼說好了：未來早就被改變過了。又或者說，

139 魯迪．洛可（Rudy Rucker），一位數學家，之後成為科幻小說家。

其實一切都比這複雜太多。」命運似乎正輕柔地與她拉扯。有誰能夠躲避命運？看看雷厄斯是什麼下場。她只能這麼說，「我們的世界遵從著某種規則——這個規則對我們來說仍是非常陌生。」

＊

重新開始。有個女人站在「堤」的盡頭——也就是奧利機場的露天長堤（la grande jetée d'Orly），注視著一片水泥之海。這裡停著巨大的金屬噴射機，尖尖突出的機鼻彷彿是指向未來的箭頭。太陽在炭灰色的天空中顯得蒼白。我們聽見刺耳的噴射氣流，彷彿幽靈吟唱，還傳來交頭接耳的聲響。風吹亂女人的頭髮，她幾乎要露出微笑。有個小孩緊抓住欄杆，看著溫暖的周日景色中的一架架飛機。他見到女人恐懼地舉起雙手摀住臉，也從眼角餘光看到一個正在倒下的模糊形體。**他很快意識到，他親眼目睹有人死去**。敘述者以緩慢且莊重的語氣這麼說。沒多久，第三次世界大戰開始，核災毀滅巴黎——還有全世界。

這是《堤》（*La jetée*），一九六二年由克里斯・馬克（Chris Marker）拍攝的電影。他的本名叫克里斯提昂・弗杭蘇瓦・布許—維勒納弗（Christian François Bouche-Villeneuve）。馬克生於一九二一年，是哲學系的學生，也是二戰反納粹的地下組織「馬基」（Maquis）的成員，之後又成為流浪記者和攝影師。[140]他很少在不戴面具的狀況下拍照，並活到高齡九十一歲。五十幾歲時，他於講述戰爭破壞性的紀錄片《夜與霧》（*Night and Fog*）中與法國導演亞倫・雷奈（Alain Resnais）合作。後來，雷奈表示：「有個理論是這樣說的，而且並不是毫無根據：馬克其實不屬於這世界。他看起來像個普通人，但說不定他來自未來，或來自另一個星球。」馬克表示，《堤》是「照片小說」：這部影片全由靜止的照片組成。影像漸弱消逝、視角轉換，建構出一種「時空連續體的幻覺。」（有個評論如此說道。）而我們知道的是這個故事述說一個人的童年記憶深深在他腦中烙下痕跡。突然爆出的吼叫、女人手部的動作、倒下的軀體，以及堤上人群的呼喊，因恐懼變得模糊。這個記憶——以及它留下的痕跡——使他成為時間旅行的候選人。

現在，世界了無生機，到處都有放射線汙染；傾毀的教堂，坑坑巴巴的街道；存活下來的人住在巴黎夏佑底下的隧道和地下墓穴，少數人在某個集中營（camp）奴役囚犯。他們極為絕望，將唯一的希望寄託在找出能被送回過去的使者。**訴諸空間是不可能的，唯一可能找到生存方法的關鍵，必須透過時間——時間中的某個漏洞——這樣一來，或許還有一丁點希望可以獲得食物、醫藥和能源。**集中營的科學家接連在犯人身上做殘酷的實驗，把他們逼到發瘋，甚至死亡，直到碰到一個沒有名字的人才停下。「我們知道這個人經歷過什麼，」這個人與其他人不同的地方，在於他對於過去的執迷——他特別執著於過去的一個特定畫面。**如果，他們可以想像或夢到另一段時間，也許就可以重新進入那個區段。集中營的警察甚至連夢都要監視。**這

140 他最終決定這樣描述自己：「拍電影的人，攝影師，旅人。」

裡要傳達的訊息在於，時間旅行屬於有想像力的人。這是一個文學中不斷被重提的概念。例如傑克．芬利的《一次又一次》。時間旅行始於心靈之眼。而在《堤》之中，這不僅僅是一個傳送的行為，更攸關生存。**人類退卻了。在另一個時間醒來有如重新誕生——不過是以成人的身分重生。這樣可能會讓人承受不住。**

他躺進一張吊床。有個（接了電極的）面罩蓋住他的眼睛。一根巨大的皮下注射器將藥劑注入他血管，背景裡有人在用德語小聲地講話。他痛苦掙扎著，但他們繼續動作。**第十天，畫面有如緩慢吞吐般一一浮現，彷彿要告解什麼重大祕密。某個屬於和平時期的早晨、屬於和平時期的臥室——是真正的臥室。真正的孩童，真正的小鳥，真正的貓，真正的墳墓。第十六天，他來到奧利機場的長堤。此處空無一物。**

有時他會看見一個女人，也許就是他在找的那一個。她站在堤上，或正在開車，臉上帶著微笑。毀壞的岩石雕出的是一個失去首級的軀體。這些影像來自一個沒有時間的世界。他在催眠狀態中轉醒，但實驗者又把他送了回去。

這一次，他很靠近她了，他跟她說到了話。她歡迎他，好像一點也不驚訝。他們沒有任何計畫，也沒有過往記憶。時間只是在他們身邊把一切都建構好，他們唯一的定錨點，只有那瞬間的感受，以及牆上的刻痕。他們在一座自然歷史博物館裡頭逛，裡面滿滿地都是來自另一段時間的動物。對她而言，他是有如謎團的存在——會定期消失，戴著古怪的領帶，還有屬於未來戰爭的軍籍牌。**她說他是她的幽靈情人。**於是他不禁想到，在他的世界、在他的時間裡，她已經死了。

有許多人沒有先查過《堤》的資料，於是沒發現自己看得是一連串的靜止畫面。等影片開始二十分鐘，這個女人睡得很沉。她的頭髮斜披在枕頭上，她睜開眼睛，直接注視觀眾，呼吸——然後眨眼。在那顫動的一瞬間，時間又（短暫地）變得真實，然後又回到靜止畫面，時間再次消失——彷彿冰封的記憶。也許記憶便是時間旅人的一大主題。馬克曾說：「我會窮盡一生試圖去理解『記得』這個動作的功用。這個動作並非忘記的相反，而是它的另一面。」他也喜歡引用喬治・史坦納（George Steiner）：「我們並不是受到過去控制——我們是受到過去的殘影控制。」就某方面，《堤》的法文也是雙關語——曾經的我（j'étais）。[141]

這位英雄（如果他是的話）要執行的任務不是他自己選擇的。他的上司不僅把他送到過去，也送到未來。人類存活下來了，他的雙眼藏在軍用太陽眼鏡後方，殷殷請求那些人執行人類存活必要之事。他說，他們一定要幫——他們的存在就證明了他們有出手幫忙。這裡又出現矛盾了：敘述者這麼說道，「咸認為這個詭辯其實就是命運。」當英雄回到過去（我們知道他一定會這麼做）——**在他心中某處，還殘存經歷了兩次同段時間的記憶**——他的目的地是奧利機場。那是周日，他知道那個女人會在堤的盡頭。風吹亂她的頭髮，她幾乎露出微笑。當他跑向她，他也會想起，在某個地方有個緊抓著欄杆的小孩，那是年幼的他。然後就是那句話——

141 譯注：La jetée 與 j'étais 拼法相似。

沒有任何能逃避時間的方法。於是他領悟了。我們無法逃離時間。未來一路跟隨他來到此處，
直到最後一刻他才知道，自己小時候目擊的，究竟是誰的死亡。

12
時間是什麼？

在精神上持續聚焦於時間，並詳加檢驗，為什麼會如此困難？甚至到令人難為情的地步？實在是白費功夫、笨手笨腳、又疲累得令人惱怒！

——俄籍美裔小說家弗拉基米爾・納博科夫（Vladimir Nabokov，1899-1977）

人們不斷詢問時間是什麼，似乎覺得只要找到組合字詞的正確方法，就能把鎖打開、讓光透進來。我們想要的是一個幸運餅乾的籤解，即一句完美的短語。「時間是『經驗的樣貌』。」美國歷史學家丹尼爾・布爾斯廷（Daniel Boorstin）如是說。「時間不過是正在成形的記憶。」納博科夫說。「時間是一切都停滯不前時，仍繼續發生的事物」理查・費曼說。「時間是自然的妙法，為了不讓所有事物在同一時間發生。」約翰・惠勒或伍迪・艾倫這麼說。而海德格表示：「根本沒有時間（Die Zeit ist nicht）。」[142]

什麼是時間？時間只是個名詞。一個用以表示某事物或某些事物的詞。但當大家忘記自己爭的到底是一個詞還是一個東西時，往往就偏離主題，還偏得很誇張。五百年來，字典創造出一個先入為主的觀念：每個字都要有定義。所以時間到底是什麼？「一

142 但他又補充說：「我們被賦予時間（Es gibt Zeit）。」

個非空間的連續體。在這個連續體中，事件的產生有明顯的不可逆連續性，而且是從過去經過現在直到未來。」（美國傳統英語字典，第五版）。編辭典的委員們辛辛苦苦處理這四十幾個字，而且每個字一定都經過無數次爭論。非空間（nonspatial）是什麼意思？這個字在字典裡根本也找不到，但好吧，時間的確非空間。那連續體（continuum）呢？根據推測，時間是連續體——但這真的是確定的資訊嗎？「明顯不可逆」（apparently irreversible）感覺相當模稜兩可。你不禁會有種感覺，好像這些人想告訴我們一個他們暗自希望我們已經很清楚的東西。比起給出謹慎的規範，只是「知會」我們一下的挑戰要小很多。

其他權威人士則提供完全不一樣的釋義。但也沒有人是錯的。什麼是時間？根據大英百科全書（多個版本）：「常用於描述經歷一段期間的名詞。」最早的第一本英文字典是一六〇四年的羅伯・考德雷（Robert Cawdrey）字典。這本字典完全迴避掉問題，直接從thwite（意為「修剪」）跳到timerous（意為「戰戰兢兢、提心吊膽」）。山繆・詹森（Samuel Johnson）編的字典則說：「連續期間的分量。」（什麼期間？就是「持續時間，時間的長度。」）某本一九六〇年的童書將定義縮減到最少字：書名就叫做《時間是何時》（*Time Is When*）[143]。

為字典撰寫釋義的人想避開以下循環論證：假使他們要定義該詞，就非在定義中使用該詞不可。是故時間是無可逃避的。編牛津英文字典的人直接舉雙手投降。他們將時間（這裡只舉名詞，不含感嘆語氣[144]或模糊不清的連接詞）分成三十五種截然不同的意思，以及近乎一百種從屬義，包含：**時間上的一點；時間的延伸；特定的一段時間；時間上許可……；某樣物體**

花費的時間；還有時間作為一種媒介，透過該媒介，在假設或想像的情況中，穿越至過去或未來是可能的。（「參見時間旅行的詞條。」）他們的解釋涵蓋到每一方面。我想，他們最努力的是第十個釋義：「一種基礎單位量，咸認是由某種期間或間隔所形成，可用來量化持續時間。」即便是這種定義，依舊沒辦法逼退循環性。持續時間、期間和間隔依舊要用時間來定義。編字典者非常清楚時間是什麼——直到他們嘗試定義時間。

一如所有字彙，時間也有疆界。提到疆界，我說的並不是那種無法穿透的實體硬殼，而是坑坑洞洞的邊界。在語言和語言之間，它的分布相當微妙。一個倫敦人可能會說「他做了五十次，至少。」但假使到了巴黎，時間這個字是「temps」，五十次則是「cinquante fois」。如果天氣不錯，巴黎人會說「C'est beau temps」，可是紐約人認為時間（time）和天氣（weather）是兩種不同的東西。[145]這還只是開胃菜而已。相對於「時間是什麼？」許多語言用別種方式代換，例如：「現在的時間是什麼？」

一八八〇年，英國頒布了與時間有關的法定定義——《時間定義法案》（*Definition of*

143 作者是貝絲．葛雷易克（Beth Gleick），於一九六〇年出版，即本書作者的母親。

144 「時間啊！」

145 「由於法語異常地反覆多變，」一九二四年，天文學家查爾斯．諾第曼寫道：「它們跟其他的語言都不同，用一個字詞——也就是『temps』——來表示兩件非常不一樣的事：會流逝的時間，還有天氣，又或者說大氣的狀態。這是語言的諸多特性之一。因此給予語言某種神祕不可解的優雅、極為縝密的慎重度，以及簡潔有力的魅力。」

Time）。這個法案呼籲的是「為了讓議會法令、證書及其他法律文書中對於時間的表達再無疑惑。」而頒布此法案的是「無上英明的女王陛下，經靈職議員（Lords Spiritual）[146]及俗職議員（Lords Temporal）[147]（還有時間領主〔Time Lords〕[148]！）及下議院給予的建議與同意。」假如這些明智的紳士淑女真能用法令來解決問題就好了。想去除對時間定義的疑慮，這會是一個野心勃勃的目標。不過呢——唉，到最後他們處理的不是時間是什麼？而是「現在的」時間是什麼？而大英帝國（由該法案定義）的時間，便是格林威治標準時間。[149]

時間是什麼？文明初始以來，柏拉圖就拚了命地在思考這問題。「永恆正在移動的模樣，」他這麼說道。他可以講出時間的各個階段：「白天，夜晚，月，還有年。」更甚者：

> 當我們說：過去種種已成今日，今日諸事仍在持續，未來已成定數、註定發生。不存在物就是不存在——在在都是非常不精確的表達手法。不過，若搬到其他狀況下討論，也許更為合適。

亞里斯多德發現自己也陷入困境。「那麼我們就開始吧。接下來我們思索的事將製造出一個疑問，也就是要不它根本不存在，或是以非常模糊、勉強的形式存在。它的一部分『曾經存在但現已不在』；另一部分則是『將會來到但還沒有來』。過去消失得無影無蹤，未來又還沒發生，而時間卻是由這些『不存在的東西』組成。另一方面，他又說，不如換個角度看——時間似乎是由改變或動作造成的結果，即它是改變的「度量單位」。早一點和晚一點，快一點和慢一點——這些是透過時間獲得「定義」的字詞。快的意思是在較少的時間裡做較多的動作，慢是在較多的時間中做較少的動作。而時間本身呢？「時間不被時間所定義。」

其後，奧古斯丁跟柏拉圖一樣，將時間拿來跟永恆比較。跟柏拉圖不同的地方在於，他幾

146 譯注：英國上議院因持有英格蘭教會之職獲得席次者。

147 譯注：王室後裔、世襲貴族或終身貴族，甚至上訴法院法官等等皆為俗職議員。此外，作者亦用「Temporal」（時間的）與「time」（時間）做文字遊戲。

148 譯注：《超時空博士》中可在時間中任意穿梭的外星種族。

149 即便以這種方式嘗試定義，還是相當棘手。一八九八年八月十九日晚上八點十五分（格林威治標準時間）發生了一件判例。一個叫戈登的人在布里斯托被警察逮捕，因為他騎腳踏車時沒帶燈。當地法律清楚嚴明，太陽下山後一小時到太陽出來前一小時，每個騎腳踏車的人（這也涵蓋在「運輸工具」的定義裡）都要帶著煤油燈，點亮了燈，才能在腳踏車靠近的時候對路人發出警告。事件發生當晚，格林威治地方太陽下山的時間大約在晚上七點十三分，因此，戈登被抓到沒帶燈騎車的時刻，是太陽下山後整整一小時又兩分鐘。

這位被指控的仁兄完全不能接受。因為在布里斯托，太陽比格林威治晚了十分鐘下山，是七點二十三分，不是七點十三分。但總而言之，布里斯托地方法官依照時間定義法案判他有罪。畢竟他們辯稱道，如果有個「明文規定應該要開燈的時間」，那麼每人都能受惠。

可憐的戈登在律師（達力和康柏蘭）的協助下上訴。在上訴法院面前，這個案件被歸為「天文學方面的案件」。上訴法院有自己的看法。他們做出裁決，認為太陽下山不是「一段期間」，而是一個物理上的事實。錢奈爾法官非常堅決：「根據法官裁決，目前看來，即使一個人騎著沒打燈的腳踏車，也真的看到天上掛著太陽，然而，他依舊可能因日落後一小時沒有提燈而犯罪。」

乎無法停止思考時間，嚴重走火入魔。奧古斯丁的解釋是他其實非常了解時間，直到他必須解釋時間。我們先逆轉一下奧古斯丁語意的順序：不要再嘗試「嘗試解釋」，先來判斷一下我們到底知道什麼。時間不受時間定義——不用太驚訝。在我們不再淨想著找名言錦句或定義時，就會發現自己知道的其實不少。[150]

*

我們都曉得時間是無法察覺的。它是非物質的。我們看不見、聽不見也摸不到。如果有人說他們感到時間經過——那只是一種說法而已。他們感覺到的是其他東西——壁爐架上滴答響的時鐘，或他們自己的心跳，又或是其他意識不到、各種各樣屬於身體節律的表現形式。但不管時間到底是什麼，它都藏在我們的感官捕捉不到的地方。英國博物學家羅伯・虎克（Robert Hooke）在一六八二年對英國皇家學會（Royal Society）[151]特別提出此點：

> 我要問的是，到底是怎樣的感覺讓我們知道有時間存在。畢竟，所有從感覺獲得的資訊都是暫時的，只會在該事件還留有印象時才會存在。就是因為有這樣的想法，我們才會想要有能理解時間的感官。[152]

然而，我們從時間獲得的感受與空間截然不同。閉上眼睛，空間就消失了：你可以在任何地方。你也許變大，也許縮小，然而時間還是繼續流逝。「我耳中聽到的不是時間，是血液流過我的腦子，從那兒流經頸部朝心臟而去的血管，回到個人痛苦的所在，而它，與時間沒有任何關連。」納博科夫如是說。完全與世界切斷，接收不到任何知覺，即便如此，我們仍有數算時間的可能。沒錯，我們習於量化時間（「……而在我們的想像中，它是一種質量，」虎克說。）這帶領我們做出一個看似合理的解釋：**時間就是時鐘所測量的東西**。但時鐘又是什麼呢？**一個用以測量時間的儀器**。[153]蛇吞尾巴的循環在此又出現了。

一旦我們將時間想像成一種質量，顯然就可以儲存它。我們儲存時間、花用時間、累積時間、囤積時間。在現代，我們可說是近乎偏執地去做這一切，但這種概念至少存在四百年了。

150 「如果你停下腳步思索那個字的定義，想著該如何獲得明智的結論，你現在會在哪兒呢？大概會一臉蠢樣地盯著某個華麗虛無的騙局！諸如之類——這樣一個定義的啟示到底是什麼？在那件以形容詞織成的浮誇長袍中，它的意義比虛無還要虛無。」——語出美國哲學、心理學家威廉．詹姆斯（William James）。

151 譯注：成立於一六六二年，是一間資助科學發展的組織，任務包含贊助國家科學發展，提供經費，授予稱號，出版刊物等。

152 虎克的牛角尖越鑽越深。「我說，我們應該找出真的能感覺到時間印記的器官存在的證明。」什麼器官？「就那個，我們叫做記憶的東西。它應該是一種類似眼睛、耳朵或鼻子的器官。」那這個器官在哪兒？「大概在從其他感官延伸過來的神經交會處附近吧。」

153 李．施莫林（Lee Smolin）在《時間重生》（*Time Reborn*）中試著逃避這個迴圈。他採用的方式是重新定義「時鐘」。「就我們的目的來看，時鐘是任何能顯示一連串持續增加的數字的儀器。」但話又說回來，一個能數到一百的人並不等於時鐘。

一六一二年，培根說道：「要合理安排時間，就是節省時間。」節省時間的相反就是浪費時間。培根又冒出來了——「冗長又堆砌詞藻的高談闊論……還有其他個人的演說，都是在浪費時間。」如果不是因為熟悉了金錢，就不會把時間當成可囤積的貨品。**將軍，時間老人背了個大口袋，他把施捨品往裡頭裝是為了忘記它**[154]。但時間真的是貨品嗎？又或者，這只是另一個很鳥的類比，就跟「時間像條河」一樣？

我們的身分不斷在時間的主宰與時間的手下敗將之間來回。時間並不為我們所用，同時我們也不需要它的憐憫。**我蹉跎了時光，現在換時光在消磨我了**。理查二世說：「**我變成了它的一只報時的時辰鐘**。」[155]如果你說某個行為在**消磨**時間，就表示時間是一個供應有限的物質，然後你又說某行為**填滿**了時間，就表示它是某種容器——這樣不是自我矛盾嗎？你是不是有點搞混了呢？你是否無法在邏輯上自圓其說？以上皆非。反之，你是個非常聰明的人。然而，凡提到時間，你的腦中可以擁有一種以上的概念。語言是不完美的，詩更擁有完美的缺陷。我們可以在一個呼吸的瞬間同時占有時間，又讓時間流去。我們可以一口把時光吞掉，或在慢嚼的嘴裏虛耗。[156]

牛頓——他是發明質量概念的人，卻一直很清楚時間沒有任何質量。它不是一個物質，然而他卻說時間會「流動」。他以拉丁文寫道tempus fluit。羅馬人說tempus fluit，時間飛逝，又或者，反正這個格言從中世紀開始就出現在英國的日晷上，因此牛頓當然知道。沒錯，一旦我們知道要去測量，隨即就會發現時間轉瞬即逝，而且毫無影蹤。但時間到底怎麼飛逝的？這又是另一種說法了。而假如時間沒有實體，它又該如何流動？

牛頓千辛萬苦地去分辨兩種時間。我們或可稱為物理時間（physical time）和心理時間（psychological time），但他當時缺少這樣的專業術語可用，所以得更辛苦一點了。第一種，他稱為（以下採用各種含糊的形容詞）「絕對的、真實的、數學的時間」（tempus absolutum verum & Mathematicum）；另一個則是一般人——亦即**普羅大眾**普遍想像的時間。而他把這個稱為「相對的、表觀的」時間。真正的時間——也就是數學性的時間——牛頓是由當代的工業技術推測出來的——也就是時鐘的一致性。他，以及製作時鐘的人在這方面都倚靠伽利略。以特定長度搖晃的鐘擺確實將時間切分為均等間隔的人，正是伽利略。他使用自己的心搏來測量時間。之後不久，醫生開始用時鐘測定心跳。我們的先祖會望著天空以測量時間：太陽、星星、月亮——它們非常可靠。它們給了我們日期、月分和年分。（當約書亞需要更多時間打敗亞摩利人，他請求上帝讓太陽和月亮在它們的軌道上停步——「太陽啊，停在基遍；月亮啊，停在亞雅崙谷。」誰不想停下時間呢？）現在則是由機械取代測量。

---

154 譯注：出自莎士比亞《特洛伊羅斯與克瑞西達》第三幕第三景。

155 譯注：出自莎士比亞《理查二世》第五幕第五景。

156 譯注：原詩句為 Rather at once our time devour/Than languish in his slow-chapt power。出自英國詩人安德魯・馬威爾（Andrew Marvell, 1621-1678）的〈致他羞怯的情人〉（To His Coy Mistress）。此處與原詩略有不同，因此參考九歌版本，陳黎、張芬齡合譯《致羞怯的情人——四百年英語情詩名作選（中英對照）》稍做修改。

另一個循環論證又在此處鬼祟竄入——雞生蛋、蛋生雞的問題出現了。時間是我們用來測量動態的方式，動態又是用來測量時間的方式。牛頓想用定律來逃避它。他將絕對時間變成不言自明的常理。為了他的運動定律，他必然需要一個強而有力的支柱。第一運動法則——一個物體以固定速率移動，除非遭受某外力影響才會有所改變。但速率是什麼？每單位時間移動的距離。當牛頓宣稱時間穩定流動（aequabiliter fluit）時，他的意思是指單位時間是可以信任的。小時、日、月、年，它們無論在哪裡、無論到何時，都不會變。實際上，在他的想像中，宇宙還有自己的時鐘，亦即宇宙時鐘。它不但完美無瑕，而且是數學性的。他想要說的是，在俗世之中若有兩個時鐘時間不一，那是因為時鐘出了問題，而不是因為宇宙整體突然加速或減慢。

＊

如今，在物理學家和哲學家之間提出時間到底是不是「真的」——它到底「存不存在」——是個很潮的問題。諸多研討會與座談會不時針對此問題辯論，書上也有五花八門的解析。我之所以把上述字眼加上引號，是因為它們本身也有極大爭議。真實的本質甚至到現在也還沒定論。我們都曉得，當我們說「獨角獸不是真的」時是什麼意思，就像提到聖誕老人一樣。但學者專家說時間不是真的，指的卻是其他意思。他們並非對自己的手錶或日曆失去信心，而是將「真的」這個說法當成某種代號，用以指稱其他事物——絕對的、絕無僅有的，或是最根本的。

並不是每個人都同意「物理學家老愛爭論時間的真實度有幾分」這種說法。西恩．卡羅爾寫道：「你可能會有點驚訝——但物理學家並不會過度執著哪個概念是『真』或『偽』。」我想，他的意思是說這種事交給哲學家就好。「對於像『時間』這樣的概念，只是一個不需要多做解釋的常用字彙，只是用來描述這世界的狀態——去談論所謂『真實度』也無傷大雅。」物理學家該做的是建構理論模型，並拿經驗證據去測試。

儘管這些模型效用佳、力道強，依舊是人造的東西。它們自己就是一種語言。然而物理學家還是忍不住想去爭論真實的本質——他們怎麼有辦法抵抗呢？「時間的本質」是二〇〇八年基礎問題研究院（Foundational Questions Institute，簡稱FQXi）所舉辦的國際徵文比賽主題。這個機構專研天文物理的基礎問題。從超過百篇的文章中脫穎而出的優勝作品是卡羅爾的〈如果時間真的存在〉（What If Time Really Exists?）。這是一個刻意反其道的行為。「思想史有一個神聖且古老的傾向，就是聲明時間並不存在，」他指出。「那股誘惑非常強大，要你舉雙手投降，大聲地說這整件事都是幻覺。」

這條路的里程碑是一九〇八年由牛津大學的《心靈》期刊發表的一篇論文：〈時間的非真實性〉（The Unreality of Time），作者為約翰．麥塔格特．埃利斯．麥塔格特（John McTaggart Ellis McTaggart）[157]。他是一位英國哲學家，當時任教於劍橋三一學院。（諾伯特．

157 單是麥塔格特的名字就令人了然於心。他的父母，也就是威爾特郡的埃利斯家族，將他命名為約翰．麥塔格特．埃利維納說）麥塔格特在《愛麗絲夢遊仙境》一書中客串一角──睡鼠。「牠生了短短胖胖的手，一副昏昏欲睡的模樣，而且斜著走路。」好幾年來，他主張一般大眾對於時間的看法只是錯覺，現在他提出了更有力的證據。「聲稱時間非具真實性，聽起來無庸置疑是非常矛盾的一件事，」他這樣起頭。但大家稍微想一下……

他談及「時間（或「事件」）中的位置」的兩種說法。我們可以在跟現在相比的狀態下談論此事──這裡的現在指的是說話者的現在。安妮皇后之死（這是他舉的例）對我們來說發生在過去，但這件事曾經屬於未來，接著又變成現在。「每個位置若不是在過去，就是在現在，或未來。」麥塔格特寫道。後來因求便利，他稱之為A理論。

最終，我們一定會比對時間中各個相對位置。「跟其他位置對照，每個位置都會『早於』一些位置，也都『晚於』一些位置。」安妮皇后的死跟最後一隻恐龍的死亡相比是較晚發生，但比起《時間的非真實性》發表的時間，則是早了一些。這便是B理論。B理論是不變的，是永恆常在的。這個順序不能改變。而A理論是可變動的：「例如，某事件發生在現在，但在過去，它是屬於未來的事件；在未來，則成了過去的事件。」

許多人覺得A理論和B理論的對比法很有說服力，它堅定採用哲學語法。麥塔格特使用推理鏈來證明時間不存在。A理論對時間而言是不可或缺的，因為時間必須透過變化來呈現，只有A理論容許改變。另一方面，A理論卻又與自己的前提相互矛盾，因為明明是同樣事件，卻同時持有過去和未來的特性。「不管是時間作為一個整體，或A理論和B理論，都是不存在的」是他顯然無法逃避的結論。（同樣地，上面的論述我可以說「在那個時候不存在」，因為論文是發表於一九〇八年，但我也可以簡單地說一句「就是不存在」，因為這篇論文圖書館、網路上都有，更抽象的說——它存在於由各種事實與概念交織、不斷快速擴大的織毯中——亦即我們的文化。）

也許你注意到了——如果你有，那麼你的觀察力可能比他大部分的讀者更敏銳——麥塔格特的起手式是先假設他要證明的東西。他考慮了**時間中的每個位置**，每個可能的**事件**，好像它們早有明顯的次序，由神或邏輯學家在幾何學者的線上安排幾個點：M、N、O、P。你可以稱之為永恆的觀點，或永恆主義（eternalism）。未來跟過去一樣：你可以在心靈的視野中清清楚楚看到一張整齊俐落的圖表。相反地，我們的經驗僅是精神層面的產物：亦即記憶、感知以及對未來的預期。我們的體驗成了「過去性」、「現在性」和「未來性」。永恆學家說：「真實是沒有時間性的，因此時間是非真實的。」

事實上，這是現代物理的主流看法。我不會說是**唯一**的主流——在這變動劇烈的時代，沒有誰能確定說出那到底是什麼意思。有許多受到極大尊崇並在學界擁有一席之地的物理學家，

斯，源自他父親的叔叔約翰．麥塔格特爵士，他是一位沒有子嗣的蘇格蘭準男爵。約翰爵士後來遺贈一筆相當可觀的財產給埃利斯家，條件是他們要承繼他的姓氏——麥塔格特。對年幼的約翰來說，這樣他的名字就又重複了一遍。但這個出現了兩次的「麥塔格特」似乎沒有給他帶來什麼困擾。畢竟，當今世上最為人所知的麥塔格特不是那位準男爵，而是他。

擁護的是以下信念：

・物理的等式中不包含時間之流的證據。

・科學定理無法區分過去與未來。

・**因此得證**——我們有三段式論證了嗎？

・時間不是真實的。

觀察者（物理學家或哲學家）站在圈外往裡看。人類對於時間的經驗，抽象而變得懸而未決。過去、現在和未來，都關在一個硬果殼裡[158]。

那麼，反過來說，我們一直以來的印象又怎麼辨呢？我們打從骨子裡感受到時間。我們記得過去，我們等待未來。但物理學家卻說我們只是容易犯錯的有機體，會輕易遭到耍弄，不可信任。科學發達以前，我們祖先曾活在地球是平的、太陽繞地球的時代。有沒有可能，我們對於時間的記憶也一樣天真？是有可能的——但到最後，科學家還是得回到經驗證據。一定要這麼做，我們才得以測試模組。

「我們這些信仰物理的人，」愛因斯坦說：「非常清楚過去、現在和未來之間的分別，只是一種揮之不去的錯覺。」**我們這些信仰物理的人**——在這句話中，我嗅到一絲傷感。「在物理之中，」美籍英裔數學物理學家費曼・戴森也在此重申，「時空中的過去、現在和未來的區別，只是一種錯覺。」但是這些公式化的說法還留有一點人性，因此有時不免流於表面。愛因斯坦當時正在安慰失去親人的姊妹與其子，可能也因此想起了他自己有限的生命。戴森則想以充滿希望的語氣，表達出我們與過去和未來的人之間其實有著親密的關連。「他們是我們在大宇宙之中的鄰居。」這些想法都很美好，但並不能成為真實本質的最終定論。一如愛因斯坦早先所說，「時間和空間是我們心中的預設，不是真實生活的狀況。」

科學家堅信未來早已成形的態度是有點任性的——未來固定得死緊，就跟過去一模一樣。在科學研究中，第一個動機——也就是最高指導原則，就是努力在我們一頭栽入的不可知未來中拿到些許控制權。對古早年代的天文學家而言，預測天體運行的動機可能是要證明自己的無辜，或是歡慶勝利。預言蝕缺是為了靠恐懼詐取金錢。醫學科技汲汲營營好幾個世紀，努力消滅疾病，延長宿命論者認為是固定不變的生命。牛頓定律第一個最實際又最有力的應用，就是讓學習火砲的學生計算砲彈的拋物線彈道，如何以最佳方式讓它們打中目標。二十世紀的物理學家不只能改變戰爭的路線，還夢想使用全新的電腦預測、甚至控制地球的氣候——有何不可？我們也是能進行模式識別的機器，科學研究計畫的宗旨就是要將我們的直覺公式化，直接進行計算。不只想去理解——這種小確幸太被動，且太不切實際——而是要在有限的可能性中，讓自然受我們的意念左右。

158 出自莎士比亞《哈姆雷特》第二幕第二景。

不要忘記拉普拉斯所謂的超人智慧。他的智慧之強大，足以理解所有的力與位置，並且對其進行分析。「之於它，沒有任何不確定的事物；在它眼中，未來與過去將會等同現在。」就是因為這樣，未來才會變得跟過去沒有分別。湯姆．史達帕也加入了哲學家的行列，以巧妙的方式解釋道：「如果你能讓每個原子停在原位，方向不變；如果你可以理解戛然而止的每一個動作；如果你真的、**真的**非常擅長代數，擅長到能為每種未來寫下方程式——即便沒有人聰明到能做出這種事。假如有，這個方程式定會存在。」但疑問仍然存在——畢竟有這麼多現代物理學家仍相信這種論調——為什麼呢？如果沒有任何一種智慧生物擁有這麼高的領悟能力，沒有一臺電腦能做這麼大量的計算，我們為什麼一定要擺出一副未來真的可以預測的模樣？

有個比較曖昧的答案是（雖然有時它又清楚易懂）：宇宙就是它自己的計算機。它計算自己的命運——一步一步、一點一點（或說一個量子位又一個量子位）。二十一世紀初期，我們所知的電腦並沒去計算那些誘惑人心的量子多樣性。它們的運作方式早就決定好了。一個預設的輸入值導出的輸出值永遠都會一樣。但話說回來，我們的輸入值是初始條件的總計，而我們的程式則是自然法則。這裡面應有盡有：未來早就在那裡了。不需要再多補充什麼，沒什麼要發現的，太陽底下再也沒有新鮮事。沒有出人意料，只剩邏輯的齒輪互撞發出的鏗鏘聲——而那也僅是一種形式。

但我們從經驗得知，現實世界裡一切總是亂糟糟。測量的數值都很接近，獲得的知識也不盡完美。「片段與另一個片段之間有著鬆散的發揮空間，」威廉．詹姆斯說：「所以放棄其中一個，並不見得就決定了另一個的命運。」對於量子物理揭示的一切，詹姆斯很可能又驚又喜：**我們永遠不可能**完全清楚粒子的絕對狀態；不確定性占有優勢；概率分布取代了拉普拉斯做夢都想要的完美精確性。「可能性超越現實性的機會非常大。」詹姆斯也許說過——其實他真的有，但那是在精確科學（actual science）之前的事——「那些超越我們理解範圍的事物，很可能本身就是含糊不清的。」正是如此。一個握有蓋格計數器的物理學家永遠也猜不出它的下一聲什麼時候會響。因此，你可能以為現代的量子理論學家會加入詹姆斯那歡欣鼓舞的自由意志論。

在思想實驗中的電腦（假使不是我們一般用的那種）是決定論的，因為人類就是這麼設計。同理可證，**自然法則是決定論的，因為人類就是這麼定義**。它們在人類心靈或柏拉圖的領域中可以達到理想且完美的狀態，但現實世界裡卻不行。薛丁格的等式（又稱現代物理中的螺絲起子）處理不確定性的方式，就是將所有可能性整理成一個最小整數——波函數（wave function）。這玩意兒是一種超難捉摸、超抽象的東西。物理學家可以用Ψ[159]代稱，這樣就不用太擔心具體問題。「那麼，我們是從哪兒找到這東西的？」理查．費曼說：「天知道。要從任何一個已知理論中推導根本是不可能的。它大概是從薛丁格的腦袋裡冒出來的吧。」而無論是在以前還是現在——它的效力都非常驚人。一旦你獲得這個函數，決定論又會回到薛丁格等

159 譯注：希臘字母，念成psi。在薛丁格方程式與量子力學中代表波的函數。

式中。計算是決定論的。若預設適當的輸入值，優秀的物理學家可以精確算出輸出值，而且可以一直這麼算下去。唯一會出問題的時候，就是當我們必須恢復理想化等式在現實世界應有的樣貌。最終，我們還是得從柏拉圖的抽象數學樂園空降到紅塵俗世的實驗室椅上。此時，凡必須測量的，套句物理學家的話——波函數就會「塌陷」。薛丁格的貓非生即死。根據以下打油詩：

我們從Ψ學到的東西
從沒想過竟如此意外
雖不是貓的命運，
但也跟牠有關
這是我們推測的最佳答案

波函數塌陷引發量子物理中一個特別的論證。這與數學無關，而是哲學基礎。「這可能是指什麼意思？」是最基礎的問題，而各式各樣的探究方法則稱為詮釋。在眾多詮釋中，第一個出現的是哥本哈根詮釋（Copenhagen interpretation）。哥本哈根詮釋將波函數塌陷看作一個尷尬卻必要的存在，就像一臺不得不容忍它存在的拼裝電腦。[160]這個詮釋主要的宗旨是「別說了，直接算吧。」另外還有玻姆詮釋（Bohmian interpretation），量子貝氏論（quantum

Bayesian），客觀塌縮理論（objective collapse），以及——最後壓軸來了——多世界詮釋。「無論參加哪個會議，感覺都像去到一座吵得不得了的聖城之中，」物理學家克里斯多福・福克斯（Christopher Fuchs）說：「在那裡你會發現，抱持各種信仰的神父都在相互挑起聖戰。」

多世界詮釋是我們這代最聰明的物理學家所想像出的冠軍夢幻逸品。就算不是波赫士，也是休・艾佛雷特（Hugh Everett）智慧的傳承者。「MWI是最有魅力、也是知名度最高的。」菲利普・鮑爾（Philip Ball）於二〇一五年寫道。他是一位英國科幻小說家（也是前物理學家）。「它告訴我們，我們有多重分身，在另一個宇宙過著另一種生活，而且很可能做著我們夢寐以求卻永遠做不到（或不敢奢求能做到）的事。誰能抗拒這種想法呢？」（不過他就可以。）多世界詮釋的擁護者有囤積癖，每一種可能都無法拋棄。對他們來說，沒有哪條路是未竟之路，每件該發生的事是真的會發生，所有的可能性都會成真——就算不在這兒，也可以發生在另一個宇宙。宇宙學中也存在大量宇宙。布萊恩・葛林（Brian Greene）點出九種不同類型的平行宇宙：「拼逢宇宙」（quilted）、「膨脹宇宙」（inflationary）、

160 「哥本哈根詮釋」究竟打哪兒來的？首先，「哥本哈根」是假掰的人對尼爾斯・波耳的愛稱。數十年來，哥本哈根之於量子理論，就像梵蒂岡之於天主教。而「詮釋」似乎源自德語，只是那個字應是「精神」（Geist），亦即「量子理論的哥本哈根精神」（Kopenhagener Geist der Quantentheorie）——維納爾・海森堡（Werner Heisenberg，1930）。

「膜宇宙」（brane）、「循環宇宙」（cyclic）、「全景宇宙」（landscape）、「量子宇宙」（quantum）、「全息宇宙」（holographic）、「虛擬宇宙」（simulated）以及「終極宇宙」（ultimate）。MWI無法靠邏輯推翻。它太有吸引力了：你能提出的每一種反駁，臺面上的擁護者都考慮過，並且（在他們心中）全都加以駁倒。

對我而言，最有效率的物理學家，是那些某些程度上對自己的計畫很謙虛的人。波耳說：「我們描繪本質的目的，並不是要揭露某現象真正的樣貌，而是要盡可能地去搜索、去發現我們經驗中那些多方觀點之間的相互關係。」費曼說：「對於各種不同事物，我有大致的答案，還有可能的看法，以及不同程度的確定性。但是，我其實無法對任何一個下定論。」物理學家會做數學模組，這是歸納和簡化——制定在尚未完善的定義之下，並從真相身上拆下一些華麗的裝飾。模組將模式暴露在混亂之中，並藉此受益。模組本身沒有時間性，它們不會改變。笛卡兒圖表上繪製的時間和距離包含它自身的過去與未來，閔考斯基的時空圖也一樣沒有時間性。波函數也沒有時間性。這些模組是想像的、是固定不動的。我們可以用人腦或電腦來理解。但話說回來，就某種程度而言，這個世界依舊處處是驚喜。

美國小說家福克納（William Faulkner）說：「每個藝術家都想以藝術手法捕捉動態——也就是人生——然後把它固定在那兒不動。」科學家也是這麼做，而且有時他們會忘記自己用的是藝術手法。你可以說愛因斯坦發現宇宙是一個四維的時空連續體，但不如改個更加謙虛的說法比較好：愛因斯坦發現，我們可以用四維的時空連續體來形容這個宇宙，而這樣的一個模組，讓物理學家得以計算有限領域中幾乎任一項物件，其精準度高得令人訝異。而為了論證之便，我們暫且稱為時空──就把「時空」加進譬喻的工具箱吧。

你可以說物理的等式分不出過去與未來，也分不出時間中是向前或向後。但如果你這麼說，就是刻意不去注視與我們的心智最親近的那個現象。[161]你暫時拋下了進化、記憶、意識以及生命的未解之謎。基本過程也許可逆，但複雜的過程則否。在萬事萬物的世界中，時光之箭永遠都在飛馳。

有個二十一世紀的理論家開始挑戰主流觀點（亦即塊狀宇宙）──李・施莫林（Lee Smolin），一九五五年生於紐約，是量子引力的專家，同時也是加拿大圓周理論物理研究所（Perimeter Institute for Theoretical Physics）創辦人。就物理學家而言，在施莫林大半的生涯中，前半段都對時間抱持傳統的觀點，當他發現後，立刻撤回自己的主張。「我已不再相信時間是非真實的，」[162]他在二〇一三年宣布。「事實上，我的觀點是相反的：時間不但真實，甚至可以說，我們知道或經驗過的一切都無法讓我們靠近時間的真實本質。」駁斥時間本身就是一種自負，是物理學家拿來騙自己的花招。

161 「物理之中的確有『現在』的存在。當我認真看待自身的經驗，這個概念就越發明顯，而且我發現自己是靠著時空這樣抽象的概念來建構、組織經驗的。」美國物理學家大衛・梅爾銘（David Mermin）表示。

162 審訂注：作者在此引用李・施莫林在《時間重生》（*Time Reborn*）書中前言的一小段。（卜宏毅）

「實際上，我們的感知中永遠都會存在一些時刻。我們對於那些時刻的感受就是時間流的一部分，它並非幻象。」施莫林寫道。時間凍結、永恆、四維空間的條狀時空（spacetime loaf）——這些是所謂的幻象。永恆的自然法則像完美的等邊三角形。無可否認，它們確實存在，但只存在於我們心裡。

我們經歷的每件事、每個想法、印象、意念，都是瞬間的一部分。對我們而言，整個世界是由許許多多連續瞬間組成，對此我們沒辦法多做什麼。我們沒辦法選擇要居住在哪一時刻，或要在時間中往前或往後。我們也不能大步一躍，不能選擇該時刻流動的速率。在這種情況下，時間跟空間完全不一樣。你可能想反駁，說每起事件不也是發生在特定時間點嗎？可是我們在空間中是可以選擇要移向何處的。這差別其實不小。嚴格說來，這形塑了我們全部的經驗。

當然，宿命論者認為這個選擇是幻想出來的。而施莫林心甘情願將這執拗的幻覺看做一種證據，不能隨便在嘴上打發，一定要給個解釋。

對施莫林來說，搞到最後，挽救時間的關鍵變成必須徹頭徹尾、重新思考空間概念。這概念到底打哪兒來的？假使在一個空盪無一物的宇宙，「空間」還存在嗎？他主張，時間是大自然最基本的特質，但空間則是一個新生的特質。換句話說，它就跟「溫度」一樣抽象——顯而易見、可以測量，但其實是某種更奧妙、肉眼看不見的東西所導致的結果。就溫度而言，它的根據來自那些顯微鏡下的分子集合動態。我們感覺到那個叫「溫度」的東西，是這些移動分子製造能量的平均值，因此它跟空間有關：「就量子物理面而言，空間並非必要，但它卻來自更深層的地方。」（他也相信，量子物理將會成為另一個更深奧理論的近似值，包含其中各個謎團與悖論，譬如：「貓是活的，同時也是死的，此為諸多平行存在的宇宙之無限性」。

就空間而言，真實的深刻之處在於，這之間所有實體的關係網絡，都是被填滿的。物體和其他物體之間有所關連，它們是密不可分的。換句話說，這樣的關係便定義了空間，但並非反之亦然。這不算什麼新觀點，至少可回溯至牛頓最大的敵手萊布尼茲（Gottfried Leibniz）。他拒絕接受以下說法——時間和空間是一種容器，裡頭的每樣東西位置都是固定的——這是宇宙不可動搖的遠因。相對於此，他傾向將它們當作物體間的相對關係。「空間不過是種階層或相對關係。而且，要是沒有物體，它就什麼也不是，只是擺放這些物體的某種可能性。」空盪盪的場所就不算空間，萊布尼茲會這麼說，而在空盪盪的宇宙裡，也沒有時間的存在。因為時間是用來測量變動的東西。「我堅持空間跟時間都只是相對性的物體。」萊布尼茲這麼寫道。「假使徒然無物，那麼所謂的『時刻』（instant）就什麼也不是。」但是，由於牛頓的綱領大獲全勝，萊布尼茲的主張幾乎消失在歷史中。

為了評估一下這個網絡與相對關係的空間觀點，我們的眼光必須限縮在相互連接的數位世界：網際網路。它就像一世紀前的電報系統，普遍被認為是「扼殺」空間的事物。之所以這麼說，是因為它能夠超越物理維度，讓你跟一個網絡端點最遙遠的人成為鄰居。這已經不是六度分離理論了，現在我們擁有的是十億度的連結性。如施莫林所說：

> 我們生活的世界，是一個低維度空間與生俱來的界線遭科技碾壓的世界……從手機的觀點來看，我們住在兩百五十億維度的空間，裡頭幾乎每一個人類同胞都是我們最親近的鄰居。網際網路造成的現象當然也一樣，隔離我們的空間完全被網路的連結給瓦解。

所以，也許現在我們可以較容易看清事物的樣貌。這便是施莫林的信仰：時間是基本要素，但空間是一種幻覺。「真正建構起這個世界的是生氣勃勃的網路」，而網路本身（包含其中的一切）可以、而且也一定會隨著時間進化。

施莫林提出一個深度研究計畫。計畫的根據是「世界優先時間」（preferred global time）的概念。此概念可擴展到全宇宙，並且定義出過去與未來之間的疆界。在它的想像中，一整族的觀察者散布在整個宇宙，優先條件為靜止狀態。在此狀態下得以測量動態。即便提到「現在」，如果觀察者不一樣，現在就不必一樣，因為對宇宙來說，它仍保持原本的意義。這些觀察者都持續感受著「此刻」。他們不是可以擱置一旁的問題，而必須要詳加調查。

宇宙不會受到任何影響。我們會感受到變化、感受到動態，並試著去理解成千上萬種疑惑。換句話說，最難的問題在於意識（consciousness）。於是我們回到了起點，回到威爾斯的時間旅人。他堅持認為時間與空間唯一的區別就是「我們的意識會跟著流動」，不久後，愛因斯坦和閔考斯基也講了一樣的話。物理學家與自己的問題發展出一種愛恨交織的關係。一方面，那其實根本不甘他們的事——就丟給（勉強算數的）心理學家就好；但另一方面，他們又想解救那些觀察者——負責測量的人、累積知識的人——別讓他們瞎搞到最後卻發現那種酷炫的特質根本不可能存在。意識不是什麼奇妙的旁觀者，它也是一種我們試圖去理解的宇宙。

心靈是最即時的一種體驗，也是感受的工具。它受時間之箭控制。一面前進，一面製造記憶。它塑造出世界的模組，並持續將這些模組拿來跟先前的比較。但不管意識到底是什麼，都不會是某種像手電筒一樣照亮四維時空連續體片段的東西。它是一個活系統，在時間中出現，在時間中進化，能夠從過去點滴中擷取資訊，並且消化吸收，同時也能給予未來期望。

奧古斯丁一直以來都是對的。現代哲學家約翰・魯卡斯（J. R. Lucas）在他的《論時間與空間》（*Treatise on Time and Space*）中又繞了回來。「我們說不出時間是什麼，因為我們早就知道了。然而，我們永遠沒辦法正確地表達出已知的一切。」菩薩也是這樣（波赫士版本）：「過去那人曾經活過，但他不活在現在，也不活在未來；未來那人存於未來，但他不在過去，也不在現在；當下這人活在當下，但他不存在過去，也不在未來。」我們都知道過去不可追——它已經劃下句點。已經結束了，早就簽好名、封起信封、郵寄出去了。我們已經不再擁有碰觸它的資格，僅限於記憶和實體證據——化石、閣樓中的壁畫、木乃伊還有舊筆記本。我們都知道證人不可靠，紀錄可能遭竄改或誤解，沒被記下的過去再也不存在。但經驗依舊說服我們過去事件曾發生過，而且還會持續發生。未來則不一樣。未來還沒有到來。它是開放式的。雖然不是什麼都會發生，但有很多事「可能」發生。那個世界還在建構中。

時間是什麼？時間會變，它是我們記錄一切的方式。

13
我們唯一的船

在時間之河中唯一航行的船，就是故事。

——美國科幻小說家娥蘇拉．勒瑰恩
（Ursula Le Guin，1929-2018）

你的現在不是我的現在。你正在讀一本書，而我正在寫一本書。你在我的未來裡，然而，我卻知道接下來會發生什麼事——至少一部分吧——但是你卻不知道。163

不過話說回來，你可以是你自己書中的時間旅人。如果你沒有耐心，可以直接跳到結局。假使想不起劇情，只要往前翻——前面全部都有寫。在翻頁的動作裡，你已非常熟悉時間旅行，因此，用這個例子來說，書中的角色也一樣。「我不知道該怎麼說才比較清楚，」村上春樹著作《１Ｑ８４》中女主角青豆說道：「當你想要快速前進，時間會產生一種不規則的顫動。如果應該在前面的東西其實在後頭，在後頭的卻是在前面——也沒有關係，不是嗎？」她似乎很

163 「沒有任何事能夠改變得了眼前這章的結局（它已經寫好，並歸檔收起）。」納博科夫在寫《愛達或愛欲》的途中如此寫道。當然，在他寫這本書的時候並非如此。

快就將改變她自己的現實——但是身為讀者的你卻改動不了歷史，也無法改變未來。將在未來發生的，一定會發生。你完全身處其外。你在時間之外。

這是否聽起來有點超然？因為它的確是。在時間旅行多到爆炸的年代，說故事技術的複雜度變得超乎想像。

文學創造自己的時間。它仿造時間。到了二十世紀，故事大多還是以符合邏輯、簡單易懂而且線性的方式往下發展。書中的故事通常從一開始說起，然後在事件完結時劃下句點。也許經過一天，或經過幾年，但無論如何都會按順序來。時間多半是看不見的——雖然它時不時會躍到前景。打從最早開始有說故事的行為，就有「故事中的故事」這種東西。而這些故事跳轉時間的方式就跟空間一樣：它們會倒轉，以及快轉。我們對於故事的敏感度非常高。有時，故事裡的角色感覺起來就很不真實，像個可憐的演員，在舞臺上又蹦又跳，任由時間擺布：明日，明日，復明日[164]……又或者，我們這些生活在現實世界的人像得了強迫症一樣疑神疑鬼，懷疑自己只是他人想像中的角色。演員演的是劇本的內容。在羅森克蘭茨和吉爾登斯特[165]的想像中，他們是自己命運的主宰，而我們又有何立場懷疑此事？麥可·弗萊恩（Michael Frayn）二〇一二年的小說《史奇歐島》（*Skios*），站在全知觀點的敘述者談及他故事裡的這些角色，「如果他們真的活在故事裡，可能早就猜到，在某個地方有某個人握有完整的故事，將要發生的事情早就存於印好的書頁中，已經定案了，無法修改，真真切切的存在——也不是說這能幫得了他們什麼，因為這些人根本不知道自己在故事之中。」

故事裡，事件一個接一個發生。那是它們的界定特徵（defining feature）。所謂故事，就是一字排開的各個事件。我們想知道接下來會發生什麼。我們堅持聽下去、堅持讀下去。如果幸運，國王就會讓雪赫拉莎德（Scheherazade）[166]多活一晚。至少傳統的敘事觀點是這樣的：「事件的安排是按照時間順序，」如E．M．佛斯特在一九二七年時所說——「早餐先於晚餐，周一先於周二，死亡先於腐朽。以此類推。」在現實生活中，我們非常享受說故事者所沒有的自由。我們忘了時間。我們浮沉、我們做夢。過去的記憶層層堆積，或自然而然侵入我們的思維。對於未來，我們懷有各種自由奔放的期待。但無論是記憶或期待，都不能組成時間軸。「在每日生活中，你我永遠都能以行動來否認時間的存在。即便這麼做會使我們變得不可理喻，然後被親愛的同胞送進名叫『瘋人院』的地方。」佛斯特說道。「但對小說家而言，他永遠不可能否認自己小說架構裡的時間性。」日常生活中，我們也許有、或也許沒有聽見時鐘滴答；「然而在小說裡，」他說：「時鐘永遠都在。」

再也不是這樣了。我們進化出更前衛的時間感——更自由，也更複雜。在一本小說裡，時鐘可能會多於一個，或甚至根本沒有時鐘，或用的是相互矛盾的時鐘，或不可靠的時鐘、往後

164 譯注：出自莎士比亞《馬克白》第五幕第五景。

165 譯注：出自《哈姆雷特》的劇中劇《君臣人子小命嗚呼》（*Rosencrantz and Guildenstern Are Dead*）。哈姆雷特利用兩人上演殺兄娶嫂、謀篡王位的劇情，諷刺他的叔叔與母親。

166 譯注：《一千零一夜》中的王后。

跑的時鐘，沒有目標亂亂轉的時鐘。「時間感已變得支離破碎，」一九七九年，卡爾維諾如此寫道：「零碎的時間片段按照本身的軌道走，卻在瞬間消失得無影無蹤，我們只能去愛那稍縱即逝的碎片，或在其中思考。我們只能在某個時期的小說中發現時間的連貫性。在那段時期，時間似乎沒有消停的一天，也沒有破碎。那樣的時期不會存在超過一百年。」[167]但他並沒有說這個百年幾時結束。

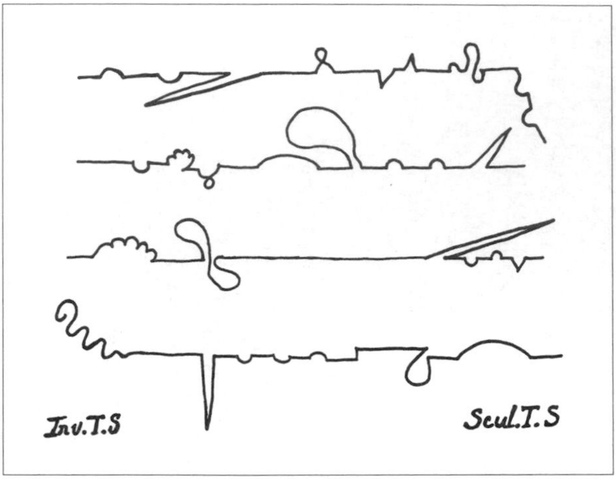

圖14 出自小說《項狄傳》第XXXVIII章。

現代主義運動在各地積極起義的當兒，佛斯特也許也知道自己太過簡化。他讀了艾蜜莉·布朗特，她在《咆哮山莊》（*Wuthering Heights*）中叛逆地不照時間順序走。他也讀了勞倫斯·斯特恩（Laurence Sterne），他筆下的項狄（Tristram Shandy）說：「我承諾要一一解決的困難近百，卻不斷有千個苦難與內憂迎面而來。」他甚至拋棄了時態的桎梏——「一頭牛（明天早上）已經衝進我叔叔陶比的防禦工事」——他甚至用彎彎曲曲、往復來回、上上下下的線條表示自己在時間上偏離徘徊的概念。

佛斯特也讀了普魯斯特。但我不太確定他是否理解正確：時間像是突然爆炸一般，蔓延得到處都是。

目前看起來，空間似乎是我們自然的維度，是我們可在其中移動、可直接感受的東西。對普魯斯特來說，我們變成了時間維度的合法住民：「至少，我非得在作品中描述人（哪怕會將他們描述得像個怪物），寫他們占據了那麼大的空間。相較之下，空間為他們保留的面積那麼狹窄，時間卻給他們無限延伸的位置……彷彿《追憶似水年華》之中的巨人，同時碰觸到在時間上相距極遠的幾個時代——兩者相隔了那麼多的時日。」普魯斯特和H．G．威爾斯是同時代人，當威爾斯發明用機器進行時間旅行，普魯斯特則發明不用機器的時間旅行。我們也許可說那是精神上的時間旅行——同時，心理學家也根據他們自己的理由，挪用了這個名詞。

海萊因的時間旅人鮑伯．威爾森回去尋找過去的自己——他去跟他們交談，並且修改自己的人生——而在《追憶似水年華》中，主述者（有時叫馬賽爾）也用自己的方式這麼做。普魯斯特（或是馬賽爾）對自己的存在懷有疑惑，也許甚至還對生命的限度感到疑惑：「我並非位於時間之外的某個地方，而是像小說裡的人一樣受時間法則控制。也因為這樣，當我坐在康伯瑞的柳木椅堡壘之中閱讀小說人物的人生，我便因此感到憂愁。」

「普魯斯特顛覆了敘述表現法的所有邏輯。」傑哈．簡奈特（Gérard Genette）說。

167 譯注：出自《如果在冬夜，一個旅人》（*If on a Winter's Night a Traveler*）。

他是一位文學理論家，為了處理這件事，他創造出一個全新的研究領域——「敘事學」（narratology）。俄國評論家兼語言學家米哈伊爾．巴赫金（Mikhail Bakhtin）在一九三〇年設計出一個稱為「時空體」（chronotope）的概念（公正公開地把愛因斯坦所說的時空借來用）。用來表達兩者在文學中不可分割的特性：它們的影響力相互行使在對方身上。「時間在一定程度上增加了厚度，越來越有血肉，變得讓肉眼可見，」他寫道：「同理，空間會因應時間、情節和歷史的變動而產生反應。」這裡的不同之處在於時空仍是不變的。相較之下，時空體中容許的可能性，其實跟我們想像力所容許的範圍相去不遠。也許一個宇宙是宿命論的，另一個可能是自由的。在一個宇宙裡時間是線性的，在另一個則是循環的，我們的失敗與發現都注定要不斷重複。在一個宇宙裡，人可以青春永駐，同時他的照片卻在閣樓中漸漸老去。在另一個宇宙，主角卻逆生長，從衰老狀態退回嬰孩時期。在一個宇宙中，故事可能遭受儀表時間管控，另一個則在精神時間的管轄範圍內。哪個時間是真的？以上皆是？以上皆非？

波赫士提醒了我們，叔本華則堅稱生命和夢都是同一本書上的紙頁。閱讀它們最恰當的次序，就是好好地活，但如果想要瀏覽它們，就要到夢中。

與任何時代相比，二十世紀給予說故事的時間複雜性都是最自由奔放的。可是我們沒有足夠的時態——或者說，雖然我們創造出了這些時態，卻沒有足夠的名詞來稱呼。[168]「在某個將要成為未來的時刻」——這簡潔有力的句子是鄧敏靈（Madeleine Thien）的小說《確然書》（*Certainty*）的開場。而普魯斯特則將時間的路徑擺到鏡子前方：

有時，當他經過旅館前，他會想起雨天，那時他常帶著女傭走到這麼遠，像朝聖一般。但他的記憶中沒有憂愁的情緒。隨後，他想著某天一定能品嘗自己已不再愛她的滋味，這分憂愁比起還未湧上的冷漠更為明顯，而且更早出現。這是來自他的愛，但是這份愛早已不存在。

預感的記憶，記憶的預感。為了理解時間迴圈，敘事學家畫出符號式圖表。但這些細節就留給技術人員處理，我們只要感受那全新的可能性就好。**把記憶與欲望摻和攪和**[169]。但重點在於，這對小說家和物理學家來說其實都差不多，時景（timescape）漸漸取代了風景（landscape）。馬賽爾童年時期的教堂對他而言是「占據了……這麼說吧——四維空間，也就是時間。它的中殿延展過數個世紀，一個隔間又一個隔間，一個禮拜堂又一個禮拜堂。它征服

---

168 動詞時態和時間旅行的問題為大眾文化帶來無止盡的魅力。市面上有許多著作——但大多都純屬虛構。這個發明始於一九八〇年道格拉斯．亞當斯：「主要的問題只不過是文法，而這方面的重要參考著作是旦．提街仔博士的《時間旅行家之一千零一種時態手冊》。裡面會告訴你，比方說，如何描述某件在過去正要發生在你身上的事，而你往前跳了兩天避過了。這件事會根據你所在的時段不同而有不同的描述法：看你是在你本身的自然時間，還是在未來，或是在過去，而且描述法會因為你有可能實際上正在回到過去成為你自己的爸媽途中而更加複雜。大部分的讀者看到未來半假定修飾次反轉變格過去虛擬表象式就放棄了。」（木馬文化，《銀河便車指南2：宇宙盡頭的餐廳》〔*The Restaurant At The End Of The Universe*〕）

169 譯注：出自T．S．艾略特《荒原》（*The Waste Land*）。

且滲透的似乎不僅僅是幾碼的距離，甚至是一個時代接著一個時代的勝利。」其他偉大的現代主義者——尤其是喬伊斯和吳爾芙，同樣也將時間納入他們的畫布及主題中。美國文學評論家菲莉絲．羅斯（Phyllis Rose）觀察到，對這些人來說，「散文的文句在時間和空間中遊走，當下的任何一刻，都能夠當作一道跳臺，讓你能躍入記憶、預期及聯想的湖中。」敘事不以年月順序，它是不按時序的。如果你是普魯斯特，對人生的敘述又將與人生本體融會在一起：「我們的人生是如此不按時序，有許多不以年月為順序的事情。」敘述本身就是一種時間機器，而記憶則是它的燃料。

普魯斯特就跟威爾斯一樣，將這全新的地質學融會貫通。他掘開埋藏在他心中的地層：「這些回憶重疊堆積成一大塊，但你還是可以分辨出來。有些回憶是陳年的，有些是因某杯茶的香氣勾起。有些是我從別人那邊聽到、屬於別人的回憶。即便有裂縫、有斷層，至少特定石塊、大理石上的那些岩脈、紋路花色，可以明顯看出不同的來源、年代與『結構』。」假如現代神經學家選出一個可靠的模型解釋記憶如何運作，那麼我們可以批評普魯斯特對於記憶的觀點只是一種詩意的表達——但他們沒有。即便有電腦記憶體的範例可利用，即便擁有專研海馬迴（hippocampus）和杏仁體（amygdala）極為詳盡的神經解剖學，依舊沒有人能解釋記憶是如何形成和檢索，也沒有人解釋得了普魯斯特自相矛盾的論點：搜尋記憶、詢問記憶、倒轉影像或回去記憶的抽屜翻找，都無法復原過去。甚至，但凡涉及到我們自身，過去的本質就變得非常不受控。

他為此發明了一個名詞——「非自主記憶」（involuntary memory）。他嚴正提醒道：「對我們來說，想要召喚記憶只會是白費功夫，不管用上多少智慧或努力都沒用。過去藏在我們腦力遠遠不可觸及的國度之外。」我們往往以天真的態度窺看自己的心靈，想說可能記憶早已成形，搞不好現在能把它們叫出來，從容地審視一番——門都沒有。我們搜索的記憶——亦即自由意志的記憶——只是幻覺。「它提供的那些過去的資訊——已經不是原來那個過去了。」我們的腦子會一次又一次重新寫過記憶試圖回溯的事件。「如果，想在霧中找到方向的人，本身就是遮蔽視線的五里霧，那麼你會有種自己遭到自己排擠打擊的感覺。」非自主記憶是我們根本無法追尋的聖杯——不是我們去找它，是它來找我們。它可能不期然地藏在某個實體物品之中——「這個東西給我們的感覺」這裡打個比方，例如瑪德蓮蛋糕蘸青檸花茶。它可能是居於夢與醒的中間地帶。「然後，位於失序世界的混亂將劃下句點，魔法扶手椅將會以最高速度帶著他穿越時間與空間。」

多方考慮之後，你可能會有點訝異心理學家竟花了超過六十年才對這個現象下定義，並給它一個名字——「精神時間旅行」（mental time travel）。但總之，他們現在做到了。一九七〇至八〇年代，一位加拿大的神經學家安道爾．圖威（Endel Tulving）創造了一個新詞，用在一個被他稱為「情節記憶」（episodic memory）的東西上。「回憶對當事者而言，便是精神上的時間旅行，」他寫道：「像是重新經歷發生在過去的某件事。」同理可證，未來也可以。（紅心皇后說了，只能回想過去的記憶是最糟的一種記憶了。）你也可以簡稱為MTT，而研究者更不斷爭辯這到底是人類特有的能力，還是說，不管猴子還是小鳥，都可以回顧過去及推測自己在未來的模樣。有兩位認知科學家得出比較新近的定義，「精神時間旅行這種能力，是能夠在精神層面上，透過時間軸向後重溫過去經驗，或往前預習可能發生的未來經驗。先前測試的焦點都放在MTT的自主性上，而我們引介的概念則是非自主的MTT。」換句話說，就是「非自主（無意識）精神時間旅行——前往過去或未來。」但這裡完全沒提到瑪德蓮蛋糕就是了。

大家似乎都認為我們是透過想像力才得以在時間維度中解放，就算無法擁有威爾斯式的時間機器也沒關係。但愛爾蘭作家山繆．貝克特（Samuel Beckett）不這麼想。一九三〇年夏天，這位年輕的都柏林人正在巴黎的高等師範大學學習，同時研究普魯斯特。他要「站在第一線位置觀察這頭同時滅世與救世的雙頭怪物——亦即時間。」此時的他還未寫下任何小說或劇本。貝克特在普魯斯特的世界裡看到的不是自由，他只看見犧牲者與囚犯。山繆完全不是這麼想的。「致命且無藥可救的樂天」、「沾沾自喜、想要苟活的意圖」，刻意別開眼神，不去看近逼眼前的殘酷命運。他認為，我們就像活在二維空間的有機體，一如平面國的居民，突然發現了第三個維度：高度。可是這個發現於他們無益。他們沒有辦法跨到新的維度，而我們也不行。貝克特說：

> 我們逃不開時與日，也逃不開明日或昨日。逃不開昨日是因為，昨日扭曲了我們，亦或是被我們扭曲……昨日不單單只是途中經過的某座里程碑，而是橫在歲月必經之路上

的一堵石牆，是我們無法挽回的那部分。它沉重，而且危險。

貝克特將時間旅行有趣的那部分留給別人。對他來說，時間是牢籠、是癌症。

> 在最好的情況下，所有透過時間來理解的事物（亦即時間的產物），不管在藝術裡、人生中，都只能按照時序獲得，並必須一部分、一部分慢慢合併——永遠不會是一次就能完成的。

至少他說的話前後一致。我們可以等，就這樣。

> 佛拉帝米（Vladimir）：「但你說我們昨天也在這兒。」
> 愛斯拉岡（Estragon）：「可能我搞錯了。」[170]

任一本書（印好裝好、有開頭、中間和結尾）都像一個剛性宇宙。它有著現實生活所缺少的不可動搖的結局。在現實生活中，在塵埃落定之前我們不可能去期待那些散落的線頭自動自

170 譯注：出自貝克特《等待果陀》。

發、綁好綁滿。小說家雅莉・史密斯（Ali Smith）說：「書是『我們可以實際去碰觸的時間分身。』你可以拿在手上，可以去感受，但無法改變它——又或者你可以——而且也這麼做了：在被某個人閱讀之前，書什麼也不是。它們被動地等待著。一定要有人去閱讀，讀者才會瞬間成為故事中的角色。閱讀普魯斯特會讓你的記憶與欲望跟馬賽爾糾纏在一起。」史密斯又重新把赫拉克利特的話說了一次：「你無法踏入同一個故事兩次。」不管讀者讀到哪裡、看到哪頁，故事都擁有過去（而且這個過去已經不在）和未來（這個未來還沒來）。

不過，讀者的心胸都很寬大，記憶體夠大，也夠可靠，要理解一整本書完全沒問題（畢竟一本書只會占到少少幾MB吧）。所以，難道我們沒辦法把它們全留在腦中嗎？過去、現在和未來何不一次擁有？納博科夫似乎認為那是一種理想的閱讀狀態：不要在什麼都搞不清楚、一派天真的狀態下閱讀，要在記憶層面完全掌握那本書。你要一頁一頁、一字一字去感受。「一個好的讀者，」納博科夫在《文學講稿》（*Lectures on Literature*）中說道：「一個一流的讀者，積極並且有創意的讀者，是會重讀書本的人。」

我這就告訴你原因。我們第一次讀某本書的時候，最辛苦的過程在於把視線從左到右、一行一行、一頁一頁地移動。讀書時，這種生理的複雜勞動，從空間與時間兩個角度去理解這本書到底在講什麼，正是阻擋我們以藝術角度欣賞書籍的屏障。

理想狀態下，書應該像幅畫，我們應該要能跳脫時間，同步理解內容（納博科夫如是說）。「當我們看一幅畫，是不需要以特定方式移動視線的——即便畫所擁有的深度與發展過程與書無異。但是，在你第一次接觸一幅畫時，並不需要納入時間元素。」

但真的有可能剝除時間元素、在一瞬間吸收整本書嗎？當然，畫是不可能在眨眼的瞬間看完的。你的眼神會遊走，看畫的人會一下看這邊、一下看那邊。而書則如同音樂，它操弄著時間，它們仰賴你對後續發展的好奇，更挑逗著你的期待。即便你已經能把一本書倒背如流——就算你可以整本背出來，就像荷馬時代的詩人——也無法把它當作一種不帶時間性的物品來感受。你可以體驗到它所發出的記憶回聲，還有各種與未來有關的小花招。但是，只要你開始讀書，你就將成為存在時間之中的生物。小說家兼譯者提姆．帕克斯（Tim Parks）提出**遺忘**其實扮演著最重要的角色：「納博科夫沒提到遺忘，」他寫道：「但很明顯，他主要談的就是這個。」不要忘記：記憶並非錄音機，它不是「鉛板印刷或樣張。」套句帕克斯的話，記憶

……是大量的虛構；是一再重新修訂，是變換的敘事觀點；是簡化，是扭曲失真，是一張臉孔被置換過的照片……諸如此類。更甚，認為原始的印象正完好無缺地待在我們腦中某個角落，是一種不合邏輯的想法。我們並不擁有過去，即便只是不久前的過去也一樣。但這不太算是人會後悔的原因，畢竟那會嚴重妨礙到我們對現在的感受。

同樣站在舞臺上的還有遺忘的對立面——「未知」。就算全知的讀者記得「未知」，但這有什麼意思呢？不管我們把書重讀幾次，都會想要忽略過去、對未來保持懷疑，不然讀起書就不會有期待或失望、懸疑或驚喜——人類情緒組成的重裝盔甲靠的全是時間與遺忘。在納博科夫的《愛達或愛欲》，某人（全知的作者，或他健忘的敘事者）提及他的主角，「時間耍弄他們，讓某一人問出大家都記得的問題，使他人給出被遺忘的答案。」他們努力地「想要表達什麼，但在真的表達出來之前，不過是一團模糊的殘影（又或者連殘影都不是——大抵只是快說出口卻又嚥下去的話頭幻象。）」時間耍弄每一個人，就連擁有時間機器、會一絲不苟重讀書本的人也逃不過。

所以，就連在書中，結局都是某種騙局（就跟人生一樣）。必須有人特意去造一個出來。接下神之職責者，便是作者大人。當敘事法的選擇越來越迂迴，創造世界觀的挑戰也越來越高。「寫作變得極度困難，」葡萄牙小說家喬賽・薩拉馬戈（José Saramago）說：「那是一個非常巨大的責任。只要想到必須將事件按時間順序安排，就知道有多麼累人。先是這個，然後那個，又或者——如果考慮到該怎麼以事半功倍的方式產生正確的效果，今天的事件就放在昨天的插曲之前，再加上一些其他的小花招（但這些招的風險其實也不小）；過去似乎被當成新的事件，現在則被看做正在持續的過程——但不含現在性，也還沒有結局。」於是乎，一個又一個的讀者（還有電影觀眾）的警覺度更甚，他們學會了那些比喻與花招。今日的我們正站在先前每位時間旅人的肩上。

現在來看看一位擁有時間機器的人——也許應該這樣說——在時間機器裡面的人。他的名字叫查爾斯・游（Charles Yu）。他告訴我們，他在時間旅行產業工作，靠修理時間機器維生。他不是什麼科學家——只是個技工。「講更明白點好了，」他說：「我是T型個人用時間語法運輸工具的網路技術人員——而且我有相關證照。」現在（在這本書中，這是頗令人困擾的兩個字）他生活在其中一臺機器裡面：TM-31娛樂用時光旅行裝置。

> 這臺機器內建時間應用語言學的構造，可在特定環境自由航行。舉個例子說明好了：就是故事裡的空間。再講精確一點：就是科幻小說中的宇宙。

換句話說就是我們正在書裡面。那是一個故事的空間，是一個宇宙。「你進去裡頭，按些按鈕，它就會把你帶到別的地方、別的時期。按這個開關可以到過去，拉那根桿子可以到未來。然後你踏出去，心中希望世界已經變得不一樣。」我們也都知道，終究一定會出現一些矛盾情況。

查爾斯不太中用。他最好的同伴是一個擁有人類外表的電腦介面，名叫泰咪（很性感，但有點自負情結）。還有一個「應該是狗」的介面，名叫艾德。這隻狗「來自幾部太空西部影集的回溯修正（retcon）。」回溯修正是一個後後現代的敘事名詞，英文全稱是「retroactive continuity」，亦即在事件結束後，再修改虛構的世界背景。艾德並不是真的存在，雖然牠的體味很重，還會舔查爾斯的臉。「艾德只是一個奇怪的本體論實體……牠一定違反了某種守恆定律。從無中生出有，你瞧瞧那些口水。」看起來，我們應該心平靜氣地接受這件事。至少查爾斯就接受了。這是一份很寂寞的工作：「很多修理時間機器的人想偷偷寫自己的小說。」無巧不巧，我們正在讀的這本書也是一位叫查爾斯．游的作者的第一本故事，書名為《時光機器與消失的父親》（*How to Live Safely in a Science Fictional Universe*）。

由於生活在時間機器裡，查爾斯的觀點與常人不同。有時他會認為自己活在特定時態中：現在不定式（Present-Indefinite）。那是某種永劫輪迴（limbo），與現在是不一樣的。「無論就任何事件而言，我什麼時候需要『現在』了？我認為大家都高估了現在；現在對我來說沒什麼好處。」每個人都是一面向前走、一面回頭望——照時間順序過活已經落伍了。「那是某種謊言，所以我才不再這樣生活。」

因此他獨自入睡，在一個「沒有聲音、沒有名字、沒有日期的日子……窩進時空中某個隱藏的死胡同，」而且他覺得在那個地方很安全。他有自己的迷你蛀孔發電機，可以用來偷窺其他宇宙。有時，他必須對客戶解釋生命中的各種事實。那些都是來租時間機器、偷偷希望能回到過去、改變歷史的人。另外，也有那些來租機器但擔心自己會一不小心改變歷史的人。「我的老天啊！他們會這樣說，要是我回到過去，害蝴蝶用不一樣的方式拍翅膀，然後這樣那樣……世界大戰就發生、我就再也不存在……之類之類的。」但常理而言你是改變不了的。可是大家總是不聽。無論如何，你不可能改變過去。

不管怎樣，宇宙不會容忍這種狀況。我們沒那麼重要……有太多因素、太多變數了。時間不是井井有條的溪流，不是溫婉平靜的湖，會記錄我們的每一圈漣漪。時間是黏稠的，是一條巨大的水流。它是一個會自我修復的物質。也就是說，不管是什麼，最終都會消失。

然後查爾斯又多學到了一些法則。如果某天，你看到自己從時間機器裡出來，快點往另一方向逃走，能跑多快就多快。因為遇到自己絕對不會有什麼好事。另外，盡量不要跟可能是你親戚的人上床（「我認識的一個人最後成了自己的姊姊……」）。這是屬於二十一世紀的後設敘事：它是一種迴圈式（loopy）、遞歸式（recursive）、N度分離的自我參照（self-referential）。真正的科學（是「真正的」那種喔！）混搭科幻小說的科學，又同時嘲諷真的科學與真的科幻小說的科學——如果你懂我意思。舉個例：「故事裡的角色（或敘事者）多半不會知道自己是處在故事的過去還是現在時態（又或者其他五花八門的怪時態），他們所做的，不過是在反思過去。」

但最重要的是，他想念自己的父親——那個告訴他時間旅行的一切的父親。他以前常常會說「今天我們要穿越到閔考斯基宇宙」之類的話。父親是他記憶中非常尊崇、喜愛的人。你只要稍微想一下就知道了。有這麼多的時間旅行目的都是要尋找父母。電影《回到未來》中，馬蒂必須弄清楚他父母的過去，因為其中藏著他的命運。而在這個例子裡，《魔鬼終結者》系列全都跟找出（或殺死、保護）母親有關——雖然角色們沒有多提自己的感受。「誰不想穿越回去，在爸媽成為爸媽之前看看他們呢？」威廉．波伊（William Boyd）在他二〇一五年的小說《甜蜜的愛撫》（*Sweet Caress*）中寫道。「在『母親』和『父親』變成屬於家族神話的形象之前，」我們在童年時期體驗到的童年是一種感覺，但當我們重新在記憶中體驗，則又是另一回事。而當我們變成父母，也許能像初次體驗一樣，重新認識父母和自己的童年。那是我們手邊最近似時間機器的東西。

「我們要怎麼分辨現在和過去？」查爾斯的父親說，這便是時間旅行中最關鍵的問題。「我們該如何以不變的數率（constant rate），將『現在』這扇無窮小的窗戶，收進取景器（viewfinder）？」這很可能是非常關鍵的意識問題。我們要怎麼建構自我？無意識的記憶是可能的嗎？是明顯沒有——還是其實是有的呢？一切都取決於你怎麼定義記憶。老鼠可以學會怎麼走迷宮——可是牠記得迷宮嗎？如果記憶是一種永久化的資訊，那麼即便是最沒有意識的有機體也能夠持有。電腦也一樣，我們是用位元組來計算電腦的記憶，墓碑不也一樣嗎？但如果記憶是一種回想的行為，是記憶的動作，那麼就可推斷，有一個能同時持有兩種概念的能力：一個代表現在，另一個代表過去，而且還可以兩相比較。我們要如何學習分辨記憶與經驗？假設某事不幸失敗，我們明明是此時才感覺到，感覺卻像以前就經歷過。我們會說那是「既視感」（Déjà vu）。如果把既視感考慮進去（這可能是幻覺，或一種病症），我們也許會因這普通的「回憶」動作嘖嘖稱奇。

真的有無意識的記憶嗎？「我們就是自己的記憶。」波赫士說。

我們是不斷變換形貌的空想博物館，
層層疊疊的破鏡。

擁有意識的腦子一次又一次反覆發明時間的概念。它根據記憶來推理，並根據改變下結論。時間對自我意識是不可或缺的。一如作家，我們建構自己的敘事，將場景一一按照合理順序組裝起來，我們推斷因果之間的關係。查爾斯的軟體好朋友這麼解釋道：「書，就如同『現在』的概念，它是虛構的。但這並不表示它不是真的。它的真實性不亞於這個科幻小說宇宙中的一切——它就跟你一樣真實，就像艾雪和他兒子開了營建公司，蓋出的房屋中的一道樓梯。」

你會為人生的片段排序，錄製影片的同時進行剪輯。「你的腦子必須自我欺騙，才得以活在時間之中，」她說。時間旅行為製造意識這種日常的流程進行了一次高強度的升級。

＊

一百年前，說故事比現在簡單，E·M·佛斯特創作了一個關於未來的故事——他認為每本小說都內建一個時鐘——「如果可以，試著想像一下。」一九〇九年，他這樣寫道：「在一個六角形的小房間中，」房間中央放了一張扶手椅，扶手椅上坐了一個女人——「像一團被包裹起來的軀體……有著一張蒼白如蕈菇的臉。」她愉快地被監禁著，在現代化的環境中顯得一派舒適：

到處都有按鈕和開關——有的可以叫來食物、有的可以聽音樂和穿衣服，有可以洗熱水澡的按鈕，只要按下去，一個（想像的）大理石浴缸就會從地板升起，裡面裝滿可以除臭的溫暖液體，另外也有冷水浴的按鈕。有可以寫些東西的按鈕，當然也有讓她可以跟朋友講話的按鈕。這個房間雖然什麼都沒有，卻能經由按鈕接觸到她在這世上關心的每樣東西。

他大部分的同代人仍對科技抱持樂觀，而且大概到下個世紀都會這麼認為。但在這個氛圍詭譎的中篇小說《當機器停止》（*The Machine Stops*）中，佛斯特創造了一個黑暗的場景——「那是一種回應，」他後來坦承，「呼應威爾斯先前寫的那個天堂。」書裡有些沒具體說明的末日景象（推斷應該是人為因素），促使人類文明走入地下，全部單獨生活在牢中。他們超越自然之後便拋棄了自然。人類所有的需求和欲望都透過一個叫「機器」（the machine）的球狀儀器供給。它彷彿他們的照顧者，同時也是獄卒——如果他們有意識到的話。

她的上上下下、左左右右永遠都有機器發出的嗡嗡聲，可是她沒有注意到，因為她打從一出生就聽著這聲音。地球帶著她一起無聲的轉動，同時一面哼鳴，將她的現在轉向看不見的太陽，然後再轉向看不見的星辰。

第二次世界末日其實近在眼前（不過書名已經爆雷了），可是大多人不以為意。只有一個人看清監禁所代表的意義。「你們應該都發現了，我們失去了空間感，」他說：「我們說『空間已被徹底毀滅』，但我們毀滅的不是空間，而是對於空間的感受。我們失去了一部分的自我。」

所謂的「文學新紀元」（literature epoch）已經過去。只留下一本「機器之書」（the Book of the Machine）。機器是一個用以溝通的系統，它擁有「神經中樞」（nerve-centres）。它既分散又全知全能。人類無不崇拜。「透過它，我們可以跟彼此溝通、可以看到彼此。在機器裡面，我們可以生活得很好。」

你有沒有聯想到什麼呢？

14
當下

在時間（初次）扭曲、彎折、悄悄溜走、瞬間往前又瞬間向後
——但仍持續穩定行走時，我們早就遠遠超過世紀的盡頭。
現在我們都知道了，我們的思緒以推特的速度在動。
那一百四十個字元追尋著某個段落。我們是後歷史時代、後謎團時代。

——蘇格蘭作家雅莉．史密斯（Ali Smith，1962-）

既然可以在空間中旅行得那麼遠、那麼快，為什麼還需要時間旅行？因為歷史、因為謎團、因為懷舊、因為希望。我們想測驗自身的潛力，探索腦中的記憶。去對抗人生一路走來產生的悔意（而且是僅此一次的人生）。這是唯一的維度，從開始到結束。

威爾斯的《時間機器》揭開了這條路上的轉折點，亦即人類與時間關係的改變。新科技和各種概念相互強化。電報、蒸汽鐵路、萊爾的地球科學、達爾文的生命科學，以及考古學從古物研究領域脫胎換骨，計時工具更盡善盡美。當十九世紀變成二十世紀，科學家和哲學家必須以全新的觀點來了解時間——我們也一樣。時間旅行的迴圈、曲折和矛盾在文化中開花結果。我們都是專家，也是狂粉。對我們來說，時間飛逝。這我們都知道了，一如雅莉．史密斯那夾雜諷刺的文字，我們的思緒以推特的速度在動。我們是在自己的未來中前進的時間旅人。我們就是時間領主。

現在，另一次時間的推移已經開始，而且就在眼前。

多數沉溺於先進通話科技的人認為能跟別人持續聯繫是理所當然的：他們習慣帶著手機，隨時報告自己的狀態、說一堆流言蜚語、灌爆通訊頻道。他們（就是我們）沉溺、流連於新地方或新媒體（雖然「媒體」二字相當彆扭，但實在沒有別的詞可代換）。一方面，那是肉眼可見、相互連接的，是光速的領域，它有各式各樣的名字，如網路空間（cyberspace，或稱網路空間）、網際網路、線上世界，或者就簡稱「網路」。另一端則是這個領域外的一切，是我們熟悉的老地方——「現實世界」（real world）。有人可能會說，我們活在一個可相互參照的社群與社會經驗裡。[171]網路空間是另一個國度。那時間呢？時間在那裡的生成是完全不一樣的。

從前的溝通行為發生在「當下」（present）——這是一定的。你說、我聽。你的現在就是我的現在。雖然愛因斯坦表示所謂同步性只是幻象——訊號速度會產生差別，光是一個人的微笑前進到另一個人的眼中就需要時間——但話說回來，人類的往來交流基本上就是各種現在時態的融合。隨後，書寫文字切割了時間：你的現在變成我的過去。或者也可以這麼說：我的未來是你的現在。就連洞中壁畫鮮明的色彩都能完成一次非同步的溝通行為。電話則帶動全新的同步性——延展「現在」、穿越被分隔的空間。聲音訊息為時間的變化創造出新的可能性，通訊聯繫又變回即時，然後如此這般演化下去。這些工具（無論有線或無線）永遠都在傳遞訊息，永遠都在聆聽。也因為這永存不朽的連接特性，時間陷入混亂——你分不出前情提要和下集預告，你將時間戳章翻來覆去地檢查，像讀茶葉渣一樣。耳機裡播放的播客（podcast）節目似乎比涓滴流洩的周遭背景音更急迫。訊息的河流叫「動態時報」——**你在我的動態時報上，我在我的動態時報上聽說**——但是，時間順序卻可以任意解讀。這種時序幾乎無法信任。過去、現在和未來亂繞又相撞，就像遇上太多令人分心的事件的碰碰車。距離分開了打雷和閃電，網路空間卻讓它們重新聚合。

*

月黑風高，有個年輕的女子在一幢木屋裡亂晃拍照。她無視上面貼的警告：**危險！請勿靠近！結構脆弱！**剝落的壁紙露出藏在底下、潦草寫就的文字。「小心……」她又撕下更多壁紙。「快點躲開！」她讀著那些字。

「我說真的！快躲！」

「莎莉．史派羅，快躲！」

莎莉．史派羅（這是她的名字）低下頭，千鈞一髮閃過某個扔過來的東西。那玩意兒砸到她後面的窗戶。很顯然，眼下發生的是一次非同步溝通的情況。

這是二〇〇七年的倫敦，寫在牆上的字卻署名「博士送上問候（一九六九年）。」而你——也就是觀眾——非常清楚「博士」說的是那個主角不斷重生的長壽影集《超時空博士》

171 現代傳播理論奠基者馬修．麥克魯漢（Marshall McLuhan）於一九六二年說的。

的主角。這個節目在一九六三年於BBC小試身手，該劇的部分靈感來自《時間機器》。書的比例不多，占大部分的是喬治．帕爾（George Pal）在影集前三年上檔的電影。博士是一個古老外星種族「時間領主」的倖存者，他透過一個叫做TARDIS的工具在時間與空間中穿梭。至於為什麼要用這個外型永遠長得像英國藍色公共電話亭的玩意兒？恐怕只有超狂熱粉絲才會理解。雖然博士是個來自遙遠星球的外星人，有一整個宇宙當他的後盾，他的冒險以地球為中心，而他穿梭時空時也偏愛歷史的冒險，走的風格是E．尼斯比特的魔法護身符和皮巴弟先生的簡易時光機路線。他遇到拿破崙、莎士比亞、林肯、忽必烈、馬可波羅還有很多位英國國王和王后。他跟愛因斯坦交換情報。他還發現了時光偷渡客赫伯，此人的名片洩漏了他的身分——H．G．威爾斯。時間旅行在《超時空博士》裡一向是很好開玩笑的題材。然而，三不五時疑問和悖論會跳到前景——不過沒有一集比莎莉．史派羅的故事更嚴重、更巧妙。這集的標題叫做〈眨眼〉（Blink），這集的編劇是史蒂芬．莫法特（Steven Moffat），於二〇〇七年播出。

莎莉仍因牆上的字困惑不解。她和朋友凱西．南丁格爾回到荒廢老屋。莎莉說自己喜歡老東西。[172]我們知道老房子往往會令人想到時間旅行。凱西晃出畫面外，接著門鈴響起，莎莉應門。一名年輕男子交給她一封信——是他不久前去世的祖母寫的——凱西．南丁格爾。「親愛的莎莉．史派羅，如果我的孫子有遵守承諾，那麼，在妳讀到這些句子時，我們上回交談對妳而言應該不超過幾分鐘的時間，可是對我來說，已經過了六十年。」

眼前有個謎題得解，不管是觀眾或莎莉都一樣。我們拿到了暗示，這裡似乎有怪物肆虐。牠們的獵物可能會被傳送到過去——不管是自願還是非自願，而且沒辦法回來。

如果被困在過去，你要怎麼跟未來連絡？大抵來說，我們都被困在過去，而且也都在跟未來溝通——透過書本、墓誌銘還有時間膠囊之類的。但我們不太需要把訊息傳到未來的特定時間，或傳給特定人物。由可靠的信差親手送交的信件可能有用，又或者，你也可以把訊息寫在老房子的牆上。在泰瑞·吉連（Terry Gilliam）一九九五年的電影《未來總動員》（*Twelve Monkeys*）中（這部片以細膩手法重新詮釋《堤》），一個非自願的時間旅人（由布魯斯·威利飾演）撥打了一組神祕的號碼，然後留下語音訊息。但這些訊息是單向的，有人有更好的方法嗎？

凱西的弟弟賴瑞在DVD店工作，也就是說，他是這種短命資訊媒介的專家。（「新的、二手的、超稀有的。」）在背景中，我們可以瞄到電視螢幕，有好幾個螢幕都顯示出某人的臉。只要你是固定收看的觀眾，絕對認得出那個人是誰——別無他人，就是博士！他為什麼在電視上？他好像有些很緊急的事情要說，例如：「不要眨眼！」他講話時訊號斷斷續續。我們可以聽到他遵照時間旅人的經典傳統在解釋一切：「大家都不了解時間。時間跟你想像的不一樣。」

172「它們讓我感到悲傷。」感到悲傷有什麼好的？「對於有深度的人來說，這種感覺很愉快。」

賴瑞分別在十七片光碟的隱藏軌上發現這個人的存在。「躲躲藏藏又神神祕祕，」他跟莎莉說：「感覺就像DVD裡面的幽靈彩蛋。」而且，有時賴瑞會覺得自己聽到的對話好像只有一半。

螢幕再度復活。博士似乎要來回答最重要的問題了。「人們認為，時間是一種非常嚴格、從因到果的進程，」他解釋道，「但事實上，從非線性、非主觀的觀點來看，它更像是一顆大球。一個曲曲折折、千絲萬縷、糾結纏繞的……玩意兒。」

「開頭倒是講的不錯。」莎莉惡狠狠地說。（我們一定都有跟電視吵架的經驗吧？）

螢幕上的博士回答。「不賴吧，我就是忍不住。」

莎莉：「呃，我覺得很怪。你好像聽得到我說話。」

博士：「我是**聽得到**。」

接下來對話就開始變複雜了。博士必須說服莎莉（和我們），他是一個不慎與自己的時間機器失散（就是那個藍色電話亭）、還被丟回一九六九年的時間旅人，他正在努力透過老房子和許許多多壽比南山的人類信差把訊息傳給她。然後，現在兩人正透過一片他偷偷錄的DVD影片交談，而全部這十七片光碟在二〇〇七年的此刻，正好都為她所有。賴瑞聽過博士這段話很多次，但他以為本來就是這樣，不過就是雷射燒錄在塑膠圓盤上的位元組。但現在，他終於聽到立體聲版本的了。莎莉對著螢幕講話，博士在螢幕上回答，然後賴瑞把內容全寫下來。

莎莉：「我看過這種狀況。」

博士：「是滿可能的。」

莎莉：「一九六九年……所以你現在是在那一年講話嗎？」

博士：「恐怕是這樣。」

莎莉：「但你回答了我。你不可能早四十年知道我要說什麼。」

博士：「（一臉賣弄）其實是三十八年前。」

這怎麼可能？我們來重新看一下時間旅行的規則。莎莉是對的：他聽不到她講話，那只是假象。他表示，其實原理相當簡單：他手上有一整段對話的文字紀錄，他是在讀臺詞。就跟演員一樣。*173*

莎莉：「你怎麼可能會有寫好的文字紀錄？這還在進行中啊。」

博士：「我不是說了，我是時間旅人。這是我在未來拿到的。」

173 精確地說，像大衛．田納特（David Tennant），即該集飾演博士的演員。

莎莉：「好，讓我弄清楚：你現在念的是一份正在進行中的對話紀錄？」

博士：「沒錯——千絲萬縷，糾結纏繞。」

TARDIS還是得跟博士重聚。博士還是得找到文字紀錄。在這糾結複雜的橋段結束前，莎莉（現在她已了解整個狀況）必須去見另一個版本的博士——而且是還不清楚狀況的博士。現在她的過去變成他的未來了。〈眨眼〉這集是所有悖論的總和，再加上一個莫比烏斯循環。這是宿命論與自由意志在科技幫助下進行的同步對談——這項技術對其中一人來說是新的，對另一人則已過時。

到二〇〇七年，網路已經發展神速，但它在故事中沒有起到明顯作用。網路空間是一個臺面下的存在，是不夜吠的狗。這集詭異的《超時空博士》表達出我們與時間某種漸趨複雜的關係。在今日，莎莉．史派羅的收件匣會被上千封電子郵件灌爆，過去與現在可能全混在一起，她可以瀏覽往返郵件串，一封封地單獨看，信件數量只會不斷往上加，但她依舊可以繼續進行複數的往來對話，無論SMS或MMS、表情符號或影片、同步或非同步，有兩個或兩個以上的參與者。另外，無論耳機有塞或沒塞，她都聽著許多聲音，看著各處的螢幕。可能在等候室，或是在路標下。如果她停下來稍微思考，可能以適當順序排列所有訊息時會遇到困難——千絲萬縷、糾結纏繞——但誰會停下來想呢？

*

盧米埃兄弟在一八九〇年發明活動電影機時，並不是先從穿著戲服的演員開始拍起。他們拍的不是虛構的電影故事。他們用新科技來訓練操作員，並且把克來門特（Clément Maurice）、康斯坦斯（Constant Gire）、菲利斯（Félix Mesguish）和加斯頓（Gaston Velle）[174]等人送到世界各地，拍下真實生活中各種片段。所以他們自然選擇拍攝離開工廠的工人——誰能抗拒《自里昂的盧米埃工廠下班》（*La sortie de l'usine Lumière à Lyon*）[175]的魅力？——但到了一九〇〇年，他們開始拍攝瓜達拉哈拉的鬥雞、百老匯的人潮洶湧，還有到如今被稱做越南的地方，去拍攝那裡的人抽鴉片。觀眾蜂擁而來，觀賞這些發生在遠方的實境畫面。這些畫面的誕生畫出一條新的地平線。當我們再次回顧，屬於前．一九〇〇年的過去又更模糊了。能夠有紙本書真是萬幸。

透過螢幕，我們得以看到世界的多種面貌，甚至還搭配栩栩如生的音效。螢幕能抵達的距離無盡延伸，超越肉眼可見的程度。誰又能說這不是某種時間傳送口呢？人們「串流」音樂和影片，給他人閱聽，我們正在看的網球比賽也許是、又也許不是「直播」。當你看到球場裡那些看著大螢幕即時回放的人，我們自己也一樣是在螢幕上看重播——甚至可能是昨天的畫

174 譯注：皆為盧米埃兄弟的學生。

175 譯注：可以算是全世界第一部商業電影，雖然全片不到一分鐘。

面——還是在不同時區。政客還沒看到的演講，他都有辦法先發表回應，這樣才能即時放送。如果我們混淆了真實世界跟許許多多的虛擬世界，是因為有很多「真實」世界其實是「虛擬」的。對很多人來說，他們的個人記憶幾乎沒有一個不包含螢幕。好多的視窗，好多的時鐘。

「網路時間」（Internet time）變成一種特定用語。英特爾總裁安德魯．葛洛夫（Andrew Grove）一九九六年時說：「我們現在活在網路時間中。」不過，其實這就是「快一點」比較酷炫的說法。但是，我們與時間的關係再次改變，即便無人知道究竟在什麼時候改變，又是怎麼個變法。在網路時間裡，過去與現在交會融合。而未來呢？不知為何，你總覺得未來早就來了。只要眨眼，立刻發生。因此未來已消失無蹤。

「漸漸地，我們對於過去、現在和未來的概念被迫進行自我修正。」一九九五年，英國科幻小說家J．G．巴拉德（James Graham Ballard）寫道——科幻小說一如往常，是長城上最敏銳、最機警的守望者。「未來漸漸不再存在。它被貪得無厭的『現在』吞噬。我們已將未來合併到現在之中，加在我們眼前形形色色的選項裡。」

我們也合併了過去。從《科學人雜誌》到《橋牌世界》（*The Bridge World*），他們開放大量舊檔案，讓大家看看五十年前的「潮」是什麼模樣。《紐約時報》的網站首頁回收再利用它們第一篇報導貝果和披薩的文章。這場復古風讓全世界陷入狂熱。當眾人對新事物的著迷進入到前所未有的高潮，斯維特蘭娜．博伊姆（Svetlana Boym），一位研究懷舊思想、時常扭轉時間的理論學家觀察到：「二十一世紀的第一個十年並沒有追逐新事物的特徵，有的反而是強烈的懷舊之情。這往往是兩相衝突的。懷舊風格的Cyberpunk（或稱電馭叛客）和嬉皮；懷舊的國家主義者和世界主義者；懷舊的環境主義者和城市癖（喜歡大都市的人）在部落格隔空交火。」而懷舊之所以那麼五花八門、樣貌多變，一切都得感謝時間旅人。「我們緬懷的那個浪漫時代一定不在現實的任何一處，」博伊姆寫道。「它會位於過往的朦朧暮光中，或一個時間悠然止步的烏托邦小島——就像老舊的時鐘。」

二十世紀結束的方式真是太詭異了！新世紀——新的一千年，如果你有在算的話——夾帶電視播送的煙火和樂團表演而至（還有對電腦的各種擔憂），卻一點也不像一九〇〇年，它被耀眼炫目的樂觀氛圍照亮。那時的人彷彿衝到了船頭，滿心期望地凝視地平線，在心中編織科學的未來景象：飛船、移動的人行道、天氣控制器、水底槌球、飛天車、汽油驅動車、飛在空中的人。我們是朋友！（Andiamo, amici!）上述有很多都成真了。所以，當新的千年降臨，我們對於西元三千年或西元二一〇〇年有何遠大夢想？

新聞和網站找來讀者投票，進行預測——但以失望結束。**我們可以控制天氣**。（怎麼又來了？）**沙漠會變成熱帶森林**。現實比較可能是反過來。**太空電梯**。算不上什麼太空旅行。儘管有了曲速引擎和蛀孔，我們卻似乎放棄了移居銀河。**奈米機器人**。**遠端遙控的戰事**。植入腦中或內嵌在隱形眼鏡的網路。自動駕駛車。未來主義者和他們那震懾人心、咆哮狂衝的機器所產出的結果讓人莫名失望。未來主義的美學也改變了，而且是在沒有公告的狀況下悄悄改變——從宏大、毫無畏懼、鮮明的原色與金屬光澤，一轉成為陰冷潮濕、腐朽破敗、廢墟遍地的形象。基因工程外加種族滅絕（或擇其一）——難道我們期望的未來只有這樣？就只是奈米機器人跟自動駕駛車？

如果沒有太空旅行，我們還有遠距通訊。由此推論，這裡的「現在」跟空間有關，而非時間。遠距通訊出現於一九八〇年代，當時可遠距離控制的鏡頭與麥克風技術達到新境界。深海探險者和拆彈小組可以把部分的自己傳送到別處——亦即他們的心神眼耳——身體留在原地。我們將機器人送到遙遠星球，並且常駐該處。同樣，在這個十年期中，「虛擬」二字已成為電腦用語，開始指稱所謂的遠距模擬——虛擬辦公室、虛擬市政廳、虛擬性愛——當然還有虛擬實境。遠距通訊的另一種方式，就是讓人類虛擬自己。

有個女人發現自己正在一個有點陰森的「遊戲試玩版」中操縱一架無人機——感覺像第一人稱射擊遊戲，不過卻「沒東西可以射」，這是因為她是威廉・吉布森《邊緣》（*The Peripheral*）小說裡的主角。我們必然已經開始猜想到底哪個是虛擬、哪個是真實。她的名字叫芙琳，應該是住在美國南部某處（某偏遠的農村地區）某條小溪旁的拖車裡。但她是在現在還是未來？要確切知道這件事有點難。但至少可以確定未來的浪潮正在拍打岸邊。有個退伍的海軍陸戰隊員背負著傷疤（身體和心靈上都有），傷疤來自植入體內的「觸覺互動技術」。該時代的命名空間包含「甜甜圈」、「特斯拉」、「倫巴」（Roomba）[176]、「壽司吧」（Sushi Barn）還有「海夫超商」（Hefty Mart）等虛擬商家。路邊的店面都提供「構組」（fabbing）服務——3D列印，幾乎什麼都能印出來。無人機多如繁星，每隻嗡嗡叫的蟲都可能是間諜。

總之，芙琳拋開實境世界，在截然不同的虛擬空間中，駕駛無人機到處漫遊，因為某神祕的（虛擬的？）實體公司付錢要她這麼做。她在一棟巨大又黑暗的建築物附近盤旋，抬頭、低頭——或者應該說：舉起鏡頭、壓低鏡頭。「她周遭充滿竊竊私語，急迫卻又形影淡薄，彷彿一群看不見的想像警察調度員。」人人都知道電腦遊戲能夠令人身歷其境，但她的終點在哪裡？她的目的是什麼？很明顯，她是要趕走其他像蜻蜓一樣聚在那裡的無人機，但這跟她以前玩過的任何遊戲感覺都不一樣。[177] 接著——一扇窗戶出現，一個女人，一座露臺——芙琳親眼目睹了一場謀殺。

我們之前就提過吉布森：他是一個拒絕書寫未來的未來主義者。在一九八二年發明「網路空間」一詞的人就是吉布森。當時他看到一個小孩在溫哥華的電動遊樂場打電動，孩子一面看著操作臺，一面轉動手把、狂敲按鈕，操縱著一個沒有人看得見的宇宙。「對我來說，他們似乎很想進入遊戲之中，想要進去那個想像中的機器空間，」他之後表示。「現實世界從他們眼中消失了——完全失去了重要性。他們就在那個想像空間裡。」如果按吉布森的想像，根本沒有什麼網路空間，「那是一種幻覺。在每個國家，由成千上萬的合法操作者日日經歷、你情我

176 美國知名掃地機器人公司。

177 「感覺更像是在當保全，不像玩遊戲。」「也許這是一個當保全的遊戲。」

願的一種幻覺。」那是暗藏在所有電腦裡的地方。「一條條光束列在腦中那非空間的空間，各種數據在此聚集會合。」時不時，我們都會有這種感覺。

吉布森突然想到，自己曾經描述過一個近似波赫士一九四五年故事中的「阿萊夫」（Aleph）的事物：空間中有一個點，它包含了所有的點。為了看見阿萊夫，你必須在黑暗中平躺下來，一動也不動。「同時，你也要進行特定的視覺調整。」而你接下來將要看到的事物，是連筆墨都無法形容的。波赫士寫道：

> 凡無盡序列都注定是無窮微小。在單一卻又巨大的瞬間裡，我看見百萬個動作，令人愉快，同時也令人畏懼。它們沒有一個占據空間中的同一點，也毫無重疊或透明度。我雙眼所見的是同步性，但我現在要寫下的將會是連續性，因為語言是一種連續的物體。

網路空間中的**空間**消失，塌陷到網路的連結中——如李．施莫林所說——一個擁有億萬維度的空間。互動就是一切。那麼，網路時間又是什麼？每個超連結都是一個時空門。[178]百萬個動作雖令人愉快，卻也令人畏懼——貼文、推特、回覆、電子郵件、「按讚」、滑手機、應用程式——都是同步或連續的。訊號速度為光速，時區相互重疊，時間戳章變換的速度一如光中的塵埃。虛擬世界建立在超時間性（transtemporality）之上。

吉布森一向認為時間旅行是一種不合邏輯的魔術。他在三十年來寫下的十本小說都避開了這個主題。[179]的確，在他想像的未來中，無數人潮乘坐著名為「現在」的輸送帶，源源不絕地湧入，於是他乾脆地表示自己完全放棄未來。「純屬想像的未來是其他時期的奢侈品，在那個時候，『現在』仍是一種了不起的東西。」二〇〇三年，在吉布森小說《模式識別》（*Pattern Recognition*）中的角色胡伯特說道：「我們沒有未來，因為我們的現在太過短暫。」未來立足於現在之上，可是現在卻立足於流沙上方。

然而，吉布森在第十一本小說《邊緣》又重返未來，進行一個近未來與遠未來的互動。網路空間給了他入場門票。時間旅行有了新規則：物質無法跳脫時間，但資訊可以。未來發現自己可以發**電子郵件**給過去，便給過去打了通**電話**。資訊可以雙向流通，指示可透過3D列印傳遞：頭盔、目鏡和搖桿。就像時區轉換和遠距通訊的結合一樣。

對未來的人而言，他們能夠雇用過去的居民，並稱之為「生靈」（polt）——字源是

178 「——一定是空間時間超連結。」
「——那是什麼？」
「——我也不知道。我剛剛編出來的。因為我不想說『魔法門』。」
——《超時空博士》〈壁爐裡的女孩〉，二〇〇六年。史蒂芬·莫法特。

179 然而，蒐集全套小說的鐵粉會表示，一九八一年的《根斯貝克連續體》（*The Gernsback Continuum*）這篇致敬雨果·根斯貝克的作品——還是有那麼一點時間旅行的意味。這是符號學的幽魂。「當我在這些祕密廢墟中走動，我發現自己忍不住想，不曉得那些失落未來的居民會怎麼看待我居住的這個世界。」

poltergeist——我想大概是因為它們也是「能移動東西的靈魂」。錢可以用傳送或製造的（像是贏得樂透、操盤股市）。畢竟，就連經濟也變成虛擬的了。企業轉為空殼，僅由文件和銀行帳戶組成，它得跨到新的維度尋求資源。但難道穿越時間、操縱他人不會搞出麻煩事嗎？「假設我們討論的是想像的超時間事件，倒是比文化中的常見矛盾簡單多了。其實真的很簡單。」畢竟，我們非常熟悉時間分岔（time fork）。我們瘋狂痴迷分歧的宇宙。「進行連結會製造分岔，也難免有傷亡，但新的分支卻能獨善其身、毫髮無傷。我們稱之為『殘段』。」

也不是說所有矛盾都不可知。故事中未來的執法官員，警探安斯利・洛比爾對芙琳使用的「網身」（Avatar，只有骨架的人體，但外接了能刺激神經末稍的設備）解釋道，「我接到的消息是，殺掉妳在這個地方完全不構成犯罪行為，因為妳呢——根據現行適用的法律——根本不算是真的。」奈米機器人是真的，角色扮演是真的，無人機也是真的。未來就這樣了。

*

我們為什麼需要時間旅行？所有答案最後都濃縮為一個：為了躲避死亡。

時間是殺手，這件事大家都知道。時間會埋葬我們。**我蹉跎了時光，現在換時光在消磨我了。**時間把所有東西變成塵土，時間那生了翅膀的戰車不會帶我們去什麼好地方。

「來世」，死後世界，這個名字是如此恰當。過去——這個我們已不存在的地方——尚可忍受，但未來——這個我們到不了的地方——卻令人煩惱更甚。我知道自己在無垠的太空中只是個無限渺小的微塵——這倒無所謂。但被監禁於眨眼瞬間之中，在一個永遠回不去的頃刻，更令人難以接受。當然，在發明時間旅行之前，人類文明找到了另一個緩和這種不愉快的方式。你可能相信靈魂不死、輪迴轉世、投胎重生，且想前進一個猶如天堂的來生。做時間膠囊的人也一樣，他們準備要前往下一輩子。科學提供的安慰其實沒什麼用——如納博科夫所說，「時空的問題、空間對上時間、時間扭曲的空間、被當作時間的空間、被當作空間的時間——還有跳脫時間的空間。人類在深思熟慮後獲得的悲劇勝利就是：我死故我在。」[180]至少時間旅行讓我們的想像力得以騰空躍升。

對於永生的暗示，也許我們最遠也只能期望到這裡了。那麼，威爾斯的時間旅人命運將會如何？對他的朋友而言，雖然他不在了，但不見得代表死亡。「他現在搞不好——如果我可以用『現在』二字——正在一塊有蛇頸龍亂竄、鯆狀珊瑚岩結構的大地上亂晃，又或者到了三疊紀，杵在某座孤伶伶的鹽湖旁邊。」熵只能東延後一點，西延後一些。然而每條生命都會消逝、最終遭到遺忘。**時間與晚鐘埋藏了白日。**[181]但凡提到從時空的角度尋找慰藉，愛因斯坦的態度就非常明確。（「他比我早一點離開這詭譎多變的世界。但這不代表什麼。」）而馮內果《第五號屠宰場》的主角亦同：

180 海德格：「就是因為我們知道自己終須一死，才會感覺到時間。」

181 譯注：出自T．S．艾略特《四個四重奏》。

我在特拉法瑪鐸星學到最重要的事情就是，他們死亡時就只是看起來死掉了，但死者在過去的時空中仍舊活著，也因此，在葬禮上哭泣是很愚蠢的舉動……我們地球人覺得片刻像串珠子，一個接著一個，擦身便不再重遇，不過這只是錯覺。特拉法瑪鐸星人見著屍體時，會覺得該名死者在那段片刻的狀況很糟糕，但在其他許多片刻都沒問題。[182]

但至少還是有點安慰的。你活過了，而且將會一直活下去。死亡不會抹去你的人生，那只是一個標點。假如能綜觀時間，你就會看見：其實過去毫無損傷，只是消失在後照鏡中。這就是你的永生。它凝結在琥珀裡面。

在我而言，若要以這種方式抗拒死亡，必須付出的代價就是抗拒活著。**回頭衝入漲起的潮水，正視感受——那有血有肉的事物。**

以此，我們就以此安身立命
不在我們的訃文之中
不在善良蜘蛛結網的記憶裡
不在空盪房間
被細瘦律師撕破的封條底[183]

每次死亡都代表一份記憶遭到刪除。為了對抗這種狀況，網路世界承諾大眾一個集體的、相互連結的記憶，並且提供一個人造的永生替代品。在網路空間中，「現在」不斷攪動翻騰，「過去」聚集堆積。@SamuelPepys[184]這個推特帳號每天都會發一則推文。這是倫敦《每日電訊報》推薦大家追蹤的「十個死人」之一。因為「推特不只是用來保留活著的人的文章。」臉書發布了一個程序，可持續或「用以紀念」亡故用戶的帳號。第一號程序就是一個叫Eter9的人工智慧。它可以複製一個人工智慧的你，方法就是將用戶本人「具體化」（以及「不朽化」）。很顯然，肉體的死亡並不構成停止貼文和回文的原因：「你虛擬出來的個人副本將會留在系統中，它會完全複製你跟這個世界的互動方式，做出相應的行為。」無怪乎科幻小說作家對創造新未來感到絕望。永恆的定義已經跟以前不一樣了。天堂在過往的美好時代感覺起來比較好。現在你不但可以窺看死後世界，還可以往前，甚至可以往後。

「當我回望，放眼望去盡是漲起的潮水。」約翰．班維爾寫道，「沒有開端，也流不到盡頭，又或者，除非我走到終末時刻，否則什麼也不會感受到。」

接下來會怎樣？在終末時刻？——什麼都沒有。現代之後當然是後現代；接著是前衛派、

182 譯注：《第五號屠宰場》全新中譯本。（麥田出版，二〇一六年）
183 譯注：出自T．S．艾略特《荒原》。
184 譯注：十七世紀英國政治家山繆．皮普斯（Samuel Pepys）。

未來主義。這些時期都能在尚未連網時期的歷史書中讀到。啊，那些美好的舊時代啊。

當未來飛速消逝於過去，剩下的是某種「無時間性」（atemporality），某種現在式，它的時間順序無拘無束，感覺就跟字母順序一樣隨心所欲。我們會說，現在是真實的——然而它卻像流沙般從指縫流過，不斷地悄悄溜走：**現在**（present）——啊，這時才是**現在**——等下，**現在**才是……心理學家試圖測量大腦感覺到或意識到的**現在**，但實在很難衡量到底該測些什麼。僅僅相隔兩毫秒、極度接近的兩個聲音常被聽成一個。即便是隔了百分之一秒的兩道閃光，也常被以為是同步發生。就算我們辨認出個別的刺激源，也無法確實說出誰先誰後——除非間隔來到十分之一秒的距離。心理學家表示，我們所說的**現在**，是一個兩至三秒的持續期間。威廉·詹姆斯的用詞是「有意識的現在」。他表示，這個幻覺「可能是幾秒鐘，也可能是接近一分鐘……這是原初直觀時間（original intuition of time）。」波赫士也有他自己的直觀：「他們告訴我，現在——心理學家所謂『有意識的現在』，長度在幾秒鐘至最小的秒單位之間，這同時也是宇宙的歷史能夠持續的時間。更棒的是，沒有什麼『一個人的一生』或『他生命中的某個夜晚』這種東西。我們所活過的每個時刻都存在，不是想像力湊合起來的。」當下感受與短期記憶相重疊。

在網路密布的世界，「創造當下」變成一種共享的過程。每個人都有一幅群眾外包（cowdsource）、擁有複數觀點的蒙太奇（montage）。過去的景象、未來的幻想、現場直播鏡頭全都重新排列又組合。同時或無時。回溯歷史的路徑雜亂無章，前往未來的路徑又模糊不清。「一路順風！旅人們！」艾略特說道，「不逃避過去／邁向不一樣的人生，或任何一種未來。」失去了作為背景與框架的過去，現在只是模糊一瞬。「這個現在，到底在哪裡？」詹姆斯如此問道。「它緩慢消失在我們掌中，在我們來不及碰觸前就逃走，消失在將要來臨的時刻。」我們的腦子必須從彷彿大雜燴的感官訊息中組裝出一個想像的現在，並跟前一時刻持續進行比較與參照。說我們只是不斷在感受「變化」，好像也不為過——任何停滯感都是編造出來的幻覺。每個瞬間都改變了前一瞬間。我們穿越時間的各個層次，尋找記憶的記憶。

「活在當下」是一個相當睿智的忠告。它的意思是「專注」。將自己沉浸在感覺的經驗中，沐浴在不斷投射而來的陽光裡，摒除一切後悔或期待的陰影。但我們並不需要拋棄花了這麼多功夫才理解的時間可能性與矛盾性，否則我們將會迷失方向。「現在就是『現在』——還有什麼會比這個真相更加駭人？」吳爾芙寫道。「我們之所以能撐過這種驚嚇，全是因為左邊有過去在守護，右邊有未來在照看。」也許我們對過去與未來的參與斷斷續續，只是驚鴻一瞥，但也因此讓我們更像個人。

所以，我們與諸多幽魂共享現在。一如某英國人在搖曳不定的燈光中建造機器；某美國工程師在中世紀田園醒來；某厭世的賓州氣象主播不斷重過二月的某一天；一塊小小的蛋糕喚回遺落的時光；一只魔法護身符將小學生送到有黃金傳說的巴比倫；撕破的壁紙後方露出久遠的訊息；開著時光車的某個男孩去找他的父母；站在堤上的女人等待她的戀人。這一切——我們的繆思、我們的嚮導——都在無盡的現在之中。

致謝

關於書中的各種忠告與討論，我必須深深感謝David Albert，Lera Boroditsky，Billy Collins，Uta Frith，Chris Fuchs，Rivka Galchen，William Gibson，Janna Levin，Alison Lurie，Daniel Menaker，Maria Popova，Robert D. Richardson，Phyllis Rose，Siobhan Roberts，Lee Smolin，Craig Townsend以及Grant Wythoff。另外，還有我不屈不撓的代理商Michael Carlisle；我最睿智又最有耐心的編輯Dan Frank。以及一定不能漏掉的Cynthia Crossen。

資料來源與延伸閱讀

小說、影視作品

・愛德溫・A・艾勃特（Edwin Abbott Abbott），《平面國》（*Flatland*），1884

・道格拉斯・亞當斯（Douglas Adams），《超時空博士：海盜星球篇》（*Doctor Who: The Pirate Planet*），1978

《宇宙盡頭的餐廳》（*The Restaurant at the End of the Universe*），1980

・伍迪・艾倫（Woody Allen），《傻瓜大鬧科學城》（*Sleeper*），1973

《午夜巴黎》（*Midnight in Paris*），2011

・金斯利・艾米斯（Kingsley Amis），《變化》（*The Alteration*），1976

・馬丁・艾米斯（Martin Amis），《時間之疾》（*The Time Disease*），1987

《時間箭》（*Time's Arrow*），1991

・艾塞克・艾西莫夫（Issac Asimov），《永恆的終結》（*The End of Eternity*），1955

・約翰・雅各・阿斯特四世（John Jacob Astor IV），《異世旅行記》（*A Journey in Other*

Worlds），1894

・凱特・亞金森（Kate Atkinson），《娥蘇拉的生生世世》（*Life After Life*），2013

《神之墜落》（*A God in Ruins*），2014

・馬歇爾・埃梅（Marcel Aymé），〈法令〉（Le décret），1943

・約翰・班維爾（John Banville），《無限》（*The Infinities*），2009

《古老的光芒》（*Ancient Light*），2012

・麥克斯・畢爾彭（Max Beerbohm），〈以諾・索姆斯〉（Enoch Soames），1916

・愛德華・貝拉米（Edward Bellamy），《回顧》（*Looking Backward*），1888

・阿爾弗雷德・貝斯特（Alfred Bester），〈謀殺穆罕默德的人們〉（The Men Who Murdered Mohammed），1958

・麥可・畢雪（Michael Bishop），《時間之外，再無敵人》（*No Enemy but Time*），1982

・豪爾赫・路易斯・波赫士（Jorge Luis Borges），〈歧路花園〉（El jardín de senderos que se bifurcan），1941

《阿萊夫》（*El aleph*），1945

《時間的再駁斥》（*Nueva refutación del tiempo*），1947

・雷・布萊伯利（Ray Bradbury），〈雷霆萬鈞〉（A Sound of Thunder），1952

・姜峯楠（Ted Chiang），〈妳一生的預言〉（Story of Your Life），1998

・雷伊・康明斯（Ray Cummings），《黃金原子裡的女孩》（*The Girl in the Golden Atom*），1922

・菲利普・狄克（Philip K. Dick），《高堡奇人》（*The Man in the High Castle*），1962

《逆時鐘世界》（*Counter-Clock World*），1967

〈困在時間裡的我們〉（A Little Something for Us Tempunauts），1974

・達芬妮・杜茉莉兒（Daphne du Maurier），《河濱之屋》（*The House on the Strand*），1969

・T・S・艾略特（T. S. Eliot），《四個四重奏》（*Four Quartets*），1943

・哈蘭・艾里森（Harlan Ellison），《星際爭霸戰：永恆的邊境城市》（The City on the Edge of Forever〔*Star Trek*〕），1967

・雷夫・米爾恩・法利（Ralph Milne Farley），〈我殺了希特勒〉（I Killed Hitler），1941

・傑克・芬利（Jack Finney），〈相片中的臉孔〉（The Face in the Photo），1962

《一次又一次》（*Time and Again*），1970

・史考特・費茲傑羅（F. Scott Fitzgerald），〈班傑明的奇幻旅程〉（The Curious Case of Benjamin Button），1922

・E・M・佛斯特（E. M. Forster），《當機器停止》（*The Machine Stops*），1909

・史蒂芬・佛萊（Stephen Fry），《創造歷史》（*Making History*），1997

・莉芙卡・葛茜（Rivka Galchen），〈異國度〉（The Region of Unlikeness），2008

・雨果・根斯貝克（Hugo Gernsback），《拉爾夫124C 41+：二六六〇年奇譚》（*Ralph 124C 41+:*

Romance of the Year 2660），1925

・大衛・傑洛德（David Gerrold），《折疊自己的人》（*The Man Who Folded Himself*），1973

・威廉・吉布森（William Gibson），〈根斯貝克連續體〉（The Gernsback Continuum），1981

《邊緣》（*The Peripheral*），2014

・泰瑞・吉連（Terry Gilliam），《未來總動員》（*Twelve Monkeys*），1995

・詹姆斯・岡恩（James E. Gunn），〈源由與我們同在〉（The Reason Is with Us），1958

・羅伯特・哈里斯（Robert Harris），《祖國》（*Fatherland*），1992

・羅伯特・海萊因（Robert Heinlein），〈生命線〉（Life-Line），1939

〈用他的鞋帶〉（By His Bootstraps），1941

《4=71》（*Time for the Stars*），1956

〈行屍走肉〉（All You Zombies），1959

・華盛頓・厄文（Washington Irving），〈李伯大夢〉（Rip Van Winkle），1819

・亨利・詹姆斯（Henry James），《逝去的韶光》（*The Sense of the Past*），1917

・阿佛列德・賈里（Alfred Jarry），《超實用時間機器組裝指南注釋集》（*Commentaire pour servir à la construction pratique de la machine à explorer le temps*），1899

・雷恩・強森（Rian Johnson），《迴路殺手》（*Looper*），2012

・娥蘇拉・勒瑰恩（Ursula K. Le Guin），《天堂的車床》（*The Lathe of Heaven*），1971

《另一遭故事，或是內陸之洋的漁民》（*Another Story; or, A Fisherman of the Inland Sea*），1994

- 莫瑞．藍斯特，本名威廉．費茲傑羅．簡金斯（Murray Leinster, William Fitzgerald Jenkins），〈消失的摩天樓〉（The Runaway Skyscraper），1919
- 史坦尼斯勞．萊姆（Stanis aw Lem），《浴缸中的記憶》（*Memoirs Found in a Bathtub*），1961

《未來學大會》（The Futurological Congress），1971

- 艾倫．萊特曼（Alan Lightman），《愛因斯坦的夢》（*Einstein's Dream*），1992

山謬．麥登（Samuel Madden），《二十世紀回憶錄》（*Memoirs of the Twentieth Century*），1733

- 克里斯．馬克（Chris Marker），《堤》（*La jetée*），1962
- J．麥卡勒（J. McCullough），《二〇〇〇年的高爾夫》（*Golf in the Year 2000; or, What Are We Coming To*），1892
- 路易．賽巴斯欽．梅西耶（Louis Sébastien Mercier），《二四四〇年：夢，若世上還有夢》（*L'an eux mille quatre cent quarante: rêve s'il en fût jamais*），1771
- 愛德華．佩吉．米契爾（Edward Page Mitchell），〈往後轉的鐘〉（The Clock That Went Backward），1881
- 史蒂芬．莫法特（Steven Moffat），《超時空博士：眨眼》（Blink〔*Doctor Who*〕），2007

・弗拉基米爾・納博科夫（Vladimir Nabokov），《愛達或愛欲》（*Ada, or Ardor*），1969
・伊迪絲・尼斯比特（Edith Nesbit），《護身符的故事》（*The Story of the Amulet*），1906
・奧黛麗・尼芬格（Audrey Niffenegger），《時空旅人之妻》（*The Time Traveler's Wife*），2003
・德斯特・帕莫（Dexter Palmer），《版本控制》（*Version Control*），2016
・艾德格・愛倫坡（Edgar Allan Poe），〈言語的力量〉（The Power of Words），1845
〈這些未來的故事：二八四八年四月一日，登上雲雀號氣船〉（Mellonta Tauta: On Board Balloon 'Skylark' ,April 1, 2848），1849
・馬賽爾・普魯斯特（Marcel Proust），《追憶似水年華》（*À la recherche du temps perdu*），1913-27
・哈洛・雷米斯，丹尼・魯賓（Harold Ramis and Danny Rubin），《今天暫時停止》（*Groundhog Day*），1993
・菲利普・羅斯（Philip Roth），《反美陰謀》（*The Plot Against America*），2004
・W・G・謝柏德（W.G.Sebald），《奧斯特里茨》（*Austerlitz*），2001
・克里福・D・西馬克（Clifford D. Simak），《一次又一次》（*Time and Again*），1951
・雅莉・史密斯（Ali Smith），《如何兩者皆是》（*How to Be Both*），2014
・喬治・史坦納（George Steiner），《審判希特勒》（*The Portage to Cristóbal of A.H.*），1981
・湯姆・史達帕（Tom Stoppard），《阿卡迪亞》（*Arcadia*），1993

・威廉・泰恩（William Tenn），〈布魯克林計畫〉（Brooklyn Project），1948

・馬克・吐溫（山繆・克萊門斯）（Mark Twain, Samuel Clemens），《康乃狄克人遊亞瑟王朝》（*A Connecticut Yankee in King Arthur's Court*），1889

・儒勒・凡爾納（Jules Verne），《二十世紀的巴黎》（*Paris au XXe siècle*），1863

・寇特・馮內果（Kurt Vonnegut），《第五號屠宰場》（*Slaughterhouse-Five*），1969

・H・G・威爾斯（H. G. Wells），《時間機器》（*The Time Machine*），1895

《當沉睡者醒來》（*The Sleeper Awakes*），1910

・康妮・威利斯（Connie Willis），《末日之書》（*Doomsday Book*），1992

・維吉尼亞・吳爾芙（Virginia Woolf），《歐蘭朵》（*Orlando*），1928

・查爾斯・游（Charles Yu），《時光機器與消失的父親》（*How to Live Safely in a Science Fictional Universe*），2010

・羅伯・辛密克斯，鮑伯・蓋爾（Robert Zemeckis and Bob Gale），《回到未來》（*Back to the Future*），1985

選集

・麥克・艾希利（Mike Ashley），《時間旅行科幻小說全選》（*The Mammoth Book of Time Travel SF*），2013

- 彼得・海寧（Peter Haining），《時間脫逃》（*Timescapes*），1997
- 羅伯・西爾伯格（Robert Silverberg），《時間中的旅人》（*Voyagers in Time*），1967
- 哈利・斑鳩，馬丁・H・格林堡（Harry Turtledove and Martin H. Greenberg），《二十世紀最佳時間旅行小說》（*The Best Time Travel Stories of the Twentieth Century*），2004
- 安和傑夫・凡德米爾（Ann and Jeff Vandermeer），《時間旅行者年鑑》（*The Time Traveler's Almanac*），2013

跟時間旅行及時間有關的書籍

- 保羅・E・艾肯（Paul E. Alkon），《未來主義小說之起源》（*Origins of Futuristic Fiction*），1987
- 金斯利・艾米斯（Kingsley Amis），《地獄新地圖》（*New Maps of Hell*），1960
- 艾塞克・艾西莫夫（Isaac Asimov），《未來時代》（*Futuredays*），1986
- 安東尼・艾凡尼（Anthony Aveni），《時間帝國》（*Empires of Time*），1989
- 斯維特蘭娜・博伊姆（Svetlana Boym），《懷舊的未來》（*The Future of Nostalgia*），2001
- 希梅納・卡納雷斯（Jimena Canales），《物理學家與哲學家》（*The Physicist and the Philosopher*），2015
- 尚恩・卡羅（Sean Carroll），《從永恆到現在》（*From Eternity to Here*），2010
- 伊斯特凡・西賽瑞・瑞內二世（Istvan Csicsery-Ronay Jr.），《科幻七美》（*The Seven Beauties*

of Science Fiction）、2008
・保羅・戴維斯（Paul Davies）、《關於時間》（*About Time*）、1995
《如何建造時光機》（*How to Build a Time Machine*）、2001
・約翰・威廉・鄧恩（John William Dunne）、《時間實驗》（*An Experiment with Time*）、1927
・亞瑟・愛丁頓（Arthur Eddington）、《自然界的本質》（*The Nature of the Physical World*）、1928
・J・T・佛雷澤（J. T. Fraser）、《時間之聲》（*The Voices of Time*）、1966、1981（擔任編輯）、
・彼得・蓋里森（Peter Galison）、《愛因斯坦的時鐘，普因克爾的地圖：時間帝國》（*Einstein's Clocks, Poincaré's Maps: Empires of Time*）、2004
・J・亞歷山大・岡恩（J. Alexander Gunn）、《時間的問題》（*The Problem of Time*）、1929
・克勞蒂雅・哈蒙（Claudia Hammond）、《時間彎道》（*Time Warped*）、2013
・黛安娜・歐文・修斯，湯瑪士・R・特洛曼（Diane Owen Hughes and Thomas R. Trautmann）、《時間：歷史與民族學》（*Time: Histories and Ethnologies*）、1995、（擔任編輯）
・羅賓・普瓦德萬（Robin Le Poidevin）、《四維旅行》（*Travels in Four Dimensions*）、2003
・溫德姆・路易斯（Wyndham Lewis）、《時間與西方人》（*Time and Western Man*）、1928
・麥可・拉克伍德（Michael Lockwood）、《時間的迷宮》（*The Labyrinth of Time*）、2005
・約翰・魯卡斯（J. R. Lucas）、《論時間與空間》（*Treatise on Time and Space*）、1973
・約翰・W・馬維（John W. Macvey）、《時間旅行》（*Time Travel*）、1990